固体物理导论

马　飞　主编
黄育红　李　燕　刘　帅　方青龙　畅庚榕　参编

INTRODUCTION TO SOLID STATE PHYSICS

·北　京·

内容简介

《固体物理导论》是教育部高等学校材料类专业教学指导委员会规划教材。本书主要围绕固体的微观结构，微观粒子的存在状态、相互作用及运动变化规律，固体的宏观物理性质及用途展开，蕴含了近似、假设、抽象、简化等研究方法，渗透了晶体结构决定性质、性质体现结构的辩证观点。教材绪论部分介绍了固体物理学的研究对象、发展历史及其涵盖的内容，并补充了量子力学的基本知识作为铺垫。其后包含 6 章内容，前 3 章均围绕固体内部原子的相互作用和运动变化规律展开，如晶体的结构及表征、晶体的结合类型及键合性质、晶格振动理论及热学性质。第 4 章和第 5 章围绕电子的相互作用和运动变化规律展开，包括金属自由电子气体模型及考虑晶体周期性势场时电子的能带理论。第 6 章介绍理想晶体中的缺陷结构及理论。本书内容体系完整，便于学生建立起晶体内原子、电子、声子等微观粒子存在状态、运动变化的物理图像及其有关模型，掌握晶体内微观粒子的运动规律及其与晶体宏观性能的物理联系。

本书适用于材料类各专业和物理学、应用物理学、工程物理、光学等专业的本科生和研究生，对需要固体物理背景知识的其他专业亦可作为教材使用。

图书在版编目（CIP）数据

固体物理导论/马飞主编．—北京：化学工业出版社，2023.2（2024.1 重印）

ISBN 978-7-122-42681-9

Ⅰ.①固… Ⅱ.①马… Ⅲ.①固体物理学-教材 Ⅳ.①O48

中国版本图书馆 CIP 数据核字（2022）第 258719 号

责任编辑：陶艳玲　　装帧设计：史利平
责任校对：李　爽

出版发行：化学工业出版社（北京市东城区青年湖南街 13 号　邮政编码 100011）
印　　装：北京建宏印刷有限公司
787mm×1092mm　1/16　印张 10¾　字数 272 千字　2024 年 1 月北京第 1 版第 2 次印刷

购书咨询：010-64518888　　售后服务：010-64518899
网　　址：http://www.cip.com.cn
凡购买本书，如有缺损质量问题，本社销售中心负责调换。

定　　价：49.00 元

前言

“固体物理”是材料科学与工程专业必修的核心课程之一，也是材料科学与工程、材料物理、功能材料、金属材料工程、纳米材料与器件等专业的基础课程。本课程讲述固体的微观结构、微观粒子相互作用及运动变化规律，基于此，阐明固体的物理性质及用途，涉及力、热、光、电、磁、声等诸多领域。当今社会取得重大进展的纳米、超导、半导体、信息技术等均以固体物理理论为基础。它不仅是一门重要的知识性学科，且其中许多研究方法具有普遍的指导和借鉴意义。通过对该课程的学习，学生可建立起晶体内原子、电子、声子等微观粒子存在状态、运动变化的物理图像及其有关模型，掌握晶体内微观粒子的运动规律及其与晶体宏观性能的物理联系。

“固体物理”涉及的对象为复杂的多体系统，相关内容涉及线性代数、量子力学、波与振动、电磁学、傅里叶变换、热学、热力学与统计物理学等基础理论，又不乏新科技、新技术的应用。以往出版的同类教材多聚焦于固体物理理论，对数学物理方法和量子力学等先修课要求很高，适合于物理学及凝聚态专业高年级学生选用。然而，对于材料类等专业的学生来说，其培养方案所规定的基础知识理论体系很难达到这个要求，学生使用同类教材，难度非常大，教师在讲授时也只能简化了再简化。本教材主要面向非物理学及凝聚态专业的本科生和研究生，有针对性地选择相关内容，并加入适当的工程应用实例，加深学生对材料宏观属性及其物理本质的直观认识。本教材对于物理学、应用物理等专业的本科生和研究生也有参考价值，有助于为后续专业学习和从事相关领域的研究工作打下坚实的基础。一方面，通过该课程的学习，学生可以掌握处理复杂问题时抽象、近似、简化的思维方法，深刻体会从材料结构到材料性质，从简单到复杂，从特殊到一般，层层递进、逐步深入的物理学研究思想，理解晶体结构决定性质、性质体现结构的辩证唯物主义观点，了解运用专业科学软件进行晶体模型构建、实验结果表征。另一方面，可以培养学生发现问题、提出问题、分析问题、解决问题的能力；培养学生对同一问题采用不同方法进行描述、表征并解决的思维能力；提高学生对同一问题的不同方法之间的逻辑推理、分析比较、综合分析的能力。该课程还能培养学生综合运用固体物理理论知识理解材料宏观特性并提出恰当机理性解释的逻辑思维能力和创新思维能力。

本教材绪论部分开门见山地指出固体物理学涵盖的内容，即，研究固体内部结构、组成及微观粒子的存在状态、相互作用及运动变化规律，基于此，阐明固体的性能和用途。物理学研究往往从最简单、最理想的抽象模型开始，并逐渐引入更复杂的因素。固体物理学也不例外，其研究对象首先落在理想单晶体上。绪论部分同时概要介绍了固体物理学的研究内容、发展历史以及学习本门课程需掌握的量子力学基础知识。其后共包含6章内容。前3章均围绕固体内部原子的相互作用和运动变化规律展开。第1章重点阐述理想晶体内部原子排列的周期性和几何结构特征，回答晶体内原子是如何排列的问题，并介绍晶体结构表征的实验方法和理论。第2章通过对原子相互作用行为的认识，回答晶体内部原子是如何进行结合的问题。第3章是在第1章和第2章的基础上，说明在给定温度条件下，原子并不是固定在其平衡位置，而是绕着其平衡位置作振动；又由于原子之间存在着相互作用，一个原子的运动要带动周围原子的运动，由此在晶体内部形成格波，这与晶体的热学特性、电学特性紧密相关。第4章和第5章阐述晶体内部的电子运动变化规律，从而深入系统地认识固体的宏观性质。其中第4章围绕金属自由电子气体展开，即在不考虑晶体周期势场的情况下，电子运动呈现完全自由、完全独立的状态，电子可以被看成自由电子气体，由此，可用理想气体模型理解金属导电性等宏观特性。第5章则是在第4章的基础上，考虑晶体内周期性势场存在时，电子的运动状态及变化规律，由此产生了电子能带理论，用该理论能够解释固体为什么能分成导体、半导体、绝缘体等。第6章在理想晶体基础上引入缺陷结构，研究实际晶体。

本教材引入在固体物理相关领域研究和发展过程中做出突出贡献的科学家的介绍，以此鼓励学生加强个人修身、心怀天下，努力为科技事业而奋斗。此外，教材的每一节还提供了课堂教学视频的二维码，可通过微信扫描二维码，观看教学视频学习相关内容，可极大方便学习者，有效提升学习效率。

本教材由具有相似培养方案和应用需求的五所高校的任课教师共同编写，其中，第1章由陕西师范大学黄育红编写；第2章由西安交通大学李燕编写；第3章由西安交通大学马飞编写；第4章由西安石油大学刘帅编写；第5章由西安工程大学方青龙编写；第6章由西安文理学院畅庚榕编写。部分图片由西安交通大学研究生王琛、李丹阳、武文硕绘制，部分习题由陕西师范大学研究生侯朋飞修改，马飞、黄育红对全文进行了多次审读和修订，全书由马飞统稿。在此对所有参与编写的老师和同学们表示衷心的感谢。

由于编者时间和精力有限，编撰中难免存在疏漏和不足之处，热切盼望各位老师和同学提出宝贵建议。

编者

2022年6月

目 录

绪 论

第 1 章 晶体结构及X射线衍射

第3章 晶格振动和晶体的热学性质

第4章 金属自由电子费米气体

第5章 固体电子能带理论

第6章 晶体的缺陷理论

参考文献

绪论

本章导读：本章介绍了固体物理学的研究对象；从晶体学的研究、固体比热理论的建立、晶体结构的实验发展、自由电子理论的建立、固体能带理论的建立和固体磁学的发展等方面梳理了固体物理学的发展历史；从晶体结构、晶体结合、晶格动力学、金属自由电子论、电子能带理论、固体理论和实验知识的应用等方面简述了固体物理学的主要研究内容；补充了学习本课程需要用到的量子力学基础知识。

0.1 固体物理学的研究对象

自然界中的物质概括来说可以分为固体（solid）、液体（liquid）、气体（gas）和等离子体（plasma）四大类。其中，固体通常具有固定的形状和体积，由 $10^{23}/cm^3$ 量级的粒子组成；液体一般不具有固定形状，但具有固定的体积；而气体既不具有固定体积也没有固定的形状；等离子体是由正、负离子组成的离子化气体状物质，宏观上表现为电中性电离气体，其运动主要受电磁力支配。顾名思义，**固体物理学是研究固体的微观结构及其中各种组成粒子（原子、离子、分子和电子）的运动规律与相互作用，并基于此阐明其性能与用途的学科。**固体物理学是物理学的重要分支，涉及力、热、声、电、磁和光学等各方面的内容，其研究重点是理解和阐明固体的宏观性质，解释形成这些性质的微观机理，从而找出控制、利用和改善这些性质的有效方法。

固体中一类天然具有规则结构的材料叫做晶体，其内部原子或分子按照一定的周期进行排列。例如，天然的岩盐、水晶、雪花、金刚石以及人工的半导体硅、锗单晶等。根据结构特征，晶体分为单晶体和多晶体两大类。物理学的研究往往是从实际问题出发，通过引入假设条件，抽象出理想模型进行简化处理，针对理想模型研究和掌握物质运动、相互作用及变化的本征规律，在此基础上，再逐渐引入更为实际的影响因素，完成对物质运动变化规律的深刻认识，完成对理论体系的扩展。固体物理学的研究也不例外，研究工作始于单晶体。

对于单晶体而言，包括理想晶体和实际晶体两大类。

理想晶体——内在结构完全规则的固体，又称完整晶体。

实际晶体——实际上，即便采用当前先进的材料制备手段，例如，晶体提拉法（CZ）、分子束外延（MBE）、金属有机化学气相沉积（MOCVD）、脉冲激光沉积（PLD）等，所制备的材料其内部多多少少存在着不规则性。此类在规则的晶格背景中存在微量或微区域不规则性的晶体称作近乎完整晶体或实际晶体。其中的微量不规则性叫做缺陷，比如外来杂质等。缺陷的存在影响着晶体的性质，导致实际晶体相比理想晶体而言性质差异很大，并且缺陷的影响机制也多种多样，较为复杂。比如，纯铁中掺入微量碳元素之后就变成了钢，质地比纯铁坚硬很多。锗、硅单晶材料中只有有效掺入其他微量杂质（如Ⅲ族或者Ⅴ族元素）之后才可以作为灵敏场效应器件沟道材料使用。

固体物理的研究首先从晶体开始，而除了晶体以外，固体还包括非晶体和准晶体。非晶体是原子的排列没有明确周期性的固体，玻璃、橡胶、塑料、松香、石蜡等都是典型的非晶体。1984 年 Daniel Shechtman 等人实验上揭示了另一类固体材料——准晶体。它是介于晶体和非晶体之间的一种固体存在形态。对这类材料进行电子衍射时发现了其斑点的明锐程度不亚于晶体的情况，具有晶体的属性，但该衍射斑点分布却具有五重对称性，与晶体的几何对称性特征又不相符。正因为这一发现，Daniel Shechtman 获得 2011 年度诺贝尔化学奖。

0.2 固体物理学的发展历史

晶体学的研究有着悠久的历史，19 世纪末科学家就已经建立起了完整的晶体对称性理论，但在 1912 年劳厄发现了晶体的 X 射线衍射现象后，晶体结构才得以证实，从此具备了实验研究固体微观结构的技术条件。20 世纪初，伴随量子力学的逐步建立，正确理解固体性质及其变化规律成为可能。自此之后的几十年是创立固体理论的辉煌时期。固体物理学的建立分为以下几个阶段。

0.2.1 晶体学的研究

1669 年，丹麦学者 N. Steno 对石英（quartz）和赤铁矿（hematite）晶体的几何形态进行研究后，首先发现并提出了晶体的晶面角守恒定律。在此基础上人们在千变万化的晶体外形上找到了初步规律，奠定了晶体学，特别是几何结晶学的基础。

1678 年，荷兰学者 C. Huygens 根据方解石（calcite）的解理和双折射性质，提出了晶体是由具有一定形状的物质质点经规则的累迭而成，试图找出晶体内部的构造规律。

1729 年，俄国学者 M. V. Lomonosov 创立“微分子学说”，认为晶体是由球形的微分子堆砌而成。

1805—1809 年间，德国矿物学家 C. S. Weiss 根据对晶体的面角测量数据进行晶体投影和理想形态的绘制等，确定了晶体中不同旋转对称轴的对称性，总结出晶体的对称定律，即在晶体的外形上只可能有 1 次、2 次、3 次、4 次和 6 次旋转对称轴，而不可能有 5 次和高于 6 次的旋转对称轴存在，由此确定了晶体的基本对称性。

1830 年，德国学者 I. F Ch. Hessel 推导出了晶体外形对称性可能有的形式：32 种对称型（点群）。

1855 年，法国结晶学家 A. Bravais 运用严格的数学方法推导出晶体的空间格子只有 14 种，为近代晶体构造学理论的形成奠定了基础。这 14 种空间格子被称为 Bravais 格子。

1890 年，俄国结晶学家 Fedorov 推导出了晶体结构中一切可能的对称要素组合方式只有 230 种——230 个空间群（Fedorov 群），这一理论成为一切有关晶体构造的研究基础。

1891 年和 1894 年，德国数学家 Schonflies 和英国学者 Barlow 分别从点在空间排列方式的角度出发，相继用不同的方法得出了同样的结果：每一个晶类都与一个空间群联系在一起，在三维中恰恰有 230 个不同的空间群，因此，存在 230 个不同的晶类。

至此，晶体构造的理论研究已经非常成熟。

0.2.2 固体比热理论的建立

1906 年，Einstein 把量子概念应用于固体的晶格振动，成功地解释了低温下固体比热下降问题，发表了关于固体热容的量子论。

1912 年，P. W. Debye 采用连续介质模型得出低温时固体热容的三次方律，得到正确的固体低温比热温度关系。

0.2.3 晶体结构的实验发展

1912 年，德国物理学家 M. V. Laue 等人发现了 X 射线通过晶体的衍射现象，证实了晶体内部原子周期性排列的结构。

1913 年，英国物理学家布拉格父子（W. H. Bragg & W. L. Bragg）测定了金刚石、水晶、氯化钠等晶体的结构，并建立了晶格结构分析的方法，提出了著名的布拉格（Bragg）公式，从理论和实验上证明了晶体结构的周期性与几何对称性，奠定了晶体结构 X 射线衍射分析的基础，为深入研究物质内部结构开辟了可靠途径。

0.2.4 自由电子理论的建立

1900 年，德国物理学家 Drude 首先提出用金属中自由电子的运动来解释金属导电性问题。此后荷兰理论物理学家和数学家 Lorentz 进一步发展了 Drude 的概念，建立了经典的金属自由电子气体理论。

1920 年，量子力学理论的建立和完善，才开始对固体内部的原子、电子状态及相互作用与运动规律有了真正意义上的认识。

1928 年，德国物理学家 A. J. Sommerfeld 用量子概念和统计方法改造 Drude 的经典自由电子气体理论，创立了金属导电的量子理论，即金属自由电子费米气体模型，成功地解释了电子比热、霍尔效应和温差电势差现象。从此将量子化概念和量子统计方法用于固体物理学的研究中，为固体物理学的形成和发展打下了坚实基础。

0.2.5 固体能带理论的建立

1928—1930 年，美籍瑞士人 F. Bloch 和法国人 L. Brillouin 分别从不同角度研究了周期场中电子的基本运动规律，为固体电子能带理论奠定了基础。电子本征能量在一定能量范围内由准连续的能级组成能带，相邻两个能带之间的能量范围是完整晶体中电子不允许具有的能量，称为禁带。利用能带特征及泡利不相容原理，威尔逊在 1931 年提出金属和绝缘体相区别的能带模型，并预言介于两者之间存在半导体，为后来半导体技术的发展提供理论支撑。1947 年，贝尔实验室科学家巴丁、布莱顿以及肖克莱发明晶体管，使微电子集成电路技术快速发展，并带动计算机技术、自动控制技术、无线电电子技术的空前革命。由此，固体物理学逐渐演变分支出半导体物理、金属物理、电介质物理、超导体物理、固态光子学等10余个子学科。

0.2.6 固体磁学的发展

从19世纪末开始，法国物理学家居里（P. Curie）在磁性内在规律方面做了开创性的工作，不但指出了铁磁性存在的临界温度（后被称为居里温度），确立了在临界温度以上顺磁磁化率与温度的关系，而且在总结了大量实验数据的基础上，提出了居里顺磁性定律。1905年居里的学生朗之万（P. Langevin）用基元磁体的概念对物质的抗磁性和顺磁性作了经典说明，成功解释了居里等物理学家发现的有关物质磁性的经验规律。对铁磁性理论的系统研究始于20世纪初。1907年，法国物理学家外斯（P. Weiss）在郎之万理论的基础上，提出了分子场假说和磁畴假说，建立了磁性质的基本理论。

0.3 固体物理学的研究内容

0.3.1 固体中原子的排列——结构问题

固体的物理特性不仅仅取决于其组成元素，也有赖于其原子排列方式。即便由相同元素组成的固体，由于生长条件的差异，可能形成不同的晶体结构，相应地，物理特性也可能千差万别。例如，铁结晶后通常具有体心立方晶格结构，称为δ铁；但在1394℃转变成面心立方晶格结构，称为γ铁；在912℃再转变成体心立方晶格，称为α铁。C的同素异形体有金刚石、石墨、富勒烯、碳纳米管、石墨烯等，如图0-1所示。其中富勒烯又名C_{60}，有32个面、20个六元环、12个五元环，是球状空心分子，由英国化学家克罗托发现，却是以建筑学家富勒命名。金刚石是由碳原子通过sp^3杂化共价键结合而成的晶体，每个碳原子周围与4个碳原子分别形成共价键，表现出非常优异的力学特性，是自然界最硬的材料。但由于不存在自由电子，金刚石属绝缘体，不导电。然而，对于石墨来说，由碳原子通过sp^2杂化共价键组成片层结构，在层与层之间通过很弱的范德瓦尔斯作用结合，片层之间容易发生滑移，因此，石墨比较柔软，往往被用作固体润滑材料。在石墨片层内，每个碳原子与周围的3个碳原子分别形成共价键，故每个碳原子可以贡献一个自由电子，使得石墨具有非常优异的导电性，通常被用作电极材料。对于碳纳米管和石墨烯来说，其基本单元是石墨中的一层

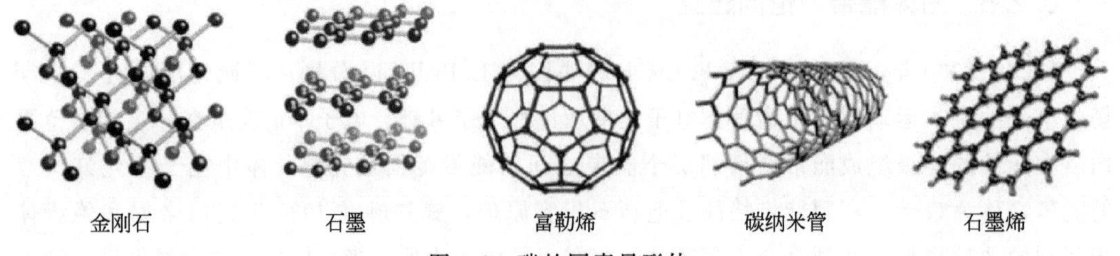

图0-1 碳的同素异形体

碳原子，将其沿不同方向卷曲就得到碳纳米管，或将单层/少数层结构沿不同方向进行剪裁得到石墨烯条带结构。其物理特性是具有明显的各向异性，沿某些方向表现半导体特性，而沿另外一些方向却表现金属特性，即具有明显的手性特征。以上内容充分表明，对固体结构的解析和认识是理解固体物理特性及变化规律的重要前提。富勒烯和石墨烯的发现者分别荣获诺贝尔化学奖和物理奖。

0.3.2 固体结构的形成——结合力问题

晶体中原子间的结合作用主要包括离子键、共价键、金属键、范德瓦尔斯键、氢键五种。离子键是正、负离子依靠静电库仑力而产生的键合作用。原子之间通过离子键结合的晶体称为离子晶体。离子晶体通过强的离子键结合，其结构非常稳定，熔点高，硬度大，导电性能差，热膨胀系数小。共价键是原子之间通过共用电子对或通过电子云重叠而产生的键合作用，共价键具有方向性和饱和性。通过共价键结合的晶体称为共价晶体或原子晶体。这种晶体熔点高，硬度大，但导电性能差。金属键是失去最外层电子的带正电荷的原子实与自由电子组成的电子云之间通过静电库仑力而产生的结合。通过金属键结合而成的晶体称为金属晶体。由于电子云在三维空间可自由运动，金属晶体通常具有良好的导电性和导热性。且在外部加载条件下，金属键也容易发生调整，因此，金属晶体往往表现出良好的塑性。范德瓦尔斯键通过瞬间偶极矩和诱导偶极矩之间产生的分子间引力而实现结合。通过范德瓦尔斯键结合的晶体称为分子晶体，分子晶体可以分为极性和非极性两大类。其中非极性分子晶体是透明的绝缘体，熔点极低。氢键是氢原子同时和两个电负性很大而原子半径较小的原子相结合形成的键。冰（H_2O）是一种氢键晶体。不同的结合方式对材料的特性会产生显著的影响。例如，材料的弹塑性变形行为与原子间结合方式紧密相关，且晶体内部的结合往往具有多种键合成分。对于金刚石来说，每个碳原子均与周围的四个碳原子形成共价键，形成四面体结构，表现出非常优异的力学特性；而对于石墨来说，尽管其层内通过共价键结合，但层间却通过弱的范德瓦尔斯键结合，容易发生滑移，导致其力学性能很差。从这个意义上说，对晶体结合力的研究非常必要。

0.3.3 固体中原子的相互作用和运动规律——晶格动力学

固体内的原子数在 $10^{23}/cm^3$ 量级，属多体问题，要通过联立牛顿运动方程求解，方程的数量巨大，处理难度极高。即便在计算机技术快速发展的今天，能处理的原子数量仍然非常有限，其时间和空间尺度与实际情况还是相差较大。

从固体内原子运动的本质来看，当存在一定温度条件时，原子并非固定不动，而是在其平衡位置附近进行振动，温度越高，振动越剧烈。而原子间又存在相互作用，某一个原子的振动将带动其邻近原子的振动，以此类推，振动状态将传播出去，形成格波。为了描述这种晶格的波动状态，科学家提出了通过求解原子的集体运动进而来描述其宏观特性的方法，由此建立了晶格动力学。当原子偏离平衡位置非常小时，晶格振动可以看成简谐振动，这种简谐振动状态是量子化的，由此抽象出声子的概念。晶格振动可以看成由所激发的不同频率的声子组成的系综。

晶体的诸多物理特性与晶格振动有关，均可用声子的概念进行描述和解释。例如：本征电阻实际上是晶格对电子运动的阻碍作用所致，可看成是晶体内激发的声子对电子的散射作用。对于金属材料来说，随着温度的升高，激发的声子数指数增加，导致晶格对电子的散射作用急剧增强，本征电阻不断攀升。热容是材料容纳能量的能力，即变化单位温度，晶体内能的变化量，包括晶格振动和电子的贡献。利用经典物理的能量均分原理和玻尔兹曼统计原理不能解释晶格热容在低温区间随温度的变化规律，借助于声子的概念完全可以理解晶格热容。晶格热传导过程本质上也是通过声子携带能量运动而实现的。间接带隙半导体吸收光子导致电子跃迁的过程也与声子的作用相关。超导电特性本质上也是由于声子与自旋相反的电子交互作用导致的结果。

0.3.4 固体中自由电子的运动规律——金属自由电子理论

经典理论对固体中电子运动行为的描述主要是基于气体分子运动论。认为固体材料，尤其是金属晶体内部存在大量的能够自由运动的电子，可将这部分电子的运动行为与理想气体分子类比。这一理论对于解释金属材料的导电、导热等现象能够得到自洽的结论，并能成功证明欧姆定律和维德曼-弗兰兹定律等理论。但这一论断在实验物理中受到了挑战，例如该理论认为金属中自由电子和晶格振动对热容量的贡献相当，但实验测量表明后者的贡献却远高于前者，说明电子的热运动几乎可以忽略不计。这一结果严重动摇了经典电子理论。而量子力学和费米统计规律能够更准确地描述自由电子气的运动规律，并成功解释包括电导、热导、温差电效应及霍尔效应等在内的输运过程，因此在此基础上建立了现代金属电子理论体系。

0.3.5 固体中电子的相互作用和运动规律——能带理论

固体的各种功能特性与电子运动变化规律紧密相关。研究固体内部电子的相互作用及运动变化规律是深层次认识固体的重要基础和条件。如何区分固体的类型，为什么有些固体表现为金属，有些表现为半导体，有些表现为绝缘体，本质上取决于电子能带结构。固体的导电性与电阻产生的本质在于电子在固体内部传输过程中受到晶格、缺陷、杂质等的散射作用。固体的发光和光吸收本质上都可归结为电子在能带间的跃迁过程释放或吸收光子。倘若考虑到电子的自旋属性，其运动可能导致各种磁学特性。当然，在低温条件下电子对热容和热导也有显著贡献。原则上，通过求解薛定谔方程或方程组，可以提取电子状态参量，基于此，可预测固体的宏观特性。首先，我们将学习金属自由电子气体模型，然后，再考虑晶体周期性势场的作用，建立能带理论，采用费米-狄拉克统计描述电子的统计规律。

0.3.6 固体中缺陷的形成与性质——缺陷问题

即使在 0K 下，实际晶体中也不是所有原子都能严格按照晶格周期性排列，或者由于晶格振动导致原子瞬时偏离平衡位置，形成一些周期性被破坏的区域，称之为晶体缺陷。晶体中的缺陷按照实际产生畸变的影响范围（或者几何形态），可分为点缺陷、线缺陷、面缺陷和体缺陷。不论哪种缺陷，其总体积与晶体的体积之比都非常小。虽然如此，缺陷对晶体性质的影响却非常大，许多重要的晶体性质几乎在同等程度上由缺陷和晶体的本性所决定。晶体的缺陷早期主要为冶金学家所关注，例如金属的力学性质、物理性质（电阻率、扩散系数)、晶体生长的快慢都直接与缺陷有关，如原子的扩散也可能由于杂质或晶体缺陷的存在而被大大加速，离子晶体的导电性完全由点缺陷来决定等。然而，点缺陷还可影响晶格的振动，产生局域的晶格振动模；同时具有能束缚和释放电子的共性，在半导体晶体中会形成局域态和杂质能级，对半导体性质产生决定性的影响。例如，许多晶体的颜色及发光特性由杂质或缺陷产生；半导体形成的 PN 结单向导电性又由不同掺杂和掺杂浓度所决定。因此，加强对晶体缺陷的学习更有利于提高材料性能，提高半导体器件的质量。

0.3.7　具体实例——固体理论和实验知识的应用

固体物理本身的研究水平在实验方法和理论分析两方面一直在适应飞速发展的科技与社会进步的客观要求。比如宇宙飞船、火箭导弹、原子反应堆等应用领域需要耐高温、耐辐射、强度高、质地轻的固体材料，研究人员通过对钛、钒、锆、钼、铌、钽等金属材料的研究，研制出了多种多样的特殊合金以及其他材料以适应需要。在半导体单晶生长和掺杂领域，为了获得高纯度、高熔点材料，发展了真空感应熔炼、区域熔炼、外延生长法等晶体生长方法以适应需要。为获得超硬材料，发展了超高压技术，制备出了人造金刚石和立方氮化硼晶体。随着集成电路的日益集成化和小型化，超快速、超小型电子计算技术、遥感技术等固体元件不断提出新的要求，促使人们利用固体内部电子运动的复杂规律，制造出新的元件。例如半导体元件、铁氧体元件、磁膜、磁泡、铁电体元件、超导体元件、固体激光器元件等。

0.4　预备知识——量子力学基础

0.4.1　经典物理学的困难以及光的波粒二象性

19 世纪末期，物理学理论在当时看来发展到了相当完善的阶段。当物体的机械运动速度比光速小得多时可用牛顿定律描述；电磁现象以及光的现象可用麦克斯韦方程进行描述；热现象可用热力学与统计物理学进行描述。许多人认为，当时的物理学就是“最终理论”，剩下的工作只是把这些基本规律应用到各种具体问题上。

然而，同期人们却发现了一些新的物理现象，例如，黑体辐射、光电效应、原子的光谱线系以及固体在低温下的比热等，都是经典物理理论无法解释的。这些现象揭露了经典物理学的局限性，也突出了经典物理学与微观世界规律性的矛盾。

众所周知，光的波动性早在 17 世纪就被发现，光的干涉、衍射以及光的电磁理论从理论和实验两个方面充分肯定了光的波动性。但在研究黑体辐射和光电效应时却无法用光的波动性予以解释。

黑体辐射——研究的是辐射与周围物体处于热平衡状态时的能量按波长的分布规律。为了解释黑体辐射问题，维恩由热力学理论加上一些假设给出维恩公式。

如图 0-2 所示，维恩公式在短波长部分与实验结果吻合，但在长波长部分与实验结果不符合。瑞利和金斯则通过电动力学和统计物理推导出瑞利-金斯公式。该公式在长波部分与实验结果很吻合，但在短波部分偏差很大。1900 年普朗克引入量子的概念才使黑体问题得到解决。他假设黑体以 $h\nu$ 为能量单位不连续地发射和吸收频率为 ν 的辐射，而不像经典物理要求的那样连续地吸收和发射辐射能量（$h\nu$ 为能量子；$h=6.62559\times10^{-34}\mathrm{J\cdot s}$，称为普朗克常数）。普朗克的理论突破了经典物理学在微观领域的理论局限性，打开了认识光的微粒性的途径。

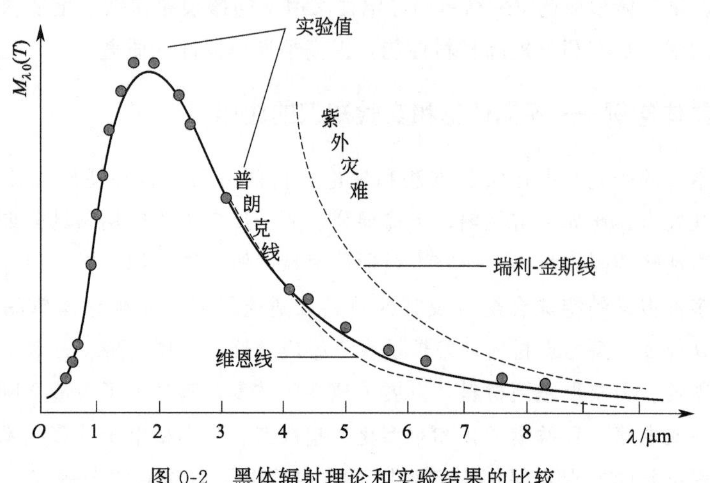

图 0-2 黑体辐射理论和实验结果的比较

光电效应——当光照射到金属表面时会发生电子溢出现象，即光电子。光电子发射与否取决于光的频率，光电子的能量与光的频率有关，而与光强度无关。经典电磁理论认为：光的能量仅决定于光强，与频率无关。不能解释为什么仅当入射光的频率超过某个阈值时才能产生光电效应。爱因斯坦认为光不仅在被反射和被吸收时具有微粒性，在传播过程中也具有微粒性，称为光量子或光子。按照爱因斯坦的观点，当光照射到金属表面上时，能量为 $h\nu$ 的光子被电子吸收，其中一部分用来克服表面对电子的吸引力 W_0，另一部分就是电子离开金属表面的动能 $\frac{1}{2}mv_m^2$，可以表达成式：

$$\frac{1}{2}mv_m^2=h\nu-W_0 \tag{0-1}$$

式中，m 为电子质量；v_m 为电子溢出的最大速度；ν 为光子频率。

很显然，仅当入射光子的能量大于 W_0 时，电子吸收光子才能克服表面的吸引力。这说明能否发生光电效应并产生光电子取决于入射光的频率，与光强无关。由此可以解释光电效应。

光的波粒二象性——基于黑体辐射和光电效应实验，人们认识到光不仅仅具有波动特性，而且也具有粒子特性，即光具有波粒二象性。

根据爱因斯坦相对论，粒子能量 E 可表达为：

$$E=\frac{m_0c^2}{\sqrt{1-\frac{v^2}{c^2}}} \tag{0-2}$$

式中，m_0 为粒子质量；c 为光速；v 为粒子速度。对于光子来说，$v=c$，$m_0=0$。由相对论中能量与动量关系式 $E^2=m_0^2c^4+c^2p^2$，可以得到光子能量 E 与光子动量 p 之间的关系式为：

$$E=cp \tag{0-3}$$

所以，光子的能量和动量可表达为：

$$E=h\nu=\hbar\omega \tag{0-4}$$

$$\vec{p}=\frac{E}{c}\vec{n}=\frac{h}{\lambda}\vec{n}=\frac{\hbar 2\pi}{\lambda}\vec{n}=\hbar\vec{k} \tag{0-5}$$

式中，h 为普朗克常数；$\hbar$ 为约化普朗克常数；ω 为角频率；$\vec{n}$ 为波传播方向的单位矢量；λ 为波长；$\vec{k}$ 为波矢。等式左边描述的是光的粒子特性，等式右边描述光子的波动特性，也表达了光具有波粒二象性。

0.4.2 微粒的波粒二象性

1924 年德布罗意在光具有波粒二象性的启示下，提出微观粒子也具有波粒二象性的假说。他认为，19 世纪对光子的研究上重视光的波动性而忽略了光的微粒性。但在对实体的研究上，则可能发生了相反的情况，即过分地重视了实体的微粒性而忽略了实体的波动性。就像光子和光波的关系一样，粒子的能量 E 和动量 $\vec{p}$ 与物质波的频率 ν 和波长 λ 之间的关系为：

$$E=h\nu=\hbar\omega \tag{0-6}$$

$$\vec{p}=\frac{E}{c}\vec{n}=\frac{h}{\lambda}\vec{n}=\hbar\vec{k} \tag{0-7}$$

对于自由粒子来说，E 和 p 为常量，则 ν 和 λ 也为常量，描述的是平面波。沿 $\vec{n}$ 方向传播的平面波可用如下波函数来描述。

$$\varphi(\vec{r},t)=A\cos\left[2\pi\left(\frac{\vec{r}\cdot\vec{n}}{\lambda}-\nu t\right)\right]=A\cos[\vec{k}\cdot\vec{r}-\omega t] \tag{0-8}$$

式中，$\vec{n}$ 是表示平面波传播方向的单位矢量；$\vec{r}$ 为表示自由粒子的位置矢量，代表空间位置；ω 为平面波的角频率。

在量子力学中，波函数可以表达成指数形式：

$$\varphi(\vec{r},t)=A\mathrm{e}^{i[\vec{k}\cdot\vec{r}-\omega t]}=A\mathrm{e}^{\frac{i}{\hbar}(\vec{p}\cdot\vec{r}-Et)} \tag{0-9}$$

假设自由粒子的动能为 E，且粒子速度远小于光速，则 $E=\frac{p^2}{2m_0}$，$\vec{p}=\frac{h}{\lambda}\vec{n}$ 则 $\lambda=\frac{h}{p}=\frac{h}{\sqrt{2m_0E}}$。在 150V 电压的加速下，电子的物质波波长 $\lambda\approx 1\text{Å}$（$1\text{Å}=10^{-9}\text{m}$），当加速电压为 1000V 时，电子的物质波波长 $\lambda\approx 0.122\text{Å}$。德布罗意波波长在数量级上相当于（或略小于）晶体中的原子间距，比宏观物体的线度要短得多，这就说明了为什么电子的波动性长期未被发现。戴维孙和革末所做的电子衍射实验证实了电子的波动性。

0.4.3 波函数及薛定谔方程

如果粒子受到随时间或位置变化的力场的作用，其能量和动量将不再是常数，这时粒子就不能用平面波来描写，而必须用较复杂的波来描写。通常用一个函数表示所描写粒子的波，并称为波函数。

玻恩的概率解释——波函数在空间中某一点的强度（振幅绝对值的平方）和在该点找到粒子的概率成比例。描写粒子的波乃是概率波。由波函数还可以得到体系的各种物理性质。因此，可以用波函数描写体系的量子状态。粒子在空间各点出现的概率仅取决于波函数在空间各点的相对强度，而不决定于强度的绝对大小，振幅加倍不影响粒子在空间各点的概率分布。这与传统的声波、光波不同。

设波函数为 $\varphi(x,y,z,t)$，则在 $(x,y,z)\mathrm{d}\tau$ 区域内 t 时刻找到粒子的概率为：

$$\mathrm{d}w(x,y,z)=c\,|\varphi(x,y,z,t)|^2\mathrm{d}\tau \tag{0-10}$$

在整个空间找到粒子的概率为：

$$\int c\,|\varphi(x,y,z,t)|^2\mathrm{d}\tau=1 \tag{0-11}$$

式中，$\mathrm{d}\tau$ 为体积单元。

则 $c=\dfrac{1}{\int|\varphi(x,y,z,t)|^2\mathrm{d}\tau}$ 为归一化系数。归一化波函数为 $\varphi(x,y,z,t)=\sqrt{c}\,\varphi(x,y,z,t)$。

波叠加原理——一般情况下，如果 φ_1 和 φ_2 是体系的可能状态，那么，它们的线性叠加 $\varphi=c_1\varphi_1+c_2\varphi_2$ 仍为体系的一个可能状态。当粒子处于 φ 状态时，它既处于 φ_1 态，也处于 φ_2 态。

$$\begin{aligned}|\varphi|^2&=|c_1\varphi_1+c_2\varphi_2|^2\\&=|c_1\varphi_1|^2+|c_2\varphi_2|^2+|c_1c_2^*\varphi_1\varphi_2^*|^2+|c_1^*c_2\varphi_1^*\varphi_2|^2\end{aligned} \tag{0-12}$$

式中，* 表示对复变函数取共轭。衍射图样的产生证实了干涉项的存在。

薛定谔方程——粒子的能量 E 和动量 $\vec{p}$ 分别与下列作用在函数上的算符相当，即 $E\to i\hbar\dfrac{\partial}{\partial t}=\hat{E}$，$\vec{p}\to-i\hbar\nabla=\hat{\vec{p}}$（式中，$\nabla$ 为散度算符），这两个算符分别称为**能量算符**和**动量算符**。引入 $\hat{E}$ 和 $\hat{\vec{p}}$ 算符后，将能量-动量关系 $E=p^2/2m$ 中的物理量 E 和 p 用相应算符代换，再作用于波函数 φ 上，则可得到自由粒子的薛定谔方程式 $i\hbar\dfrac{\partial}{\partial t}\varphi(\vec{r},t)=-\dfrac{\hbar^2}{2m}\nabla^2\varphi(\vec{r},t)$。设粒子在力场中的势能为 $U(\vec{r})$，描写在势场 $U(\vec{r})$ 中粒子状态随时间的运动变化规律的薛定谔波动方程的一般表示式为：

$$i\hbar\frac{\partial\varphi}{\partial t}=-\frac{\hbar^2}{2m}\nabla^2\varphi+U(\vec{r})\varphi \tag{0-13}$$

它是量子力学的基本方程，与经典力学中的牛顿第二定律相当。仅当波函数为复数形式时式(0-13) 才能成立。

如果所讨论的体系不只含一个粒子，而是 N 个粒子（$N>1$），该体系为多粒子体系。以 $\vec{r}_1$，$\vec{r}_2$，$\vec{r}_3$，…，$\vec{r}_N$ 表示这 N 个粒子的坐标，描写体系状态的波函数 φ 是 $\vec{r}_1$，$\vec{r}_2$，$\vec{r}_3$，…，$\vec{r}_N$ 的函数，体系的能量为：

$$E=\sum_{i=1}^{N}\frac{p_i^2}{2m_i}+U(\vec{r}_1,\vec{r}_2,\vec{r}_3,\cdots,\vec{r}_N) \tag{0-14}$$

则薛定谔方程可表达为：

$$i\hbar\frac{\partial\varphi(\vec{r}_1,\vec{r}_2,\vec{r}_3,\cdots,\vec{r}_N)}{\partial t}=-\sum_{i=1}^{N}\frac{\hbar^2}{2m_i}\nabla^2\varphi+U(\vec{r})\varphi \tag{0-15}$$

若 $U(\vec{r})$ 不显含时间，薛定谔方程可以用分离变量法进行一些简化。考虑式(0-15) 的一种特解，将波函数 $\varphi(\vec{r},t)$ 分解为含时部分 $f(t)$ 和不含时部分 $\phi(\vec{r})$，表示粒子的定态波函数。

$$\varphi(\vec{r},t)=\phi(\vec{r})f(t) \tag{0-16}$$

式(0-15) 的解可以表示为许多这种特解之和，将式(0-16) 代入方程式(0-15)，有 $i\hbar\dfrac{\partial f(t)}{\partial t}\cdot\phi(\vec{r})=\left[-\sum_{i=1}^{N}\dfrac{\hbar^2}{2m_i}\cdot f(t)\cdot\nabla^2\phi(\vec{r})+U(\vec{r})\phi(\vec{r})f(t)\right]$，方程两边用 $\phi(\vec{r})f(t)$ 同时去除，得到：$\dfrac{i\hbar}{f(t)}\dfrac{\partial f(t)}{\partial t}=\dfrac{\left[-\sum_{i=1}^{N}\frac{\hbar^2}{2m_i}\nabla^2\phi(\vec{r})+U(\vec{r})\phi(\vec{r})\right]}{\phi(\vec{r})}$。$t$ 和 $\vec{r}$ 是相互独立的变量，所以只有当左右两边同时等于同一常量 E 时，等式才能被满足，由此以来有：

$$\frac{i\hbar}{f(t)}\frac{\partial f(t)}{\partial t}=E\rightarrow f(t)=C\mathrm{e}^{-\frac{i}{\hbar}Et} \tag{0-17}$$

式中，C 为任意常数。由等式右边等于 E，有：

$$-\sum_{i=1}^{N}\frac{\hbar^2}{2m_i}\nabla^2\phi(\vec{r})+U(\vec{r})\phi(\vec{r})=E\phi(\vec{r}) \tag{0-18}$$

将式(0-17) 代入式(0-16)，并把常数 C 放到 $\phi(\vec{r})$ 里面去，由此得到静态薛定谔方程的特解：

$$\varphi(\vec{r},t)=\phi(\vec{r})\mathrm{e}^{-\frac{i}{\hbar}Et} \tag{0-19}$$

这个波函数与时间的关系是正弦式的，角频率 $\omega=E/\hbar$。按照德布罗意关系，E 是体系处于这个波函数所描写的状态时的能量，这个状态的能量具有确定值，所以这个状态称为定态，式(0-19) 称为定态波函数。

如同描述宏观物体运动规律的牛顿定律，微观粒子（电子、离子、原子）的存在状态、相互作用、运动规律有关问题的理论分析，均可由薛定谔方程得到机理性说明，尤其是现代计算机技术的飞速发展，利用该方程求解相关问题变成可能，这样一来对固体物理的理解才会更加深入。

第1章

晶体结构及X射线衍射

本章导读：本章介绍了晶体的特征，分别以一维布拉菲晶格、一维复式晶格及三维布拉菲晶格为例介绍了描述晶体结构的空间点阵、基元、原胞、晶胞等概念，以及原胞、晶胞之间的关系；介绍了晶向指数和晶面指数的表示方法；重点讲述了倒易空间、倒格矢的相关知识及倒格子与正格子之间的关系；介绍了晶体的对称性和对称操作；系统阐述了晶体X射线衍射的布拉格方程、劳厄公式、反射球的做法。基于此，讨论了晶体衍射的几种主要方法及几何结构因子。

固体材料是由大量的微观粒子组成的，每摩尔含有的微粒数为6.02×10^{23}个，这些粒子可以是单个原子、分子、离子或者是若干个粒子构成的基团。如此巨大数目的原子在微观上以一定方式排列形成宏观上的固体结构。固体材料包括晶体、非晶体和准晶体。理想晶体中原子排列十分规则，具有一定的周期性和对称性，不仅短程有序，而且长程也有序。非晶体在与原子间距相比拟的小范围内，粒子排列呈现一定的规则性，而并无长程的周期性和对称性。准晶体是具有准周期平移晶格构造的固体，其中的原子常呈定向有序排列，但不具有晶态物质的周期性，却具有晶态物质所不允许的对称性（5次对称轴）。固体中原子排列的方式是研究固体材料的宏观性质和各种微观过程的基础。18世纪，阿羽依根据晶体具有规则几何外形的特征推测，晶体是由一些坚实、相同的平行六面体小“基石”有规则地重复堆积而成的。1912年，劳厄指出晶体可以作为X射线的衍射光栅，从实验上验证了晶体中原子是规则排列的这一结论。

本章首先介绍晶体具有的基本特征；然后，从晶体原子排列的周期性出发，介绍晶体的取向、晶面、晶胞、原胞等几何特性的描述方法，阐述倒易空间和倒格子、晶体的对称性等概念；最后介绍晶体X射线衍射的原理及利用其测定晶体结构的基本方法。

1.1 晶体的特征以及空间点阵

1.1.1 晶体及其特征

(1) 晶体

晶体是指空间三维方向上原子排列具有周期性（长程有序）的固体。例如，岩盐、金属、半导体硅、金刚石、雪花等。雪花往往呈六角形结构，是因为水在凝结的时候，分子是按着一定的周期规则排列的。用显微镜观察金属可知，金属由许多小晶粒组成；用 X 射线衍射方法对小晶粒进行研究表明，小晶粒内部原子是有序排列的。

（2）晶体的基本特征

① 晶体中的原子至少在微米尺度范围有序排列，称为长程有序。

② 晶体在熔化过程中，其长程有序结构解体时对应一定的熔点，如金属 In 和 Pb 的熔点分别为 156℃和 327℃，即具有固定熔点。

③ 晶体在生长过程中会自发形成凸多面体外形，将自身封闭起来，称为晶体的自限性或自范性，即晶体通常外形为凸多面体。

④ 具有沿着某些确定方位的晶面劈裂的性质（解理性），这些晶面称为解理面。

⑤ 力、热、光、电和磁学等物理性质存在各向异性。单晶体的晶面往往排列成带状，这些晶面的组合称为晶带；晶面的交线称为晶棱，这些相互平行的晶棱方向称为带轴。沿带轴方向原子和电子的分布状态往往不一样，故晶体的物理性质往往表现为各向异性。

（3）晶体外形的多样性

由于生长条件的不同，同一种晶体，其外形往往是不一样的。例如，NaCl 晶体的外形可以是立方体或八面体，也可以是两者的混合，如图 1-1 所示。

尽管晶体本身的大小和形状不同，但属于同一种类的晶体，两个对应晶面（或晶棱）间的夹角恒定不变，这个普遍的规律被称为晶面角守恒定律。这种外形上的规律暗示着晶体内部原子排列的有序性。如何描述这种有序性呢？19 世纪中叶，布拉菲提出了空间点阵学说，对晶体几何结构进行了理论概括。

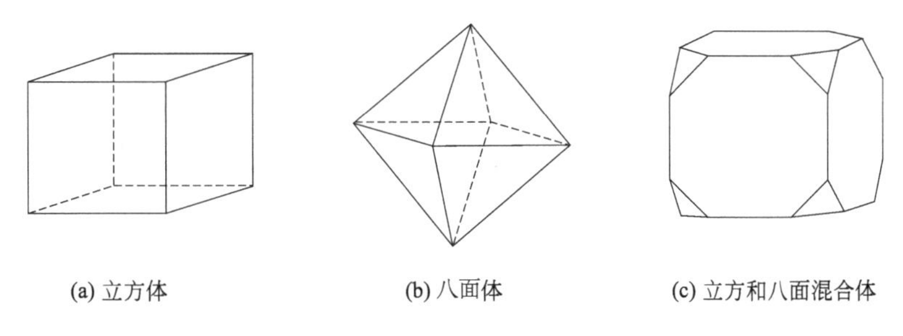

(a) 立方体　　(b) 八面体　　(c) 立方和八面混合体

图 1-1　NaCl 晶体的若干外形

1.1.2 空间点阵

按照布拉菲空间点阵学说，晶体内部结构可以看成是由一些相同的点子在空间有规则地做周期性的无限分布，这些点子的总体称为点阵。空间点阵学说正确地反映了晶体内在结构的长程有序性特征。它的正确性被后来的 X 射线衍射工作所证实。下面对空间点阵学说的内涵加以解释和说明。

① 空间点阵学说中所称的“点子”是空间中抽象的几何点，代表着晶体结构中相同的位置，称为结点或格点。结点的总体称为布拉菲点阵或布拉菲格子。结点不必处于原子中心，可以包含多个原子。若晶体由一种原子组成，结点通常取原子本身的位置；若晶体中含有数种原子，将这数种原子构成的基本结构单元称为基元，结点可以取基元的重心位置，也

可在基元的其他位置上，只要保持结点在每个基元中的位置相同即可。

② **空间点阵学说概括了晶体结构的周期性，每个结点（基元）都是等同的，**其周围的化学环境和几何环境相同，整个晶体结构可以看作由这种基元沿空间三个不同方向各自按一定的距离周期性平移而构成。

③ 通过点阵中的结点沿三个不同方向做许多相互平行的直线族，将所有的格点囊括进来，这样，点阵便构成一个三维网络，将其称为晶格。

④ **把基元包含一个原子的晶格称为布拉菲格子，也称为简单晶格。把基元包含两个或两个以上原子的晶格称为复式晶格**。即使是由同种原子构成的晶格，如果原子在晶体中的几何位置不等价，也可能是复式晶格，如金刚石晶格。**不同等价原子各自构成相同的子晶格，由子晶格相互位移套构形成所谓的复式晶格。**

⑤ 将基元以同样的方式放置在每个格点上才能得到晶体结构，或者说**基元＋布拉菲晶格＝晶体结构**。

1.2 晶体的周期性

1.2.1 一维布拉菲晶格

把由完全等价的一种原子构成的一维周期性点阵，称为一维布拉菲晶格。设图 1-2 (a) 中所示的一维布拉菲晶格中相邻原子间的距离都等于 a。以 $\vec{a}$ 为基本平移矢量（基矢）形成的周期性晶格的最小重复单元为原胞，即一个原子加上原子周围长度为 a 的区域为原胞，如图 1-2 (b) 所示。基矢两端各有一个与相邻原胞共有的原子，则每个原胞中实际只含有一个原子。一维布拉菲晶格中每个原子周围的情况都相同，若用 Γ 代表晶体的任意一种物理性质，则晶格内任一点 x 处的情况与 $x+na$ 处的情况完全相同，恒有：

$$\Gamma(x+na)=\Gamma(x) \tag{1-1}$$

式中，a 是一维布拉菲晶格的周期；n 是整数。上式表示原胞中任意一点 x 处的物理性质，与另一原胞对应处的物理性质相同，从数学表达上描述了一维布拉菲晶体的周期性。

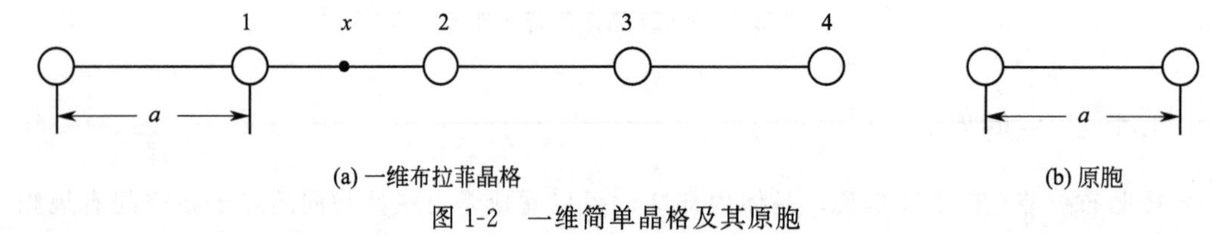

(a) 一维布拉菲晶格　　(b) 原胞

图 1-2　一维简单晶格及其原胞

1.2.2 一维复式晶格

以一维原胞中包含两种原子的情况为例来说明复式晶格。设 A、B 两种原子交替组成一维无限长周期性点阵，所有 A 原子形成一个子晶格，所有 B 原子也形成一个子晶格，两子晶格具有相同的周期性，但相互错开一个距离 b，如图 1-3 (a) 所示。其原胞的选取不止一种，图 1-3 (b)、(c) 所示为两种可选取的原胞，基矢均为 $\vec{a}$，原胞内均含有一个 A 原子和一个 B 原子。把 A 和 B 视为一个整体，称为基元，此时无论选取何种原胞，其内均包含一个基元，即一个原胞中包含一个格点。类似地，对于由 n 种原子所构成的一维晶格，每个原胞中包含 n 个原子，每种原子构成一个周期相同的子晶格。

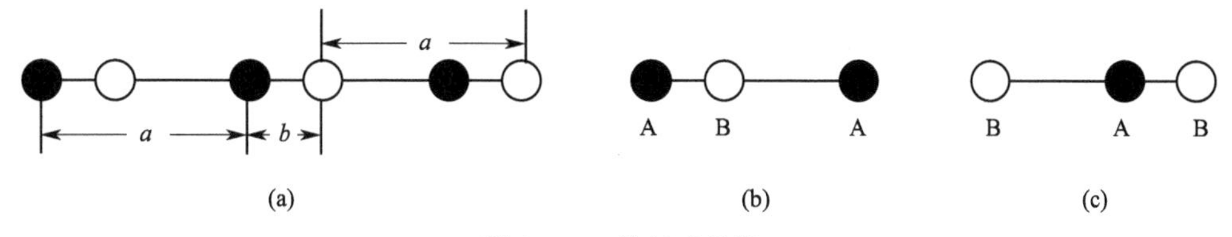

图 1-3　一维复式晶格

特别值得注意的是，如果晶体由一种原子组成，若用 X 射线衍射方法鉴别出原子周围的电子云分布不一样，即晶体中原子周围的情况并不相同，或者说原子的几何位置不等价，则这样的晶格虽由一种原子组成，但并不是布拉菲晶格，而是复式晶格。只有明确原子周围两类不同的情况，方能正确描述晶格的周期性特征。

1.2.3　三维布拉菲晶格

固体物理学原胞——在固体物理学中通常选取一个最小的重复单元来反映晶体结构的周期性，这个最小的重复单元称为固体物理学原胞。三维布拉菲晶格的固体物理学原胞可以有多种选择方式，常取以基矢为棱边的平行六面体为原胞，其结点仅在平行六面体的顶角上。因此，每一个固体物理学原胞仅包含一个格点；对于布拉菲晶格来说，固体物理学原胞仅包含一个原子；对于复式晶格，固体物理学原胞中所包含原子的数目正是每个基元中原子的数目，基矢为 $\vec{a}_1$、$\vec{a}_2$ 和 $\vec{a}_3$。

结晶学原胞——为同时反映三维晶体的对称性和周期性，结晶学中常取最小重复单元的几倍作为原胞。此时格点不仅可以在原胞顶角上，也可以在原胞的体心或面心上。结晶学原胞三个边的矢量称为轴矢，通常用 $\vec{a}$、$\vec{b}$、$\vec{c}$ 来表示，其长度等于沿晶轴方向上的一个周期。结晶学原胞对应着《材料科学基础》中“晶胞”的概念。

假设 $\vec{r}$ 为三维晶格的重复单元中任一位置的位置矢量，则晶格中任意一个物理量 Γ 满足式：

$$\Gamma(\vec{r})=\Gamma(\vec{r}+n_1\vec{x}+n_2\vec{y}+n_3\vec{z}) \tag{1-2}$$

式中，n_1、n_2 和 n_3 是整数。由于晶体具有周期性，因此，$\vec{x}$、$\vec{y}$ 和 $\vec{z}$ 可为任意选取的重复单元的边矢量。当 $\vec{x}$、$\vec{y}$ 和 $\vec{z}$ 分别取基矢 $\vec{a}_1$、$\vec{a}_2$ 和 $\vec{a}_3$ 时，重复单元为原胞；当 $\vec{x}$、$\vec{y}$ 和 $\vec{z}$ 取轴矢 $\vec{a}$、$\vec{b}$ 和 $\vec{c}$ 时，重复单元为晶胞。式(1-2) 表示重复单元中任意位置 $\vec{r}$ 的物理性质，与另一重复单元相应位置的物理性质完全相同，此即三维晶体周期性的数学表达。

下面我们以包含一种原子的布拉菲晶格和多种原子的复式晶格为例，说明结晶学原胞与固体物理学原胞的区别。

(1) 布拉菲晶格

在结晶学中，根据晶体的对称性特征，属于立方晶系的布拉菲原胞有简单立方（sc）、体心立方（bcc）、面心立方（fcc）。

① 简单立方（sc）　如图 1-4 所示，简单立方的固体物理学原胞与结晶学原胞完全相同。每个格点被一个原子所占据，原胞的一个顶角由 8 个原胞所共有，即顶角上一个格点对每个

原胞的贡献为1/8，原胞中8个格点对该原胞的贡献等价于1个格点的贡献，也可以说每个原胞对应点阵空间中的一个结点，一个原胞只包含有一个原子，原胞体积也是一个原子所“占”的体积。固体物理学原胞基矢与结晶学原胞轴矢之间的关系为：

$$\vec{a}_1=\vec{a}=a\vec{i}$$
$$\vec{a}_2=\vec{b}=a\vec{j} \tag{1-3}$$
$$\vec{a}_3=\vec{c}=a\vec{k}$$

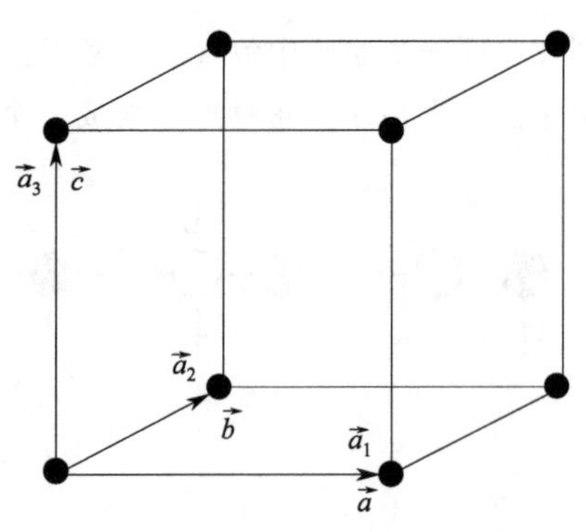

图 1-4 简单立方的结晶学原胞与固体物理学原胞

② 体心立方（bcc） 如图1-5所示，设晶格常数为a的体心立方晶体，其结晶学原胞的体积为a^3。除立方体的八个顶角上有原子以外，其体心位置也有一个原子，且顶角和体心原子周围的情况一样，一个结晶学原胞包含两个原子。若选择三个基矢为：

$$\vec{a}_1=\frac{1}{2}(-\vec{a}+\vec{b}+\vec{c})=\frac{a}{2}(-\vec{i}+\vec{j}+\vec{k})$$
$$\vec{a}_2=\frac{1}{2}(\vec{a}-\vec{b}+\vec{c})=\frac{a}{2}(\vec{i}-\vec{j}+\vec{k}) \tag{1-4}$$
$$\vec{a}_3=\frac{1}{2}(\vec{a}+\vec{b}-\vec{c})=\frac{a}{2}(\vec{i}+\vec{j}-\vec{k})$$

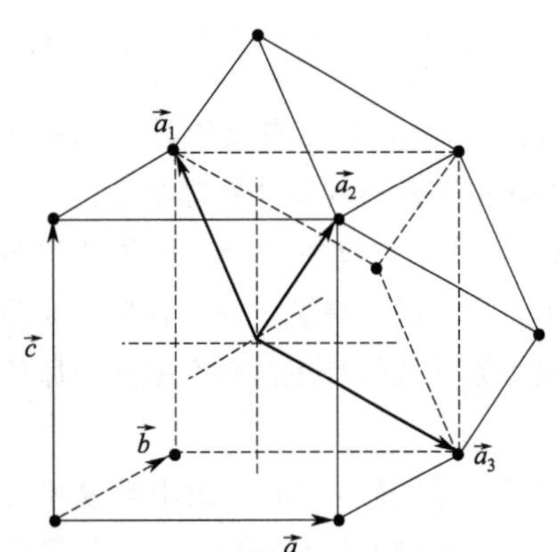

图 1-5 体心立方的结晶学原胞与固体物理学原胞

则由这三个基矢构成的平行六面体的体积为$V=\vec{a}_1\cdot(\vec{a}_2\times\vec{a}_3)=1/2a^3$，这恰好为结晶学原胞体积的一半，也等于一个原子占有的体积。表明此平行六面体是体心立方的最小重复单元，即固体物理学原胞。这三个基矢为体心立方原胞基矢的一种取法，当然，原胞基矢还可以有其他选取方式。

③ 面心立方（fcc） 如图1-6所示，设晶格常数为a的面心立方晶体，其结晶学原胞的体积为a^3。立方体的八个顶角和六个面心位置均有原子，且顶角和面心上每个原子周围的情况相同，它们对结晶学原胞的贡献分别为1/8和1/2。因此，一个面心立方结晶学原胞包含四个原子。若选择三个基矢为：

$$\vec{a}_1=\frac{1}{2}(\vec{b}+\vec{c})=\frac{a}{2}(\vec{j}+\vec{k})$$
$$\vec{a}_2=\frac{1}{2}(\vec{a}+\vec{c})=\frac{a}{2}(\vec{k}+\vec{i}) \tag{1-5}$$
$$\vec{a}_3=\frac{1}{2}(\vec{a}+\vec{b})=\frac{a}{2}(\vec{i}+\vec{j})$$

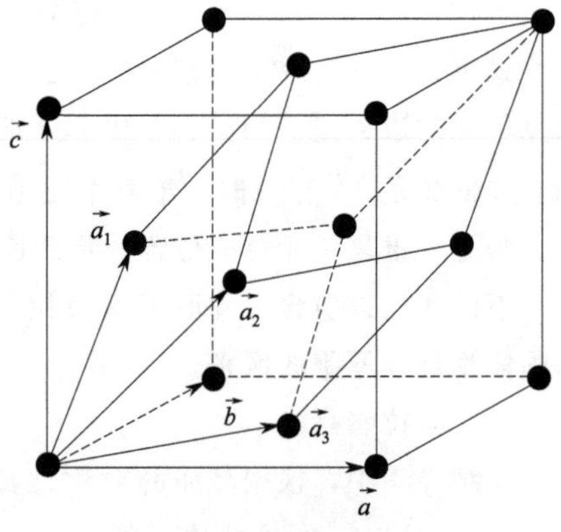

图 1-6 面心立方的结晶学原胞与固体物理学原胞

则由这三个基矢构成的平行六面体的体积为$V=\vec{a}_1\cdot(\vec{a}_2\times\vec{a}_3)=1/4a^3$，这恰好等于结晶学原胞体积的1/4，也等于一个原子占有的体积。表明此平行六面体是面心立方的最小重复单元，即固体物理学原胞。

（2）立方晶系中典型的复式晶格

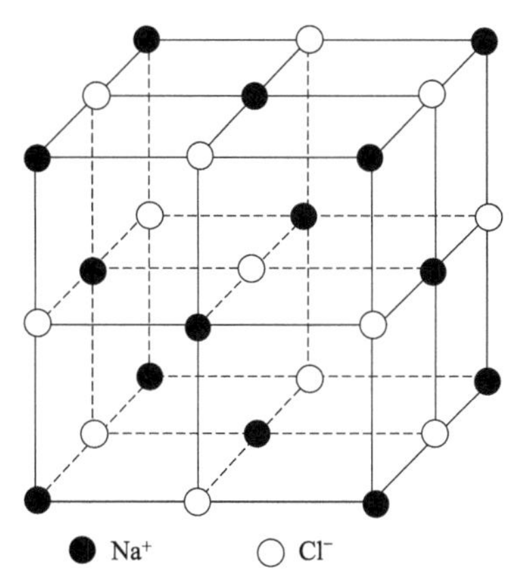

图 1-7　NaCl 的晶体结构

通过布拉菲空间点阵学说可知，若晶体的基元中包含两种或两种以上的原子，则由每一种原子构成的子晶格相对位移套构形成复式晶格。子晶格的周期都相同，在讨论晶体结构或选取原胞时，均针对子晶格而言。

① 氯化钠的晶体结构　氯化钠（NaCl）是由 Na^+ 和 Cl^- 按照一定的周期有序排列而成的固体，它是一种典型的离子晶体，其晶体结构如图 1-7 所示。在结晶学中，Na^+ 和 Cl^- 分别构成一个具有相同周期的面心立方子晶格，两个子晶格沿着晶轴方向平移 1/2 周期套构形成复式晶格。因此，NaCl 晶体为面心立方结构，其一个结晶学原胞中包含 4 对异性离子，即 4 个 Na^+ 和 4 个 Cl^-。NaCl 晶体的固体物理学原胞的选取方法与面心立方布拉菲晶格的相同，三个基矢可在 Na^+ 或 Cl^- 的面心立方子晶格中选取，每个固体物理学原胞对应 1 个基元，包含 1 个 Na^+ 和 1 个 Cl^-。

② 氯化铯的晶体结构　氯化铯（CsCl）是由 Cs^+ 和 Cl^- 按照一定的周期有序排列而成的离子晶体，其晶体结构如图 1-8 所示。在结晶学中，Cs^+ 和 Cl^- 分别构成一个具有相同周期的简单立方子晶格，两个子晶格沿着立方体的体对角线方向平移 1/2 周期套构形成复式晶格。因此，CsCl 晶体为简单立方结构，而不是体心立方结构，其一个结晶学原胞包含有 2 个离子，分别为 1 个 Cs^+ 和 1 个 Cl^-。CsCl 晶体的固体物理学原胞的选取方法与简单立方布拉菲晶格的相同，三个基矢可在 Cs^+ 或 Cl^- 的简单立方子晶格中选取，每个固体物理学原胞对应 1 个基元，包含 1 个 Cs^+ 和 1 个 Cl^-。

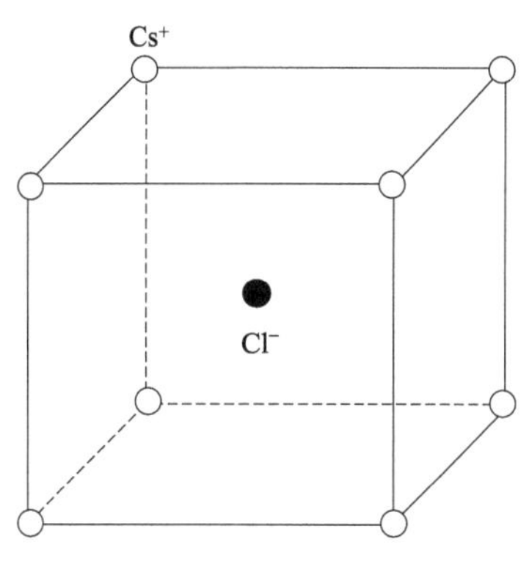

图 1-8　CsCl 的晶体结构

③ 金刚石的晶体结构　金刚石是由碳（C）原子构成的原子晶体，但其晶格结构并非简单布拉菲晶格，而是一个复式晶格，如图 1-9 所示。金刚石结构的结晶学原胞如图 1-9 所示，除了晶胞的 8 个顶角和 6 个面心分别有 C 原子外，在立方体 4 条对角线的 1/4 或 3/4 处还有 4 个 C 原子，因此，每个结晶学原胞包含 8 个 C 原子。每一个 C 原子与周围的 4 个 C 原子构成一个正四面体，C—C 键之间的夹角为 $109°28'$，但正四面体中心 C 原子周围的 4 个 C—C 共价键的取向，与顶角上 C 原子周围的 4 个 C—C 共价键的取向是不同的，意味着 C 原子周围的电子云空间分布和物理性质不同，说明金刚石原胞中包含两种 C 原子，它们在空间周期性排列，各自形成 1 个面心立方子晶格，再彼此沿立方体的体对角线平移 1/4 周期套构形成复式晶格。其固体物理学原胞的选取与面心立方布拉菲原胞的选取相同，每个固体物理学原胞中包含 2 个不等同的 C 原子。

半导体材料如锗、硅等均具有类似的结构，只是把 C 原子换成 Ge、Si 原子即可。立方

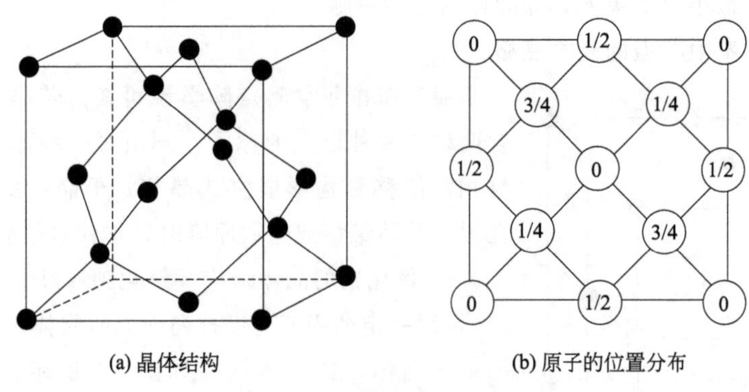

(a) 晶体结构 (b) 原子的位置分布

图 1-9 金刚石的晶体结构

晶系的硫化锌（ZnS）、锑化铟（InSb）、砷化镓（GaAs）、磷化铟（InP）具有与金刚石相似的结构，由金属原子和非金属原子分别组成面心立方结构的子晶格并沿空间对角线位移 1/4 的长度套构而成，这样的结构统称为闪锌矿结构。具有金刚石和闪锌矿结构的晶体都具有复式晶格。

④ 典型钙钛矿型晶体结构 钙钛矿结构原指钛酸钙（$CaTiO_3$）晶体的结构。目前，发现钛酸钡（$BaTiO_3$）、锆酸铅（$PbZrO_3$）、铌酸锂（$LiNbO_3$）等晶体的结构与 $CaTiO_3$ 的相同。下面以 $BaTiO_3$ 为例来理解钙钛矿型晶体结构。如图 1-10 所示，$BaTiO_3$ 的结晶学原胞为一个立方体，其 8 个顶角是 Ba^{2+}，体心是 Ti^{4+}，6 个面心是 O^{2-}，一个结晶学原胞包含有 5 个离子，其中 1 个 Ba^{2+}、1 个 Ti^{4+} 和 3 个 O^{2-}，因此，$BaTiO_3$ 晶体为复式晶格。立方体上下晶面上的 O^{2-} 分别与上下方向上的 2 个 Ti^{4+} 相邻，其前后左右均不跟 Ti^{4+} 相邻；立方体前后晶面上的 O^{2-} 分别与前后方向上的 2 个 Ti^{4+} 相邻，其上下左右均不跟 Ti^{4+} 相邻；而立方体左右晶面上的 O^{2-} 分别与左右方向上的 2 个 Ti^{4+} 相邻，其上下前后均不跟 Ti^{4+} 相邻；包围 Ti^{4+} 的 6 个 O^{2-} 周围情况各不相同，三组 O^{2-} 是不等价的，可分别记成 OⅠ、OⅡ 和 OⅢ。因此，$BaTiO_3$ 结构是由 Ba^{2+}、Ti^{4+} 和 3 组 O^{2-} 各自组成的简单立方子晶格平移套构而成的复杂晶体结构，其固体物理学原胞仍然为此立方体。

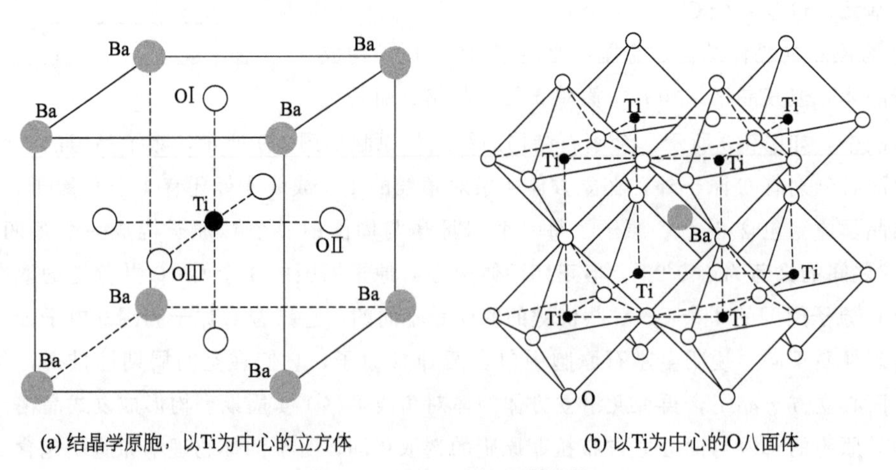

(a) 结晶学原胞，以Ti为中心的立方体 (b) 以Ti为中心的O八面体

图 1-10 $BaTiO_3$ 的晶体结构

1.3 晶体晶列与晶面的表示方法

通过前面内容的学习，我们可以把晶体看成是由一些相同的点子（格点、结点）在三维空间以一定的距离为周期进行有序、无限排列而成的结构。将点阵中的结点（格点）连接起来可以形成无数相互平行的直线族和晶面族，这样整个空间就被划分成网络状。沿不同方向原子的排列往往不同，导致物理特性呈现各向异性。因此，要系统定量或半定量描述或研究晶体的宏观性能，用数学语言对晶体内部原子的排列方向进行表述是非常重要的前提条件。

1.3.1 晶列与晶面

在图 1-11 所示的二维晶体的格点分布图中，所有格点周围的情况均相同。通过任意两个格点可以连成一条直线，在这条直线上包含无数多个相同的格点。将这样的直线称为晶列，即晶体外表上所见的晶棱。晶列上格点的分布具有一定的周期性，其上任意两相邻格点的间距相等。通过一个格点可以有无穷多个晶列，与一个晶列相平行有无穷多个晶列，在同一平面上相邻晶列之间的距离相等。晶体中对称关系等同、空间方位不同的所有晶列构成一个晶列族，每一组相互平行的晶列将晶体中的所有格点包括无遗。

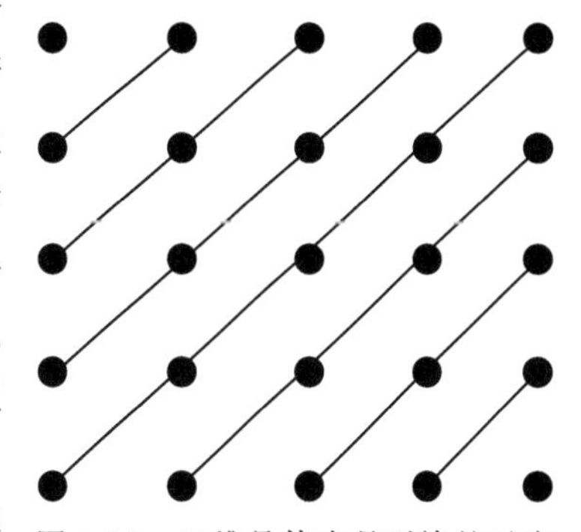

图 1-11　二维晶体中晶列族的示意

如图 1-12 所示，通过任意三个不共线的格点可以形成一个平面，该平面即为一个晶面，与该晶面相平行等间距的晶面有无穷多个，格点在各晶面上的分布具有相同的周期。在晶体内凡晶面间距和晶面上原子的分布情况完全相同，只是空间位向不同的晶面可以归并为同一族，称为晶面族。晶格中有无穷多族平行的晶面，每一组相互平行的晶面也将晶体里面的所有格点包括无遗。

每一族晶列互相平行，且完全等同；同样地，每一族晶面也互相平行，且完全等同。晶列和晶面的特点由其在空间的方位决定，故无论对于晶列族还是对于晶面族的描述，只要给出其空间取向即可。

1.3.2 晶向指数和晶面指数

晶列的取向称为晶向，描写晶向的一组数称为晶向指数（或晶列指数），描写晶面方位的一组数称为晶面指数。下面我们分别介绍固体物理学原胞和结晶学原胞中晶列和晶面方位的表示方法。

（1）固体物理学原胞坐标系中晶列的表示

如图 1-13 所示，对于一个给定的晶体，取某一格点 O 为坐标原点，以 $\vec{a}_1$、$\vec{a}_2$、$\vec{a}_3$ 为固体物理学原胞的三个基本平移矢量（基矢），设 A 为晶格中的任意一个格点，连接 OA 就构成一个晶列，OA 所对应的位矢（也称格矢）$\vec{R}_l$ 为：

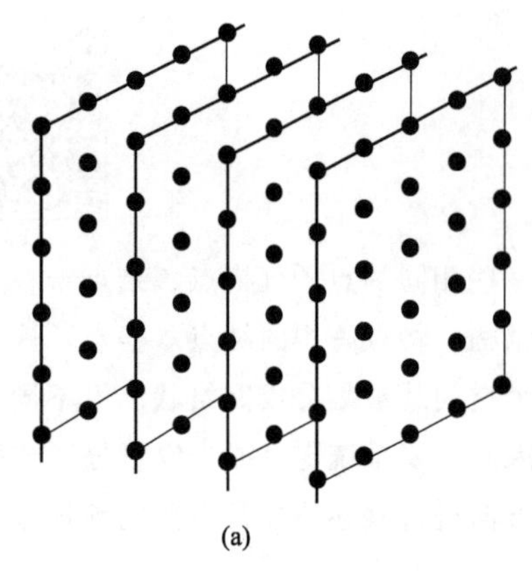

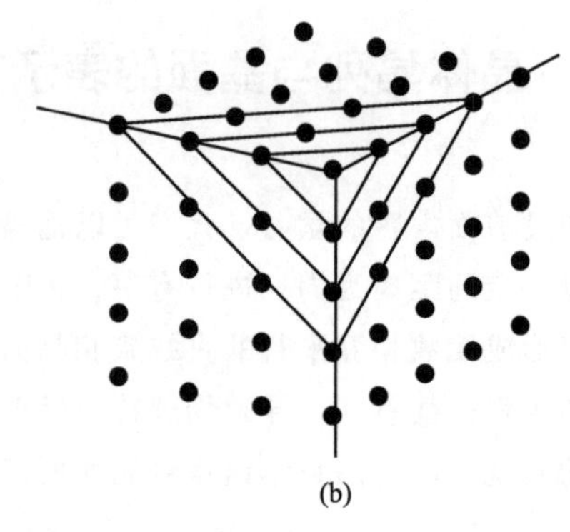

图 1-12 晶面族示意

$$\vec{R}_l = l_1\vec{a}_1 + l_2\vec{a}_2 + l_3\vec{a}_3 \tag{1-6}$$

式中，l_1、l_2、l_3 为整数，将其化简成互质整数，则可用 l_1、l_2、l_3 表示晶列的取向，称为晶列指数，习惯上用 $[l_1\ l_2\ l_3]$ 来表示。

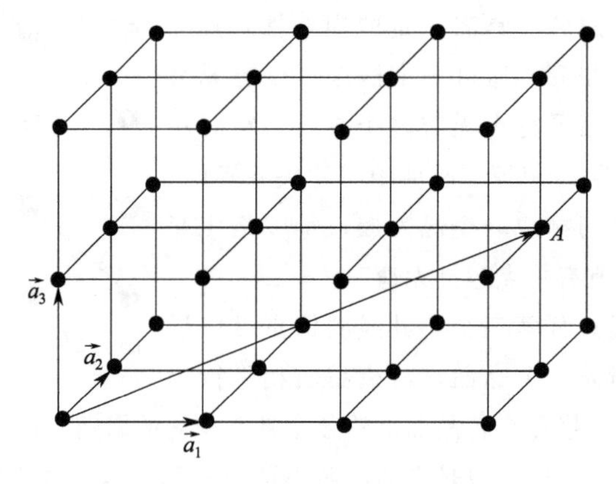

图 1-13 固体物理学原胞坐标系中的晶列

(2) 结晶学原胞坐标系中晶列的表示

对于结晶学原胞来说，格点不仅可以在原胞的 8 个顶点上，也可能在原胞的体心或面心位置上。当取晶体中任意一格点 A 与坐标原点连接形成一晶列，与之平行有一个晶列族，OA 的位矢 $\vec{R}$ 可表示为：

$$\vec{R} = m'\vec{a} + n'\vec{b} + p'\vec{c} \tag{1-7}$$

式中，$\vec{a}$、$\vec{b}$、$\vec{c}$ 为结晶学原胞的基矢；m'、n'、p'要么为整数，要么为整数的 1/2，故 m'、n'、p'一定是三个有理数，其比值可以化简为三个互质整数 m、n、p 的比值，即 $m' : n' : p' = m : n : p$。我们将用这三个互质整数 $[m\ n\ p]$ 来表示与 OA 晶列平行的晶列族的晶向。

(3) 晶面的表示

对于一个给定的坐标系，描写一个平面的方位通常可以采用两种方法。其一，平面法线与平面一一对应，用平面法线方向与三个坐标轴方向夹角的余弦表示；其二，用平面在三个坐标轴上的截距表示。

如图 1-14 所示，对于一个给定的晶体，以任意一个格点为坐标原点 O，选取一个固体物理学原胞，其三个基矢为 $\vec{a}_1$、$\vec{a}_2$、$\vec{a}_3$，并以此为坐标系的三个坐标轴（不一定相互正交）。ABC 为某一晶面族中的某一个晶面，该晶面族中相邻晶面不仅平行且等距，假设其晶面间距为 d。由于坐标原点 O 亦为格点，通过 O 点必有一个晶面 $A'B'C'$ 与 ABC 晶面相平行，两面之间包含若干个晶面，则 $A'B'C'$ 晶面与 ABC 晶面间的距离为该晶面族晶面间距的整数倍 μd（μ 为整数），这也是 O 点到 ABC 晶面的距离。假设该晶面族法线方向的单位矢量为 $\vec{n}$，ABC 晶面上任意一点（不一定是格点）的位置矢量为 $\vec{x}$，则坐标原点到 ABC 晶面的距离等于 $\vec{x}\cdot\vec{n}$，由此可以得到：

$$\vec{x}\cdot\vec{n}=\mu d \tag{1-8}$$

此即描述 ABC 晶面的方程。

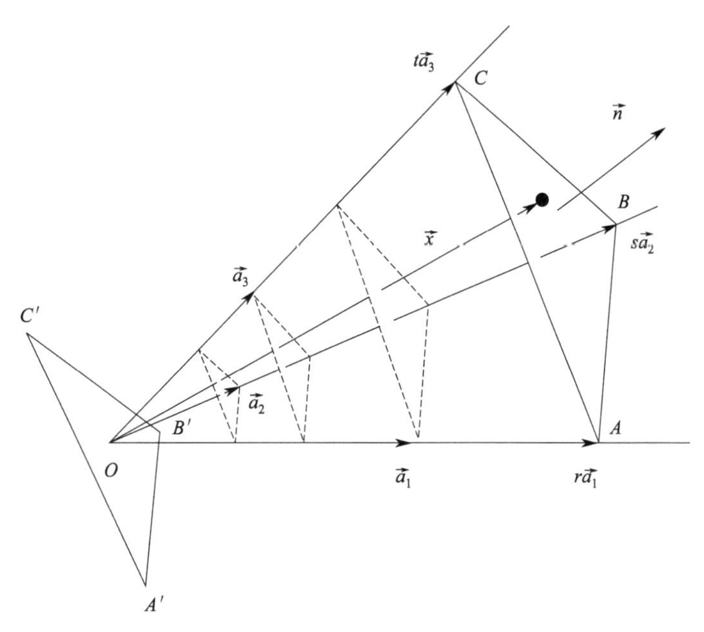

图 1-14　固体物理学原胞基矢坐标系中的晶面族

假设 ABC 晶面在三个坐标轴上的截距分别为 ra_1、sa_2 和 ta_3，对应的位矢分别为 $r\vec{a}_1$、$s\vec{a}_2$ 和 $t\vec{a}_3$，其末端均为 ABC 晶面上的点，因此这三个位矢都满足式(1-8)，由此有：

$$\begin{aligned}r\vec{a}_1\cdot\vec{n}&=ra_1\cos(\vec{a}_1,\vec{n})=\mu d\\ s\vec{a}_2\cdot\vec{n}&=sa_2\cos(\vec{a}_2,\vec{n})=\mu d\\ t\vec{a}_3\cdot\vec{n}&=ta_3\cos(\vec{a}_3,\vec{n})=\mu d\end{aligned} \tag{1-9}$$

取 a_1、a_2、a_3 为沿三个坐标轴方向的天然长度单位，则有：

$$\cos(\vec{a}_1,\vec{n}):\cos(\vec{a}_2,\vec{n}):\cos(\vec{a}_3,\vec{n})=\frac{1}{r}:\frac{1}{s}:\frac{1}{t} \tag{1-10}$$

所以，晶面族的法线方向 $\vec{n}$ 与三个坐标轴（基矢）的夹角的余弦之比等于晶面在三个坐标轴上的截距的倒数之比。

由于 $\vec{a}_1$、$\vec{a}_2$、$\vec{a}_3$ 这三个基矢末端均存在着一个格点，通过这三个格点分别有一个晶面与 ABC 晶面相平行，原点 O 到这三个晶面的距离均等于晶面间距 d 的整数倍，但相应的倍数不一样，假设其距离分别为h_1d、h_2d、h_3d，其中h_1、h_2、h_3都是整数，按照式(1-8)有：

$$
\begin{aligned}
a_1\cos(\vec{a}_1,\vec{n})&=h_1d\\
a_2\cos(\vec{a}_2,\vec{n})&=h_2d\\
a_3\cos(\vec{a}_2,\vec{n})&=h_3d
\end{aligned}
\tag{1-11}
$$

取a_1、a_2、a_3为三个坐标轴方向的天然长度单位，则有：

$$
\cos(\vec{a}_1,\vec{n}):\cos(\vec{a}_2,\vec{n}):\cos(\vec{a}_3,\vec{n})=h_1:h_2:h_3 \tag{1-12}
$$

即晶面族的法线方向$\vec{n}$与三个坐标轴（基矢）的夹角的余弦之比等于三个整数之比。对比式(1-10)与式(1-12)，可知，r、s、t必为一组有理数，此即阿羽依的有理指数定律。

上述分析结果表明，晶面族的法线方向$\vec{n}$与三个坐标轴夹角的余弦之比等于晶面在三个坐标轴上截距的倒数之比，也等于三个整数之比。这说明可以用三个互质整数h_1、h_2、h_3来表述晶面的法线方向，称之为该晶面族的晶面指数。同时也给出了晶面指数的确定方法，即求得晶面在三个坐标轴上的截距，取各截距的倒数，将三个倒数化成互质的整数比，并加上圆括号，记为$(h_1h_2h_3)$。

晶面指数的物理意义还可以理解如下：设想选一格点为原点，$\vec{a}_1$、$\vec{a}_2$、$\vec{a}_3$为三个坐标轴方向，由于晶体中所有格点都在晶面族上，因此必有一晶面通过原点，而属于同一晶面族的其他晶面相互平行等距，且均匀切割各轴。如果从原点顺序地看每个面切割$\vec{a}_1$轴的情况，因$\vec{a}_1$轴末端点处存在格点，显然必将遇到一个面切割在$\vec{a}_1$或$-\vec{a}_1$末端处，假设这是从原点算起的第h_1个面，那么晶面族的最靠近原点的第一个面的截距必然是$\pm\vec{a}_1$的分数，可以写成a_1/h_1。同样地，可以得到第一个面在其他两个轴上的截距分别为a_2/h_2和a_3/h_3，其中h_1、h_2、h_3为正或负的整数。人们用$(h_1h_2h_3)$来标记这一族晶面，$|h_1|$、$|h_2|$、$|h_3|$表明等距的晶面分别把基矢$\pm\vec{a}_1$、$\pm\vec{a}_2$、$\pm\vec{a}_3$分割成多少个等份，这也是以a_1、a_2、a_3为各轴天然长度单位时，晶面在各轴截距的倒数值。若晶面和某一个轴平行，截距为∞，则相应的指数记为0。

实际上，我们常以结晶学原胞的基矢$\vec{a}$、$\vec{b}$、$\vec{c}$为坐标轴，建立坐标系来研究原子的空间分布，把该坐标系中描述晶面取向的互质整数称为晶面族的密勒指数，用(hkl)表示。例如，(100)、(110)、(111)、(210)、(211)等。考虑到以结晶学原胞基矢构成的参考系，其基矢沿晶轴方向，解理面往往为密勒指数比较简单的晶面，以密勒指数表示的低指数晶面上原子密度比高指数面上的大，是X射线衍射强度比较高的晶面。因此，采用密勒指数具有重要的意义。

1.4 倒易空间和倒格子

由于晶格的周期性，晶体内部形成无数多个晶面族，通常用其法线方向表示晶体中一族晶面的特征。对于给定的晶体和基矢，如果已知某晶面族的法线取向，即可得出最靠近坐标原点的晶面在各坐标轴上的截距、晶面族的密勒指数以及面间距，由此一来，该晶面族的所有信息就可以确定。但用法线方向表示每一族晶面还是比较复杂的。能否在空间找到一些周期性分布的点子，每个点子与晶格中的一族晶面相对应。倘若能找到这些点子，晶体结构的描述将变得非常简单。实际上，X射线衍射照片上的斑点正是这一类点子，称这种周期性分布的点子为倒格点，与之对应存在着一个倒易空间。实空间的晶格与倒易空间的倒格子存在着傅里叶变换的关系。

1.4.1 倒格子与晶格的关系

对于一个给定的晶体，选取其中任意一个格点作为坐标原点，如图1-15所示，$\vec{a}_1$、$\vec{a}_2$、$\vec{a}_3$为所选取的固体物理学原胞的三个基矢。ABC为该晶体中的某一个晶面，与该晶面相平行，存在着一个晶面族，d是该晶面族的面间距。自坐标原点O出发，引ABC晶面的法线ON，在法线上截取一段$OP=\rho$，使$\rho d=2\pi$。对于该族晶面来说，P点是唯一的。类似地，每一个晶面族都对应有一个P点。沿$\overrightarrow{OP}$方向、以OP线段长度为周期对P点进行平移，将得到一个新的点阵，每一族晶面都对应着这样一个新点阵。$\overrightarrow{OP}$矢量方向为晶面族法线方向，且其长度与晶面间距相关，因此，$\overrightarrow{OP}$矢量同时携带了晶面族方向和晶面间距的信息。从这个意义上说，P点及其平移后的点即是我们寻找的点，它们所构成的点阵能够表示晶面族的信息。若把原来周期性排布的基元抽象成阵点所形成的布拉菲格子称为正格子，则由P点及其平移后的点形成的新格子称为倒格子，其所在空间称为倒易空间。

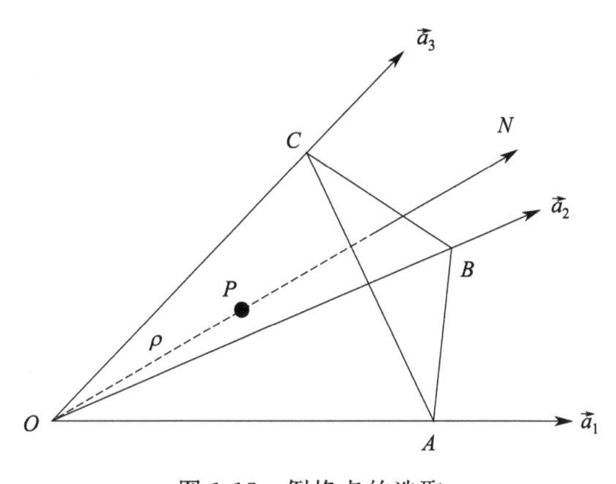

图1-15 倒格点的选取

下面我们具体来讨论倒格子基矢和正格子基矢之间的关系。如图1-16所示，选晶体中的任意一个格点为坐标原点，以基矢$\vec{a}_1$、$\vec{a}_2$、$\vec{a}_3$为三个邻边形成一个平行六面体，即为固体物理学原胞，其8个顶点都是格点。$\vec{a}_1$、$\vec{a}_2$、$\vec{a}_3$三个基矢两两组合分别形成晶面，平行六面体的6个侧面均为晶面，这些晶面隶属于3个晶面族。假设由基矢$\vec{a}_1$和$\vec{a}_2$、$\vec{a}_2$和$\vec{a}_3$、$\vec{a}_3$和$\vec{a}_1$形成的晶面的面间距分别为d_3、d_1、d_2。在$\vec{a}_1$和$\vec{a}_2$所形成的晶面的法线上选取一点P_3，使$OP_3=b_3$，且$b_3=2\pi/d_3$，对于该晶面相应的晶面族来说，P_3点是唯一的。类似地，在$\vec{a}_2$和$\vec{a}_3$所形成的晶面的法线上存在P_1点，使$OP_1=b_1$，且$b_1=2\pi/d_1$；在$\vec{a}_3$和$\vec{a}_1$所形成的晶面的法线上存在P_2点，使$OP_2=b_2$，且$b_2=2\pi/d_2$。若考虑到方向，则$\vec{b}_1=$

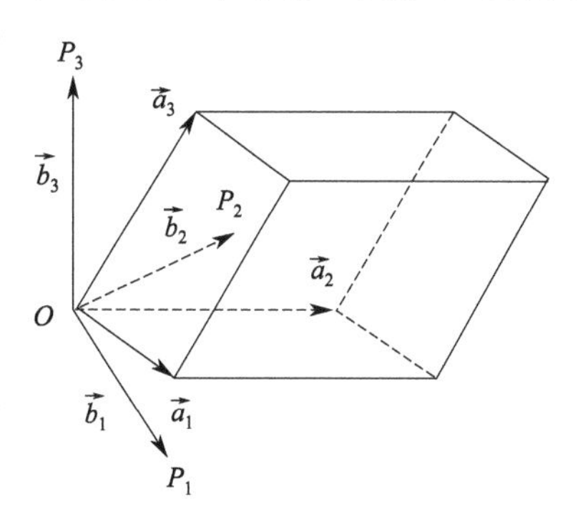

图1-16 正格子和倒格子基矢

$\overrightarrow{OP_1}$、$\vec{b}_2=\overrightarrow{OP_2}$、$\vec{b}_3=\overrightarrow{OP_3}$ 三个基矢的方向正好分别对应 $\vec{a}_2\times\vec{a}_3$、$\vec{a}_3\times\vec{a}_1$、$\vec{a}_1\times\vec{a}_2$ 三个矢量的方向。由 $\vec{a}_1$、$\vec{a}_2$、$\vec{a}_3$ 三个基矢所组成的平行六面体的底面是 $\vec{a}_1$、$\vec{a}_2$ 围成的平行四边形，高等于 $\vec{a}_1$、$\vec{a}_2$ 形成的晶面族的面间距 d_3，因此，平行六面体的体积为：

$$\Omega=d_3(a_1a_2)\sin\theta=d_3\left|\vec{a}_1\times\vec{a}_2\right| \tag{1-13}$$

式中，θ 为 $\vec{a}_1$ 与 $\vec{a}_2$ 之间的夹角。由此可以得到：

$$d_3=\frac{\Omega}{\left|\vec{a}_1\times\vec{a}_2\right|} \tag{1-14}$$

$$b_3=\frac{2\pi}{d_3}=\frac{2\pi\cdot\left|\vec{a}_1\times\vec{a}_2\right|}{\Omega} \tag{1-15}$$

考虑到 $\vec{b}_3$ 的方向与 $\vec{a}_1\times\vec{a}_2$ 的方向相同，因此：

$$\vec{b}_3=\frac{2\pi(\vec{a}_1\times\vec{a}_2)}{\Omega} \tag{1-16}$$

同理可以得到：

$$\vec{b}_1=\frac{2\pi(\vec{a}_2\times\vec{a}_3)}{\Omega} \tag{1-17}$$

$$\vec{b}_2=\frac{2\pi(\vec{a}_3\times\vec{a}_1)}{\Omega} \tag{1-18}$$

$\vec{b}_1$、$\vec{b}_2$、$\vec{b}_3$ 正好就是我们要寻找的倒格子的三个基矢，其量纲为 m^{-1}。利用这个关系就可以把晶格中的一族晶面转化为倒格子中的一点，这对于晶格衍射问题有很重要的意义。当波长连续变化的 X 射线射向固定不动的晶体时，波长最大、最小的 X 射线分别对应半径最小、最大的反射球，而落在该区间内的每个倒格点和球心的连线都表示晶体可以产生反射的方向。每个倒格点对应一束衍射光，而每个倒格矢对应一族晶面，因此，一个衍射斑点对应一族晶面。用倒格点描述晶格衍射问题为解决实际问题提供了一种有效、便利的方法。

倒格子基矢与正格子基矢之间存在着如下关系：

$$\vec{a}_i\cdot\vec{b}_j=2\pi\delta_{ij}=\begin{cases}2\pi(i=j)\\0(i\neq j)\end{cases} \tag{1-19}$$

对于晶格常数为 a 的体心立方来说，固体物理学原胞基矢为：

$$\begin{aligned}\vec{a}_1&=\frac{a}{2}(-\vec{i}+\vec{j}+\vec{k})\\\vec{a}_2&=\frac{a}{2}(\vec{i}-\vec{j}+\vec{k})\\\vec{a}_3&=\frac{a}{2}(\vec{i}+\vec{j}-\vec{k})\end{aligned} \tag{1-20}$$

其倒格子基矢为：

$$\begin{aligned}\vec{b}_1&=2\pi\frac{\vec{a}_2\times\vec{a}_3}{\vec{a}_1\cdot\vec{a}_2\times\vec{a}_3}\\\vec{b}_2&=2\pi\frac{\vec{a}_3\times\vec{a}_1}{\vec{a}_1\cdot\vec{a}_2\times\vec{a}_3}\\\vec{b}_3&=2\pi\frac{\vec{a}_1\times\vec{a}_2}{\vec{a}_1\cdot\vec{a}_2\times\vec{a}_3}\end{aligned} \tag{1-21}$$

考虑到体心立方结构固体物理学原胞的体积 Ω 为 $\frac{1}{2}a^3$，因此，

$$\vec{b}_1=2\pi\frac{\vec{a}_2\times\vec{a}_3}{\vec{a}_1\cdot\vec{a}_2\times\vec{a}_3}=\frac{2\pi}{\Omega}\frac{a}{2}(\vec{i}-\vec{j}+\vec{k})\times\frac{a}{2}(\vec{i}+\vec{j}-\vec{k})$$
$$=\frac{2\pi a^2}{\Omega}\frac{1}{4}(\vec{i}-\vec{j}+\vec{k})\times(\vec{i}+\vec{j}-\vec{k}) \tag{1-22}$$

计算后得到的倒格子基矢为：

$$\vec{b}_1=\frac{2\pi}{a}(\vec{j}+\vec{k}) \tag{1-23}$$

同理，可以计算出其余两个倒格子基矢为：

$$\vec{b}_2=2\pi\frac{\vec{a}_3\times\vec{a}_1}{\vec{a}_1\cdot\vec{a}_2\times\vec{a}_3}=\frac{2\pi}{a}(\vec{i}+\vec{k}) \tag{1-24}$$

$$\vec{b}_3=2\pi\frac{\vec{a}_1\times\vec{a}_2}{\vec{a}_1\cdot\vec{a}_2\times\vec{a}_3}=\frac{2\pi}{a}(\vec{i}+\vec{j}) \tag{1-25}$$

这三个倒格矢恰好可以构成以 $4\pi/a$ 为倒易空间晶格常数的面心立方结构，因此，体心立方的倒格子是面心立方。

对于晶格常数为 a 的面心立方结构而言，固体物理学原胞基矢为：

$$\begin{aligned}\vec{a}_1&=\frac{a}{2}(\vec{j}+\vec{k})\\ \vec{a}_2&=\frac{a}{2}(\vec{i}+\vec{k})\\ \vec{a}_3&=\frac{a}{2}(\vec{i}+\vec{j})\end{aligned} \tag{1-26}$$

面心立方结构固体物理学原胞的体积 $\Omega=\frac{1}{4}a^3$，因此，

$$\vec{b}_1=2\pi\frac{\vec{a}_2\times\vec{a}_3}{\vec{a}_1\cdot\vec{a}_2\times\vec{a}_3}=\frac{2\pi}{\Omega}\frac{a}{2}(\vec{i}+\vec{k})\times\frac{a}{2}(\vec{i}+\vec{j})$$
$$=\frac{2\pi a^2}{\Omega}\frac{1}{4}(\vec{i}+\vec{k})\times(\vec{i}+\vec{j}) \tag{1-27}$$

计算后得到的倒格子基矢为：

$$\begin{aligned}\vec{b}_1&=\frac{2\pi}{a}(-\vec{i}+\vec{j}+\vec{k})\\ \vec{b}_2&=2\pi\frac{\vec{a}_3\times\vec{a}_1}{\vec{a}_1\cdot\vec{a}_2\times\vec{a}_3}=\frac{2\pi}{a}(\vec{i}-\vec{j}+\vec{k})\\ \vec{b}_3&=2\pi\frac{\vec{a}_1\times\vec{a}_2}{\vec{a}_1\cdot\vec{a}_2\times\vec{a}_3}=\frac{2\pi}{a}(\vec{i}+\vec{j}-\vec{k})\end{aligned} \tag{1-28}$$

这三个倒格矢恰好可以构成以 $4\pi/a$ 为倒易空间晶格常数的体心立方结构，因此，面心立方的倒格子是体心立方。

1.4.2 倒格矢

晶体中任意一位置 $\vec{r}$ 处的物理量 $\Gamma(\vec{r})$ 具有周期性，即

$$\Gamma(\vec{r}+\vec{R}_l)=\Gamma(\vec{r}) \tag{1-29}$$

式中，$\vec{R}_l=l_1\vec{a}_1+l_2\vec{a}_2+l_3\vec{a}_3$ 代表晶体中的平移矢（正格矢），其意义在于对晶体中任意一位置矢量$\vec{r}$增加一个正格矢，该物理量保持不变。因此，$\Gamma(\vec{r})$是周期函数，可以进行傅里叶级数展开，即

$$\Gamma(\vec{r})=\sum_{h_1h_2h_3}\Gamma(\vec{K}_h)\,e^{i\vec{K}_h\cdot\vec{r}} \tag{1-30}$$

式中，h_1、h_2、h_3 为三个整数；$e^{i\vec{K}_h\cdot\vec{r}}$ 为级数，$\Gamma(\vec{K}_h)$是一个以$\vec{K}_h$ 为自变量的函数并表示级数前的系数。此处 $\vec{K}_h$ 只代表一个矢量，经后面的分析可知，$\vec{K}_h$ 是倒格矢，于是有：

$$\Gamma(\vec{r}+\vec{R}_l)=\sum_{h_1h_2h_3}\Gamma(\vec{K}_h)\,e^{i\vec{K}_h\cdot\vec{r}}\cdot e^{i\vec{K}_h\cdot\vec{R}_l} \tag{1-31}$$

根据周期性要求，对于任意的$\vec{r}$，$\Gamma(\vec{r}+\vec{R}_l)=\Gamma(\vec{r})$，则有：

$$e^{i\vec{K}_h\cdot\vec{R}_l}=1 \tag{1-32}$$

即$\vec{K}_h$ 和$\vec{R}_l$ 需满足：

$$\vec{K}_h\cdot\vec{R}_l=2\pi\mu \tag{1-33}$$

式中，μ 为整数；$\vec{R}_l$ 为正格矢。若

$$\vec{K}_h=h_1\vec{b}_1+h_2\vec{b}_2+h_3\vec{b}_3 \tag{1-34}$$

其中 h_1、h_2、h_3 为三个整数，$\vec{b}_1$、$\vec{b}_2$、$\vec{b}_3$ 为倒格子的三个基矢，则式(1-33) 自然成立，我们把$\vec{K}_h$ 称为倒格矢。上述分析证实了同一物理量在正格子和倒格子空间的表述之间遵守傅里叶变换关系。

倒格矢也可以理解为波矢，常用波矢来描述运动状态。由倒格矢所组成的空间可理解为状态空间（k 空间），而由正格子所组成的空间是位置空间或称为坐标空间。光波通过光栅衍射的过程，其实质是把光栅从坐标空间（坐标域）变换到了状态空间（频率域）。晶体的X射线衍射照片上的斑点分布或图谱分布，一定程度上是晶体结构在状态空间的体现，倒格子则是晶格在状态空间的化身。

1.4.3 倒格子的性质

下面进一步讨论倒格子和正格子之间的一些关系，从而加深对倒格子的理解。

(1) 正格子原胞体积Ω与倒格子原胞体积Ω^*相乘等于$(2\pi)^3$

证明如下。

$$\Omega^*=\vec{b}_1\cdot(\vec{b}_2\times\vec{b}_3)=\frac{(2\pi)^3}{\Omega^3}(\vec{a}_2\times\vec{a}_3)\cdot[(\vec{a}_3\times\vec{a}_1)\times(\vec{a}_1\times\vec{a}_2)] \tag{1-35}$$

应用矢量运算关系：

$$\vec{A}\times(\vec{B}\times\vec{C})=(\vec{A}\cdot\vec{C})\vec{B}-(\vec{A}\cdot\vec{B})\vec{C} \tag{1-36}$$

则有：

$$(\vec{a}_3\times\vec{a}_1)\times(\vec{a}_1\times\vec{a}_2)=[(\vec{a}_3\times\vec{a}_1)\cdot\vec{a}_2]\vec{a}_1-[(\vec{a}_3\times\vec{a}_1)\cdot\vec{a}_1]\vec{a}_2=\Omega\vec{a}_1 \tag{1-37}$$

将式(1-37) 代入式(1-35)，则可以得到：

$$\Omega^*=\frac{(2\pi)^3}{\Omega^3}(\vec{a}_2\times\vec{a}_3)\cdot\Omega\vec{a}_1=\frac{(2\pi)^3}{\Omega^2}(\vec{a}_2\times\vec{a}_3)\cdot\vec{a}_1=\frac{(2\pi)^3}{\Omega} \tag{1-38}$$

即 $\Omega\Omega^*=(2\pi)^3$。

(2) 倒格矢 $\vec{K}_h=h_1\vec{b}_1+h_2\vec{b}_2+h_3\vec{b}_3$ 与 $(h_1h_2h_3)$ 晶面族正交

如图 1-17 所示，$(h_1h_2h_3)$ 晶面族中最靠近坐标原点的晶面 ABC 在基矢 $\vec{a}_1$、$\vec{a}_2$、$\vec{a}_3$ 坐标轴上的截距 OA、OB、OC 对应的位置矢量分别为 $\frac{\vec{a}_1}{h_1}$、$\frac{\vec{a}_2}{h_2}$、$\frac{\vec{a}_3}{h_3}$，矢量 $\overrightarrow{CA}=\overrightarrow{OA}-\overrightarrow{OC}=\frac{\vec{a}_1}{h_1}-\frac{\vec{a}_3}{h_3}$ 和 $\overrightarrow{CB}=\overrightarrow{OB}-\overrightarrow{OC}=\frac{\vec{a}_2}{h_2}-\frac{\vec{a}_3}{h_3}$。利用关系式 $\vec{a}_i\cdot\vec{b}_j=2\pi\delta_{ij}$，可以得到：

$$\begin{aligned}\vec{K}_h\cdot\overrightarrow{CA}&=(h_1\vec{b}_1+h_2\vec{b}_2+h_3\vec{b}_3)\cdot(\vec{a}_1/h_1-\vec{a}_3/h_3)\\&=h_1\vec{b}_1\cdot\vec{a}_1/h_1-h_3\vec{b}_3\cdot\vec{a}_3/h_3=2\pi h_1/h_1-2\pi h_3/h_3=0\end{aligned} \tag{1-39}$$

$$\begin{aligned}\vec{K}_h\cdot\overrightarrow{CB}&=(h_1\vec{b}_1+h_2\vec{b}_2+h_3\vec{b}_3)\cdot(\vec{a}_2/h_2-\vec{a}_3/h_3)\\&=h_2\vec{b}_2\cdot\vec{a}_2/h_2-h_3\vec{b}_3\cdot\vec{a}_3/h_3=2\pi h_2/h_2-2\pi h_3/h_3=0\end{aligned} \tag{1-40}$$

很显然，倒格矢 $\vec{K}_h$ 与 ABC 晶面上两个互不平行的直线都正交，因此，$\vec{K}_h$ 与 ABC 晶面及对应的平行的晶面族相正交。

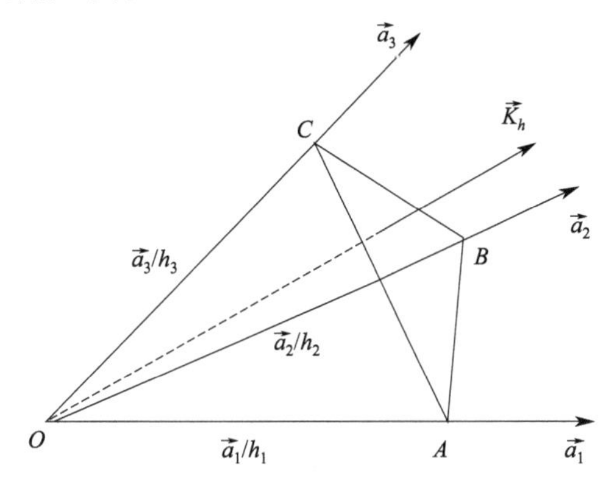

图 1-17　晶面 ABC 示意图

(3) 倒格矢 $\vec{K}_h$ 的长度正比于 $(h_1h_2h_3)$ 晶面族晶面间距的倒数

如图 1-17 所示，假定 ABC 晶面是 $(h_1h_2h_3)$ 晶面族中最靠近坐标原点的晶面，则这族晶面的面间距 $d_{h_1h_2h_3}$ 就等于原点到 ABC 晶面的距离。晶面族的法线方向与 $\vec{K}_h$ 的方向一致，晶面 ABC 在基矢 $\vec{a}_1$ 坐标轴上的截距 OA 对应的位置矢量为 $\vec{a}_1/h_1$，由此有：

$$d_{h_1h_2h_3}=\frac{\vec{a}_1}{h_1}\cdot\frac{\vec{K}_h}{|\vec{K}_h|}=\vec{a}_1\cdot\frac{(h_1\vec{b}_1+h_2\vec{b}_2+h_3\vec{b}_3)}{h_1|h_1\vec{b}_1+h_2\vec{b}_2+h_3\vec{b}_3|}=\frac{2\pi}{|\vec{K}_h|} \tag{1-41}$$

式中，$|\vec{K}_h|$ 表示 $\vec{K}_h$ 的模。

$(h_1h_2h_3)$ 晶面族中距原点距离为 $\mu d_{h_1h_2h_3}$ 的晶面的方程式为：

$$\vec{X}\cdot\frac{\vec{K}_h}{|\vec{K}_h|}=\mu d_{h_1h_2h_3}\quad(\mu=0,\pm1,\pm2,\cdots) \tag{1-42}$$

式中，$\vec{X}$ 为该晶面上任意一点的位矢。将该晶面上任意一格点对应的位矢 $\vec{R}_l=l_1\vec{a}_1+l_2\vec{a}_2+l_3\vec{a}_3$ 代入式(1-42)，并利用式(1-41)，得到：

$$\vec{R}_l \cdot \vec{K}_h = 2\pi\mu \quad (\mu = 0, \pm 1, \pm 2, \cdots) \tag{1-43}$$

上式与式(1-33) 完全一致，进一步说明了正格矢与倒格矢之间存在着傅里叶变换的关系。

1.5 晶体的对称性

晶体除了周期性特征之外，还具有对称性。晶体内原子的对称排列使晶体外形上的晶面呈现对称分布。把晶体经过某种对称操作后能够恢复原状的性质称为对称性。对称操作有多种形式，如晶体绕某一轴线旋转一定角度，或者对某一晶面作镜像反映，或者进行反演操作，或者是两种对称操作的组合等。一种晶体可以同时具有几种不同的对称操作。例如，将立方体的岩盐晶体绕其中心轴每转 90°，晶体内部的晶格结构将与原晶格结构重合，这里的转动称为对称操作。对称操作所依赖的几何要素如点、线、面称为对称元素。

人们很早就根据晶体外形上的对称性推测其内在结构的对称性。费奥多罗夫在 1890 年、熊夫利在 1891 年、巴洛在 1895 年各自建立了晶体对称性的群理论，充实了空间点阵学说，形成了关于晶体几何结构的理论。X 射线发现以后，人类得到了描述晶体内部结构的工具。基本对称操作中不包括平移，组成了 32 种宏观的对称类型，进行这些对称操作时，至少空间有一点保持不动，故又称为点群；如果包括平移，就构成了 230 种微观对称类型，称为空间群。

1.5.1 线性变换

在对晶体进行对称操作变换时，晶体可视为刚体，对称操作前后晶体两点之间的距离保持不变。假设经过某种对称操作后，晶体由某一个坐标系变换到另一个坐标系时，相应地，晶体中任意一点所对应的位置矢量 $\vec{x}$ 变换为 $\vec{x}'$，其中 $\vec{x} = x_1\vec{i} + x_2\vec{j} + x_3\vec{k}$，$\vec{x}' = x_1'\vec{i}' + x_2'\vec{j}' + x_3'\vec{k}'$。在数学上，($x_1$，$x_2$，$x_3$) 和 ($x_1'$，$x_2'$，$x_3'$) 分别代表了晶体中任意一点在两个坐标系中的坐标，($\vec{i}$，$\vec{j}$，$\vec{k}$) 和 ($\vec{i}'$，$\vec{j}'$，$\vec{k}'$) 分别代表了两个坐标系中三个坐标轴上的单位矢量。各坐标分量之间的关系可表示为：

$$x_j' = \sum a_{jk} x_k \quad (j, k = 1, 2, 3) \tag{1-44}$$

在固体物理中，进行对称操作时可认为晶体不动，坐标系相对旋转，则有 $\vec{x} = x_1\vec{i} + x_2\vec{j} + x_3\vec{k} = x_1'\vec{i}' + x_2'\vec{j}' + x_3'\vec{k}'$。故式(1-44) 从形式上可写为：

$$x_j' = l_j x_1 + m_j x_2 + n_j x_3 \quad (j = 1, 2, 3) \tag{1-45}$$

式中，l_j、m_j、n_j 是坐标分量 x_j' 在原坐标系中的方向余弦，式(1-44) 中的系数 a_{jk} 即为方向余弦。在直角坐标系中，有 $l_i l_j + m_i m_j + n_i n_j = 0$。若用矩阵表示为：

$$x' = Ax \tag{1-46}$$

其中
$$x' = \begin{pmatrix} x_1' \\ x_2' \\ x_3' \end{pmatrix}, x = \begin{pmatrix} x_1 \\ x_2 \\ x_3 \end{pmatrix}, A = \begin{pmatrix} a_{11} & a_{12} & a_{13} \\ a_{21} & a_{22} & a_{23} \\ a_{31} & a_{32} & a_{33} \end{pmatrix}。 \tag{1-47}$$

操作变换前后，两点距离不变，即

$$x_1^2+x_2^2+x_3^2=x_1'^2+x_2'^2+x_3'^2 \tag{1-48}$$

或写成：

$$\tilde{x}'x'=(\tilde{A}\tilde{x})Ax=\tilde{x}\tilde{A}\cdot Ax=\tilde{x}x \tag{1-49}$$

操作变换前后，两点间的距离保持不变，O 点和 x 点间的距离相等，即：

$$\tilde{A}A=I=\begin{pmatrix}1&0&0\\0&1&0\\0&0&1\end{pmatrix} \tag{1-50}$$

式中，I 为单位矩阵；A 为对称操作的变换矩阵；$\tilde{A}$ 为 A 的转置矩阵，即 $\tilde{A}=A^{-1}$。A 为正交矩阵，其中 a_{ij} 为 A 矩阵中的元素，此时有 $\sum\tilde{a}_{ij}a_{jk}=\delta_{ik}$。当 $i=k$ 时，$\delta_{ik}=1$；当 $i\neq k$ 时，$\delta_{ik}=0$。令 $|A|$ 代表矩阵 A 的行列式，则 $|\tilde{A}||A|=1$，由 $|\tilde{A}|=|A|$，即可得 $|A|=\pm1$。

下面介绍几种简单操作的变换关系。

（1）转动

如图 1-18，晶体绕 $\vec{i}$ 轴旋转 θ 角，相当于坐标系反向旋转 θ 角。由此有：

$$\begin{aligned}x_1'&=x_1\\x_2'&=x_2\cos\theta-x_3\sin\theta\\x_3'&=x_2\sin\theta+x_3\cos\theta\end{aligned} \tag{1-51}$$

$$A=\begin{pmatrix}1&0&0\\0&\cos\theta&-\sin\theta\\0&\sin\theta&\cos\theta\end{pmatrix}\quad |A|=1 \tag{1-52}$$

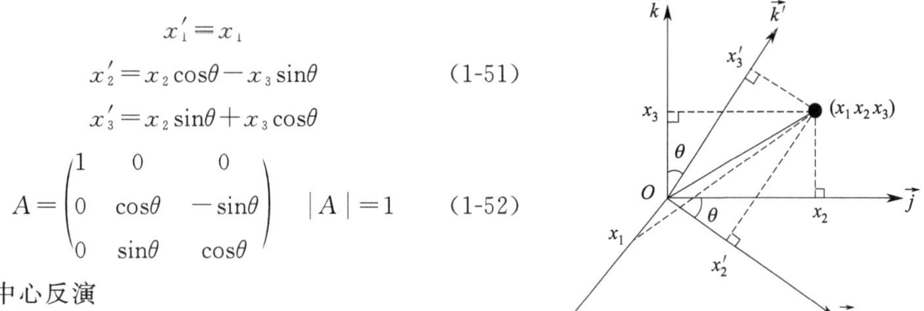

图 1-18　晶体的转动

（2）中心反演

取原点为对称操作的中心，则图形中任一点（x_1，x_2，x_3）通过中心反演操作后变为（$-x_1$，$-x_2$，$-x_3$），其中线性变换矩阵为：

$$A=\begin{pmatrix}-1&0&0\\0&-1&0\\0&0&-1\end{pmatrix}\quad |A|=-1 \tag{1-53}$$

（3）镜像（反映）

若以 $x_3=0$ 面为镜面，则图形中的任一点（x_1，x_2，x_3）通过镜像对称操作后变为（x_1，x_2，$-x_3$），其中线性变换矩阵为：

$$A=\begin{pmatrix}1&0&0\\0&1&0\\0&0&-1\end{pmatrix}\quad |A|=-1 \tag{1-54}$$

1.5.2　基本的对称操作

（1）n 度（次）旋转对称

由于晶体周期性的限制，晶体的可能旋转对称性不是任意的。晶体的对称性要求晶格经过对称操作后必须与原来的晶格重合。如图 1-19 所示，在给定晶体的某一晶面内，A、B 为某一个晶列上最近邻的两个格点。如果绕通过格点 A 且与纸面垂直的对称轴逆时针旋转 θ'角，则 B 点将旋转到 B'点，假定此时的晶格与原来的晶格发生重合，则 B'原来也应该是格点。绕通过格点 A 的对称轴顺时针旋转 θ'角也将与原晶格重合。考虑到晶体的周期性，格点 A、B 相互等价，那么，绕通过格点 B 且与纸面垂直的对称轴顺时针旋转 θ'角，晶格也必然与原来的晶格发生重合，此时 A 点旋转到 A'点，A'原来也应该是一格点。将 A'与 B'连接起来形成的直线，也必然是一条晶列，由于 $A'B'$晶列平行于 AB 晶列，即它们属于同一平行的晶列族，沿着这两个晶列格点分布具有相同的周期。而 A、B 是晶列上最近邻的两个格点，那么，$A'B'=n'AB$，n'为整数，则

$$AB(1-2\cos\theta')=n'AB \tag{1-55}$$

$$1-2\cos\theta'=n' \tag{1-56}$$

$$-1\leqslant\cos\theta'=\frac{1-n'}{2}\leqslant 1 \tag{1-57}$$

当 $\theta'=0°$、$60°$、$90°$、$120°$、$180°$时，$n'=-1$，0，1，2，3。倘若晶体绕某一固定轴 u 旋转角度 $\theta=2\pi/n$，此时的晶格与原来的晶格发生重合，则称该晶体具有 n 度旋转对称性，称 u 轴为 n 度（或 n 次）旋转对称轴，该操作过程称为 n 度旋转对称操作。根据以上分析，n 只能取 1、2、3、4、6，则晶体的旋转对称性只可能有 1 度、2 度、3 度、4 度、6 度，不可能出现 5 度或 6 度以上的旋转对称性。

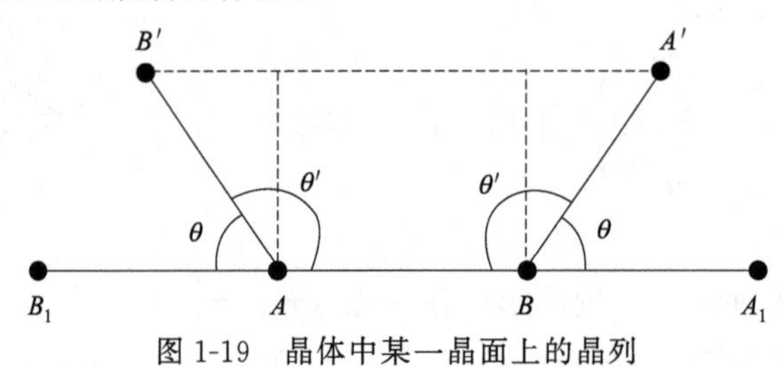

图 1-19　晶体中某一晶面上的晶列

图 1-20 展示了岩盐立方体的 4 度、3 度及 2 度对称轴。对于 4 度旋转对称轴来说，晶体绕轴旋转 90°后与原来的晶格发生重合。

（2）n 度旋转-反演对称

倘若晶体绕某一固定轴 u 旋转 $2\pi/n$ 角度以后，再经过中心反演（即 $x\rightarrow-x$；$y\rightarrow-y$；$z\rightarrow-z$），此时晶体中的晶格能够和原来的晶格发生重合，则该晶格具有 n 度旋转-反演对称性，称 u 轴为 n 度旋转-反演对称轴，该操作过程称为 n 度旋转-反演对称操作。这样的对称轴也只有 1 度、2 度、3 度、4 度、6 度，而不可能有 5 度或 6 度以上的对称轴。为了区别于 n 度旋转轴，在该数字上加“—”来表示 n 度旋转-反演轴，如 $\bar{1}$、$\bar{2}$、$\bar{3}$、$\bar{4}$、$\bar{6}$。$\bar{1}$ 等价于中心反演，称为对称心，用 i 表示，即 $\bar{1}=i$。$\bar{2}$ 与垂直于旋转轴的镜像操作完全等价，用 m 表示。$\bar{3}$ 等价于 $3+i$ 对称操作，$\bar{6}$ 等价于 $3+m$ 对称操作，只有 $\bar{4}$ 是独立的旋转-反演操作，这是因为晶体中的单个格点满足 $\bar{4}=4+i$，但从整个晶体看，$\bar{4}\neq 4+i$。

（3）n 度螺旋轴

倘若晶体绕某一固定轴 u 旋转 $2\pi/n$ 角度后，再沿该轴的方向平移 T/n 的 l 倍（l 为小于 n 的整数；T 为沿 u 轴方向上的周期），此时晶体中的晶格能够和原来的晶格发生重合，

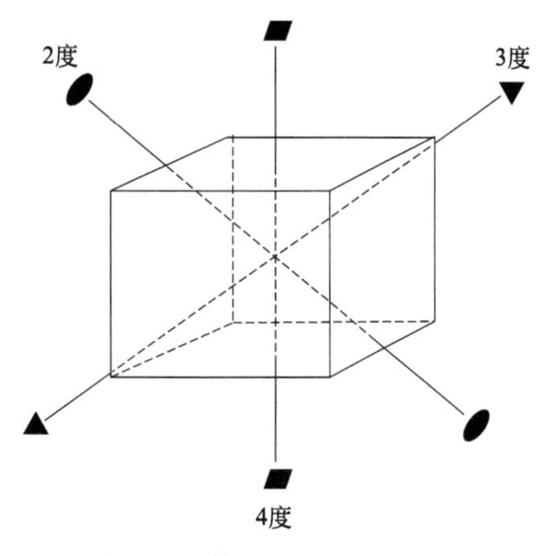

图 1-20　岩盐立方体的 4 度、3 度及 2 度对称轴

则该晶格具有 n 度螺旋对称性，称 u 轴为 n 度螺旋对称轴，该操作过程称为 n 度螺旋对称操作。这样的对称轴也只有 1 度、2 度、3 度、4 度、6 度，而不可能有 5 度或 6 度以上的对称轴。图 1-21（a）表示一个 4 度螺旋轴。

（4）滑移反映面

倘若晶体相对于某个平面进行镜像操作后，再沿平行于该面的某个方向平移 T/n 的距离（T 是该方向上的周期，n 为 2 或 4），若此时晶体中的晶格能够和原来的晶格发生重合，则该晶格具有滑移反映面对称性，该操作过程就称为滑移反映面操作。图 1-21（b）表示一滑移反映面 MM'，经镜面对称操作后，A 点变换到 A' 点，再平行于镜面方向平移 1/2 周期，到达 A_1 点，此时晶体与原来晶体发生重合。

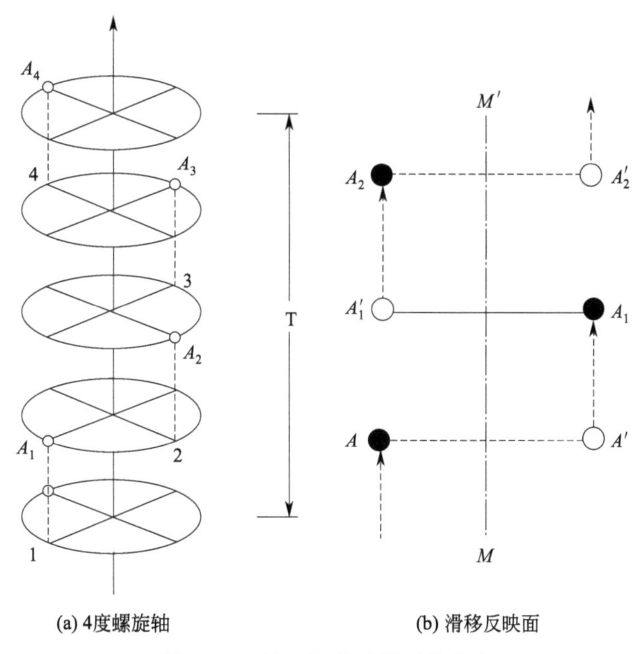

图 1-21　计入平移后的对称操作

对于（1）、（2）对称操作来说，空间中至少存在着一个点，在对称操作变换过程中是不动的，由这两种对称操作可以导出 32 个点群。而对于（3）、（4）来说，在对称操作变换过程中空间所有的点都发生运动，由（1）、（2）、（3）、（4）四类对称操作可以导出 230 种空间群。

1.6 晶系和布拉菲原胞的分类

由前面的知识可知，固体物理学原胞是空间点阵的最小重复单元，而结晶学原胞（晶胞）是固体物理学原胞的 n 倍（$n>1$），既反映了晶体的周期性，又反映了晶体的对称性。晶胞的结点不仅在平行六面体的顶点上，也可能在体心或者面心上，它不一定是最小的重复单元，只有简单立方结构的晶胞和原胞是一样的。晶胞的边矢量（轴矢）往往沿对称轴或者对称面的法向，对应的晶向便是晶体的晶轴方向。晶轴上的周期就是轴矢的模，称为晶格常数。

由于晶体结构的对称性，晶胞边矢量彼此的相对取向及长度比受到对称性的制约，晶体可分为 7 大晶系。按晶胞上格点的分布特点，法国科学家布拉菲在 1848 年根据“每个阵点环境相同”的要求，用数学分析法证明晶体的空间点阵只有 14 种，称为布拉菲点阵。14 种布拉菲原胞如图 1-22 所示。

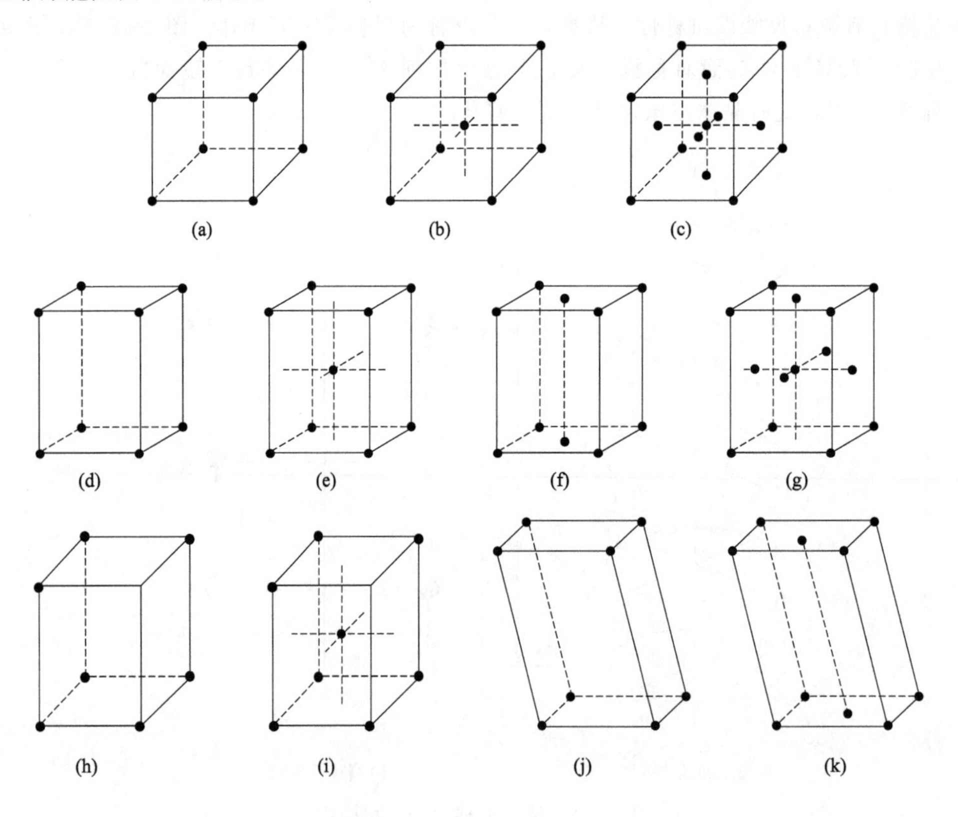

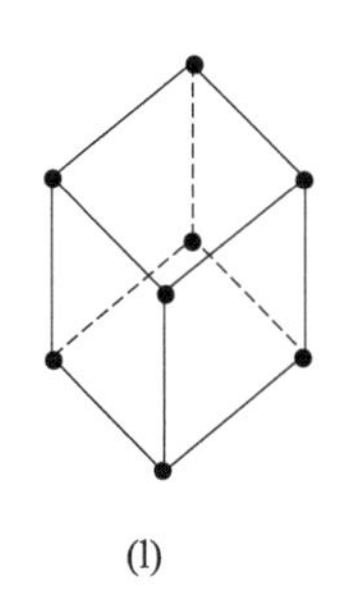

(l)

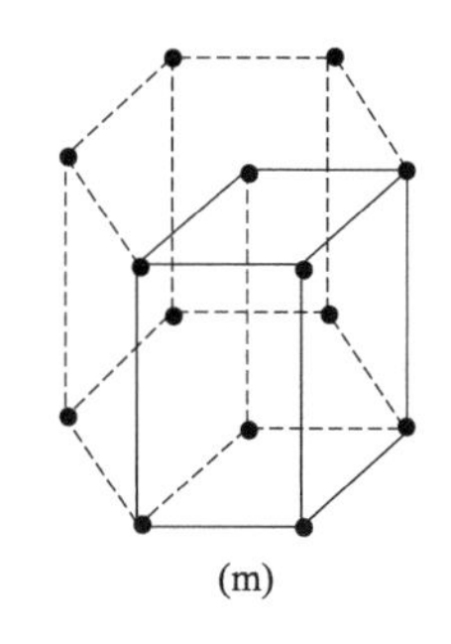

(m)

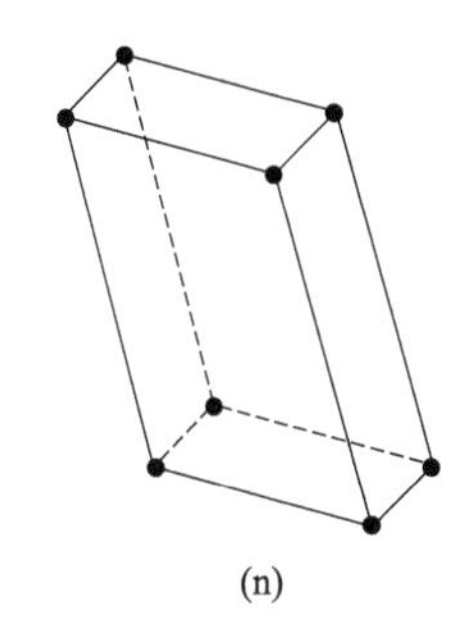

(n)

(a) 简单立方；(b) 体心立方；(c) 面心立方；(d) 简单正交；(e) 体心正交；(f) 底心正交；(g) 面心正交；(h) 简单四方；(i) 体心四方；(j) 简单单斜；(k) 底心单斜；(l) 三角；(m) 六角；(n) 三斜

图 1-22　十四种布拉菲原胞

晶胞的三个轴矢$\vec{a}$、$\vec{b}$、$\vec{c}$沿晶体的对称轴或对称面的法向，其夹角为α、β、γ，分别表示$\langle\vec{b},\vec{c}\rangle$、$\langle\vec{c},\vec{a}\rangle$、$\langle\vec{a},\vec{b}\rangle$之间的夹角。根据轴矢和夹角之间的关系，可分为 7 大晶系。

① 三斜晶系：$a\neq b\neq c$，$\alpha\neq\beta\neq\gamma\neq 90^\circ$

② 单斜晶系：$a\neq b\neq c$，$\alpha=\gamma=90^\circ\neq\beta$

包含简单单斜、底心单斜。

③ 三角晶系：$a=b=c$，$\alpha=\beta=\gamma\neq 90^\circ$

④ 正交晶系：$a\neq b\neq c$，$\alpha=\beta=\gamma=90^\circ$

包含简单正交、体心正交、底心正交、面心正交。

⑤ 四方晶系：$a=b\neq c$，$\alpha=\beta=\gamma=90^\circ$

包含简单四方、体心四方。

⑥ 六角晶系：$a=b\neq c$，$\alpha=\beta=90^\circ$，$\gamma=120^\circ$

⑦ 立方晶系：$a=b=c$，$\alpha=\beta=\gamma=90^\circ$

包含简单立方、体心立方、面心立方。

1.7　晶体的衍射

1.7.1　概述

前述内容均为晶体结构的理论分析。20 世纪初，结晶学的重大进展是晶体 X 射线衍射的发现。1912 年，德国物理学家劳厄等人根据理论预见，晶体材料中相距几十到几百皮米（pm）的原子是周期性排列的，该周期性结构可以作为 X 射线的衍射光栅。同年，夫里得里希（Friedrich）和尼平（Kinpping）用实验证实了他的想法。此后，英国物理学家布拉格父子和苏联物理学家吴里夫在实验和理论方面做了许多重要改进。X 射线衍射成为表征原子在晶格中排列情况的常用方法。考虑到电子束和中子束也具有波粒二象性，因此，电子衍射和中子衍射成为 X 射线衍射方法的有力补充。

1.7.2 X射线衍射

晶格的周期性特点决定了晶格可以作为波的衍射光栅。晶格中的原子间距在 10^{-10} m 量级，倘若X射线的波长与晶面间距比较接近，X射线在晶体内部的传播应该发生衍射。本质上，X射线是由高电压 V 加速了的电子轰击金属“靶极”而产生的一种电磁波。其最大的光子能量 $h\nu$ 等于电子的能量 eV。所以，X射线的最短波长为：

$$\lambda_{\text{极小}}=\frac{ch}{eV}\approx\frac{12000}{V}\ (\text{Å}) \tag{1-58}$$

式中，c 为光速。当 $V=10\text{kV}$ 时，$\lambda_{\text{极小}}\approx 1\text{Å}$（$1\text{Å}=10^{-10}\text{m}$）。在晶体进行X射线衍射时，常用比较高的电压产生X射线，例如 $V=40\text{kV}$，对应 $\lambda_{\text{极小}}\approx 0.3\text{Å}$，这样可使衍射的分辨率更高。

晶体对X射线的衍射，是晶体中的电子对X射线散射结果的总和。X射线的散射是电磁波迫使电子运动状态改变而产生次级X射线的过程，分为相干散射（汤姆逊效应）和非相干散射（康普顿效应）。当入射光子碰撞电子后，若电子能牢固地保持在原来位置上（原子对电子的束缚力很强），则光子将产生刚性碰撞，其作用效果是辐射出电磁波——散射波。这种散射波的波长和频率与入射波完全相同，新的散射波之间可以发生相互干涉——相干散射。而当一个光子碰到一个束缚较松的电子时，电子偏离原来的位置，光子损失能量，产生一个新光子，波长变化，发生非相干散射。对于一定的波长，散射强度决定于原子中电子的数目和电子的分布。不同原子具有不同的散射能力，原子内所有电子在某一方向上引起的散射波的振幅之和，与某一电子在该方向引起的散射波的振幅之比称为该原子的散射因子。用散射因子来描述原子的散射能力。各个原子对X射线的散射又相互干涉，在一定的方向形成衍射极大。产生衍射极大值的条件与原子种类和原子在晶胞中的位置有关，不受晶胞形状和大小的影响。

衍射图样在一定程度上反映了晶体内部原子排列的情况，而我们知道，原子分布在原胞中，原胞在晶体中排列成一定的布拉菲格子，因此，X射线衍射成为晶体结构分析的常用基本方法。

1.7.3 电子衍射和中子衍射

电子衍射是电子束直接打在晶体上而形成的。在光具有波粒二象性的启示下，德布罗意提出微观粒子也具有波粒二象性，称之为物质波。电子的德布罗意波长为 $\lambda=\frac{\hbar}{(2meV)^{1/2}}\approx(\frac{150}{V})^{1/2}$，当加速电压为150V时便可产生波长为1Å的电子，而产生相同大小波长的X射线则需12000V的电压。因此，相比于同波长的X射线，产生电子物质波所需的加速电压要小得多。当电子与晶格发生相互作用时，不仅受到晶体中原子核外电子的散射，也受到原子核的散射，散射很强，透射很弱。例如，采用50kV加速的电子在晶体中可穿透约50nm，若入射角度有倾斜，穿透深度将更小。因此，电子束衍射通常用于薄膜材料表征。

中子质量约为电子质量的2000倍，若能量和电子束一样，则其波长约为电子波长的 $1/2000^{1/2}$。具有0.1eV能量的中子即可产生1Å的物质波。中子主要受原子核的碰撞散射，轻的原子，如 H、C 对中子的散射也很强，所以，常用中子衍射决定 H、C 在晶体中的位置。此外，中子还具有磁矩，适合用于研究磁性物质的结构。

1.8 X 射线衍射方程、反射公式和反射球

研究晶体衍射时有两个前提：①X 射线光源到待测材料的距离以及探测器到待测材料的距离均比待测材料本身的线度大得多，由此以来，即可将入射和散射的 X 射线看成两束平行光线。②不考虑康普顿效应，即散射前后 X 射线的波长或频率不变。

1.8.1 X 射线衍射方程

如图 1-23 所示，设 $\vec{s}_0$ 和 $\vec{s}$ 为入射线和衍射线方向的单位矢量，取晶体中某一个格点 O 为坐标原点，晶体中任一格点 A 的位矢为 $\vec{R}_l = l_1\vec{a}_1 + l_2\vec{a}_2 + l_3\vec{a}_3$。自 A 作 $AC \perp \vec{s}_0$ 及 $AD \perp \vec{s}$，则光经过格点 O 和格点 A 分别发生散射，两束散射光的光程差为 $CO + OD$，其中：

$$CO = -\vec{R}_l \cdot \vec{s}_0, OD = \vec{R}_l \cdot \vec{s} \tag{1-59}$$

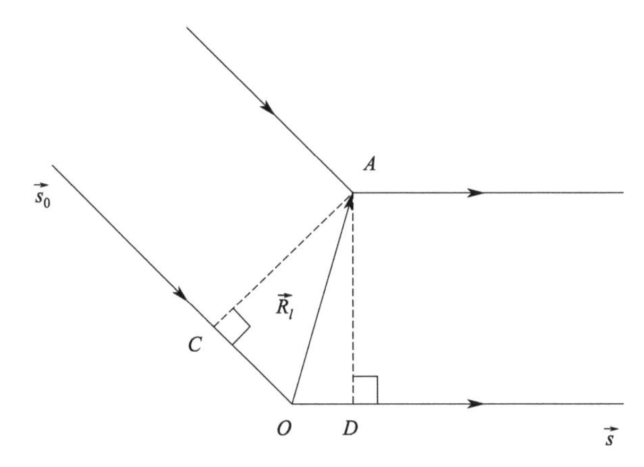

图 1-23 X 射线衍射示意

假定 X 射线为单色的，则衍射加强条件为：

$$CO + OD = \vec{R}_l \cdot (\vec{s} - \vec{s}_0) = \mu\lambda \tag{1-60}$$

此即劳厄方程，式中 μ 为整数。我们通常用波矢描述波动状态，其方向为波的传播方向，大小为 $2\pi/\lambda$。不考虑康普顿效应，则入射和散射方向的波矢分别为：

$$\vec{k}_0 = \frac{2\pi}{\lambda}\vec{s}_0, \vec{k} = \frac{2\pi}{\lambda}\vec{s} \tag{1-61}$$

对式(1-60) 左右两边同时乘以 $2\pi/\lambda$，可以得到：

$$\vec{R}_l \cdot (\vec{k} - \vec{k}_0) = 2\pi\mu \tag{1-62}$$

其中，$\vec{R}_l$ 是正格矢，与式(1-33) 对比，可知 $(\vec{k} - \vec{k}_0)$ 相当于倒格矢。从衍射加强条件出发，得到的衍射方程与从傅里叶变换出发所得结果形式上完全相同，进一步说明晶体衍射过程实质上就是傅里叶变换过程，即，将晶格从实空间通过傅里叶变换变换到波矢空间。

既然波矢($\vec{k}-\vec{k}_0$)同倒格矢 $\vec{K}_h$ 等价，则晶体衍射方程可以写成：

$$\vec{k}-\vec{k}_0=n\vec{K}_h \tag{1-63}$$

式中，n 为整数，表示衍射级数。当散射方向的波矢与入射方向的波矢正好相差一个或几个倒格矢时，就满足了衍射加强条件。

1.8.2 反射公式

如图 1-24（a）所示，晶体放在 O 点，假设 $\vec{k}_0$ 和 $\vec{k}$ 分别为入射方向和散射方向上的波矢，在 $\vec{k}$ 方向上要发生衍射加强，考虑 $n=1$ 的情况，其波矢必须满足式(1-63)，即 $\vec{k}-\vec{k}_0=n\vec{K}_h$。由于不考虑康普顿效应，X 射线经过晶体散射前后其波长（频率）不变，也就意味着波矢大小不变，即 $|\vec{k}|=|\vec{k}_0|$，因此，$\vec{k}_0$、$\vec{k}$ 和 $n\vec{K}_h$ 形成等腰三角形，$n\vec{K}_h$ 的中垂面平分 $\vec{k}_0$ 和 $\vec{k}$ 之间的夹角，如图 1-24（a）中的虚线所示。在前面我们论证了 $n\vec{K}_h$ 与（$h_1h_2h_3$）晶面正交，因此，$n\vec{K}_h$ 的中垂面代表了该晶面族的迹。即可以认为 $\vec{k}$ 是 $\vec{k}_0$ 经过（$h_1h_2h_3$）晶面反射形成的；衍射极大的方向恰好是晶面族对入射 X 射线的反射方向，所以，衍射加强条件就可转化为晶面的反射条件。

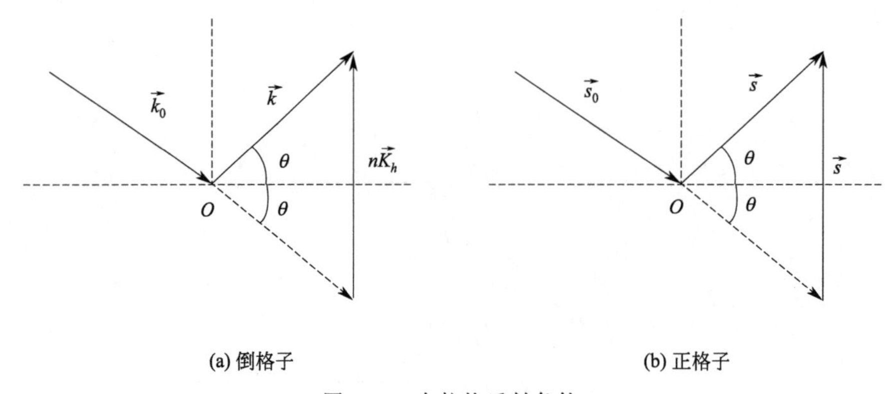

图 1-24　布拉格反射条件

考虑到式(1-61)，即可将波矢之间的几何关系转换到正格子空间，如图 1-24（b）所示。由此可以得到：

$$|\vec{k}-\vec{k}_0|=\frac{2\pi}{\lambda}|\vec{s}-\vec{s}_0|=\frac{2\pi}{\lambda}|\vec{s}|=\frac{4\pi\sin\theta}{\lambda} \tag{1-64}$$

考虑到式(1-63)，则有：

$$|\vec{k}-\vec{k}_0|=n|\vec{K}_h|=\frac{2\pi n}{d_{h_1h_2h_3}} \tag{1-65}$$

从而有：

$$\frac{4\pi\sin\theta}{\lambda}=\frac{2\pi n}{d_{h_1h_2h_3}}\Rightarrow 2d_{h_1h_2h_3}\sin\theta=n\lambda \tag{1-66}$$

此即布拉格反射公式，其中 n 为衍射级数，$d_{h_1h_2h_3}$ 为晶面族 $\{h_1h_2h_3\}$ 的晶面间距，θ 为入射波矢和原子平面之间的夹角。

1.8.3 反射球

在此，我们仅考虑一级衍射（$n=1$）的情况。考虑到$\vec{k}-\vec{k}_0=\vec{K}_h$，且$|\vec{k}|=|\vec{k}_0|=\frac{2\pi}{\lambda}$，倒格矢$\vec{K}_h$两端都是倒格点，自然地落在以$\vec{k}$和$\vec{k}_0$的交点$C$（不一定是倒格点）为球心、以$\frac{2\pi}{\lambda}$为半径的球面上，如图1-25（a）所示。反过来说，落在球面上的倒格点都满足衍射条件。实际上，与该倒格矢相正交的晶面族对入射光进行了反射，所以，这样的球也称为反射球。

早在1913年，厄瓦尔就提出了厄瓦尔反射球的概念。球的半径为X射线的波数$|\vec{k}_0|=2\pi/\lambda$。通过构造厄瓦尔反射球，可以直观地理解确定晶格结构的旋转晶体法，理解倒易格子与晶体结构之间的关系，因此，厄瓦尔反射球成为分析X射线衍射、电子衍射和中子衍射的有力工具。下面我们介绍反射球的做法。如图1-25（b）所示，对于一个给定的晶体，其倒易点阵也是确定的，以某一倒格点为O点，沿入射线反方向做OC线段，使其长度$OC=|\vec{k}_0|=\frac{2\pi}{\lambda}$，再以$C$为中心，以$\frac{2\pi}{\lambda}$为半径，画一个球面，由此得到反射球。倘若某一个倒格点P落在球面上，则$\overrightarrow{OP}$正好是一个倒格矢，因此，$\overrightarrow{CP}$就是一个可能发生衍射的方向，与$\overrightarrow{OP}$正交的晶面族$\{h_1h_2h_3\}$就是产生此衍射的晶面族，图中用虚线表示该$\{h_1h_2h_3\}$晶面族之迹。值得注意的是，晶体在O点而并非在C点，C点也不一定是倒格点。正、倒易点阵互相对应，意味着当单晶绕O点旋转时，倒易点阵也随O点相应地转动。这里仅考虑了一级反射（$n=1$），因此，球面上的倒格点O和P的连线OP之间没有其他倒格点。若要考虑更高级别反射，则OP之间还可能有倒格点。

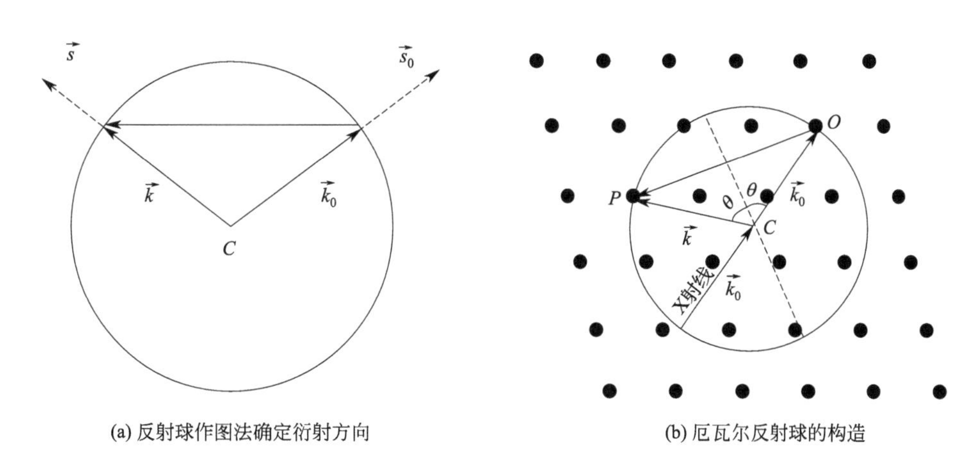

(a) 反射球作图法确定衍射方向

(b) 厄瓦尔反射球的构造

图1-25 反射球示意图

1.8.4 晶体衍射方法

接下来我们再利用反射球来讨论一下晶体衍射的几种主要方法。在实际衍射过程中，假定入射光的方向是固定的，采用单色X射线照射晶体，则反射球是确定的。如果晶体也不转动，则倒格子点阵在空间的分布也是确定的。因此，能落在反射球面上的倒格点实际上是很少的，甚至可能没有倒格点落在反射球上，在这种情况下，能满足衍射方程而发生衍射的可能性非常小。为了增加发生衍射（反射）的可能性，对于单晶体通常可采用如下两种方法。

（1）劳厄法——晶体固定不动，采用X射线的连续谱

我们所用X射线往往不是单色的，而是连续谱。对于一个给定的电子加速电压，假定电子的所有动能都被转化为一个X射线光子所携带的能量，对应存在着X射线的波长极小值$\lambda_{极小}$。理论上，波长的最大值不受限制，但实际上波长越长越容易被吸收，如被X射线管的窗玻璃所吸收，因此，存在着一个波长极大值$\lambda_{极大}$。综上可知，所发射的X射线波长介于$\lambda_{极小}\sim\lambda_{极大}$之间，对应着一个波矢大小变化范围$2\pi/\lambda_{极大}\sim2\pi/\lambda_{极小}$，每一个波长都对应着一个反射球，所有反射球介于由$2\pi/\lambda_{极大}$、$2\pi/\lambda_{极小}$决定的反射球之间，形成如图1-26中的阴影区域，每个反射球的球心都落在入射线方向上。这样一来，能够落在阴影区域的倒格子点数目将显著增加。能够落在阴影区域的倒格点与相对应的反射球球心的连线就是一个可能发生衍射的方向，由此以来，能够发生衍射的可能性就大大增加，为晶体结构的测试和分析提供了可能，这就是劳厄法的基本原理。

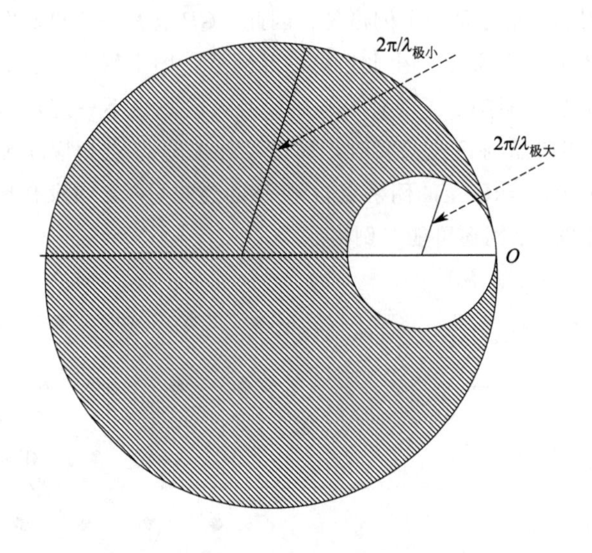

图1-26　劳厄法的反射球

（2）转动单晶法——晶体转动，采用单色标识谱线

所用X射线若是单色的，入射方向固定，则反射球只有一个且固定不动。使晶体绕着某一对称轴转动，相应地，倒格子空间也相对于反射球转动，能落在反射球面上的倒格点数目将大大增加。在某一瞬时，当某一个倒格子点落在球面上时，即可能在该方向产生衍射。在实验操作过程中，通常让晶格和倒格子固定不动，而让反射球绕着通过点O的某一对称轴转动。当反射球旋转一周，能落在反射球上的倒格点形成一系列垂直于转轴的圆环，如图1-27（a）所示。每当这些平面上的倒格点落在球面上，则可确定反射线的方向CP。CP仅为反射线的方向，实际反射线是过晶体O点的以转轴为对称轴的一系列圆锥。如果将照片

底板卷成绕转轴的圆筒，则当照片摊平后，反射线和照片的交线就是一些平行的直线，即衍射斑点形成一系列直线，如图 1-27（b）所示。若转轴不是任意的而是晶轴，则这些照片上斑点分布特别有意义。例如，对于正交系的晶体，以 $\vec{a}$ 轴为旋转轴，与之对应的倒格子基矢 $\vec{a}^*$ 方向亦与转轴重合，所以对应于晶面族($0kl$)、($1kl$)、($2kl$)…的倒格点就分别在垂直于转轴的平面上。根据圆筒的直径，以及直线之间的距离，我们就能够计算出沿着 $\vec{a}$ 轴方向的晶格常数。

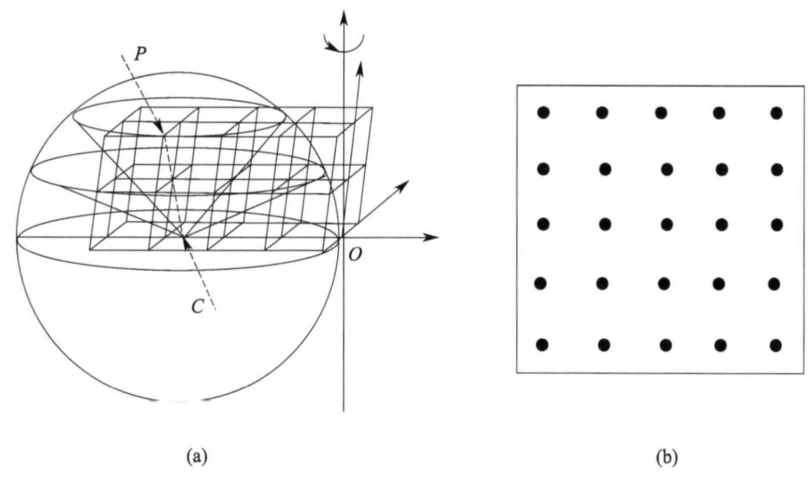

图 1-27　转动单晶法的反射球

实际上，大多数材料是多晶体，晶粒在空间的取向多种多样，相当于晶粒之间已经发生了转动。虽然采用单色 X 射线，且材料整体不转动，但反射条件还是容易满足的。这就是粉末衍射法，也称德拜法。

1.9　几何结构因子

满足衍射方程只是发生衍射的必要条件，但并非充分条件。在有些情况下，即便沿某个方向满足了衍射方程，也不一定能够在该方向发生衍射，还取决于几何结构因子。从结构分析的角度来看，对于布拉菲格子，如果只要求反映周期性，则原胞中只包含有一个原子，因而，决定了基矢，也就决定了原胞的几何结构。然而，对于包含两个以上原子的原胞，就不仅要确定基矢，而且要确定原胞中原子的相对位置，且假定原子散射强度已知，才能决定其几何结构。

1.9.1　复式晶格的衍射

（1）衍射极大的位置

复式晶格是由两个以上布拉菲子晶格相互平移套构而成的复杂晶体结构，子晶格具有相同的周期性，对于相互平行的一族晶面，各子晶格的晶面间距相等，衍射加强取决于相同的布拉格反射条件。若其一子晶格在某一方向上满足衍射加强的条件，则其他子晶格也在同一方向满足衍射加强的条件，如图 1-28 所示。但各个子晶格在该方向上的散射光存在位相差，彼此之间又相互干涉。

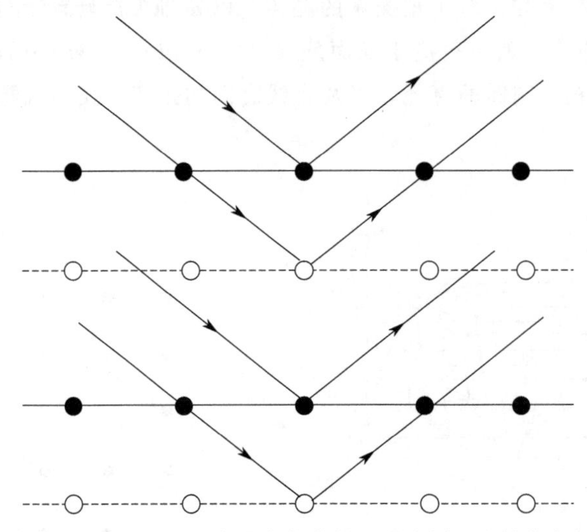

图 1-28　复式晶格中各个布拉菲格子遵守同一布拉格条件

（2）衍射强度

复式晶格的衍射强度取决于原胞中原子的相对位置和原子的散射强度因子，为了概括这两个因素对总的衍射强度的影响，引入几何结构因子的概念进行描述。

1.9.2　几何结构因子

（1）定义

原胞中所有原子的散射波在所考虑方向上的振幅与一个电子的散射波的振幅之比。

（2）几何结构因子的计算

设 $\vec{R}_1$，$\vec{R}_2$，$\vec{R}_3$，…，$\vec{R}_n$ 为原胞内 n 个原子的位置矢量（图 1-29），假定入射方向的波矢和单位矢量分别为 $\vec{k}_0$ 和 $\vec{s}_0$，反射方向上的波矢和单位矢量分别为 $\vec{k}$ 和 $\vec{s}$，入射 X 射线的波长为 λ，则从位置矢量为 $\vec{R}_j$ 处原子散射的 X 射线与从原点处原子散射的 X 射线的位相差为：

$$\phi_j=\frac{2\pi}{\lambda}(\vec{s}-\vec{s}_0)\cdot\vec{R}_j=(\vec{k}-\vec{k}_0)\cdot\vec{R}_j \tag{1-67}$$

则几何结构因子可以表示为 $F(s)=\sum_j f_j e^{i\frac{2\pi}{\lambda}(\vec{s}-\vec{s}_0)\cdot\vec{R}_j}$，$f_j$ 为原胞中第 j 个原子的散射因子，$e^{i\frac{2\pi}{\lambda}(\vec{s}-\vec{s}_0)\cdot\vec{R}_j}$ 因不同原子散射波的位相差所致。此外，衍射加强条件随所考虑晶面族而异，几何结构因子也随所考虑的方向而有差别，这就使得几何结构因子对晶面族有依赖，表示为 F_{hkl} 更合适，表示在所考察方向上散射波的振幅。

（3）几何结构因子的计算实例

在实验上，对于衍射强度问题的研究必须顾及晶体的特殊对称性，因此，在讨论几何结构因子时，应采用结晶学原胞，它不仅反映了晶格的周期性，还反映了晶体的对称性。这样，即使对于布拉菲晶格，一个结晶学原胞（晶胞）中也会出现两个或者更多的原子，在整

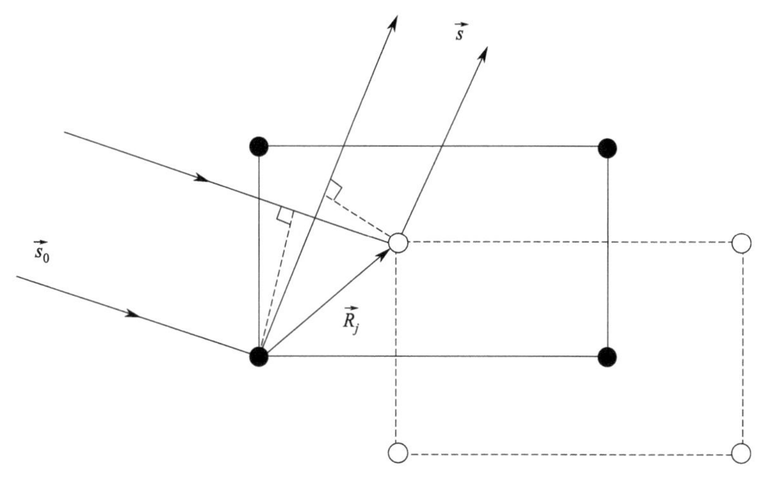

图 1-29　决定几何结构因子的示意图

个晶体中，原胞中的不同原子都各自组成一个子晶格，对于（hkl）晶面族而言，各子晶格的晶面间距均相同，满足同一衍射条件，即有：

$$2d_{hkl}\sin\theta=n\lambda \tag{1-68}$$

或写成倒格子衍射条件：

$$2\pi\frac{\vec{s}-\vec{s}_0}{\lambda}=\vec{k}-\vec{k}_0=n(h\vec{a}^*+k\vec{b}^*+l\vec{c}^*) \tag{1-69}$$

式中，$\vec{a}^*$、$\vec{b}^*$、$\vec{c}^*$ 代表倒格子基矢。原胞中第 j 个原子对应的位置矢量为：

$$\vec{R}_j=u_j\vec{a}+v_j\vec{b}+w_j\vec{c} \tag{1-70}$$

u_j、v_j、w_j 为有理数。则几何结构因子可以写成：

$$F_{hkl}=\sum_j f_j e^{2\pi ni(hu_j+kv_j+lw_j)} \tag{1-71}$$

反射光的强度可表达成：

$$I_{hkl}\propto|F_{hkl}|^2=F_{hkl}\cdot F_{hkl}^*=[\sum_j f_j\cos 2\pi n(hu_j+kv_j+lw_j)]^2 \\ +[\sum_j f_j\sin 2\pi n(hu_j+kv_j+lw_j)]^2 \tag{1-72}$$

如果已知原子的散射因子 f_j，就可由 I_{hkl} 推断出原胞中原子的排列方式；反之，若已知原胞中原子的排列方式，也可得出衍射加强和消失的规律。对于某个晶面而言，若沿某个方向满足了衍射方程，但衍射强度却为 0，这种现象称为消光。下面讨论几种常见晶格的消光条件。

① 体心立方的消光条件

对于布拉菲简单晶格，一个体心立方的结晶学原胞中有 2 个原子，其坐标分别为 (0，0，0) 和 $\left(\frac{1}{2},\frac{1}{2},\frac{1}{2}\right)$，原子的散射强度因子 f_j 都相同，则反射方向上的光强为：

$$I_{hkl}\propto F_{hkl}^2=f^2[1+\cos\pi n(h+k+l)]^2+f^2\sin^2\pi n(h+k+l) \\ =f^2[1+\cos\pi n(h+k+l)]^2 \tag{1-73}$$

当其衍射面晶面指数之和 $n(h+k+l)$ 为奇数时，$I_{hkl}=0$，即便在该方向上满足衍射方程，其衍射强度却为零，发生了消光。

② 面心立方的消光条件

对于布拉菲简单晶格，一个面心立方的结晶学原胞中有 4 个原子，其坐标分别为 (0，0，0)、$\left(\frac{1}{2},\frac{1}{2},0\right)$、$\left(\frac{1}{2},0,\frac{1}{2}\right)$、$\left(0,\frac{1}{2},\frac{1}{2}\right)$，各个原子的散射强度因子 f_j 都相同，则反射方向上的光强为：

$$\begin{aligned} I_{hkl} \propto F_{hkl}^2 &= f^2[1+\cos\pi n(h+k)+\cos\pi n(h+l)+\cos\pi n(k+l)]^2 + \\ &\quad f^2[\sin\pi n(h+k)+\sin\pi n(h+l)+\sin\pi n(k+l)]^2 \\ &= f^2[1+\cos\pi n(h+k)+\cos\pi n(h+l)+\cos\pi n(k+l)]^2 \end{aligned} \tag{1-74}$$

当其衍射面晶面指数中，部分为偶数（包括零），部分为奇数时，$I_{hkl}=0$，即使在该方向上满足衍射方程，其衍射强度却为零，发生了消光。

③ 金刚石的消光条件

对于金刚石立方结构，其结晶学原胞中有 8 个原子，其坐标分别为：(0,0,0)、$\left(\frac{1}{2},\frac{1}{2},0\right)$、$\left(\frac{1}{2},0,\frac{1}{2}\right)$、$\left(0,\frac{1}{2},\frac{1}{2}\right)$、$\left(\frac{1}{4},\frac{1}{4},\frac{1}{4}\right)$、$\left(\frac{3}{4},\frac{3}{4},\frac{1}{4}\right)$、$\left(\frac{3}{4},\frac{1}{4},\frac{3}{4}\right)$、$\left(\frac{1}{4},\frac{3}{4},\frac{3}{4}\right)$

$I_{hkl}\neq 0$ 的条件为：衍射面指数 nh、nk、nl 都是奇数；或衍射面指数 nh、nk、nl 都是偶数，且 $\frac{1}{2}n(h+k+l)$ 也为偶数。其他情况均会产生消光现象。

习题

参考答案

1. 画出体心立方和面心立方晶格结构（100）、（110）、（111）晶面上的原子排列。

2. 证明六角密积结构中 $\frac{a}{c}=\left(\frac{8}{3}\right)^{\frac{1}{2}}\approx 1.633$。

3. 如果用等体积的硬球分别堆积成简单立方、体心立方、面心立方、密排六方和金刚石结构，求硬球可能占据的最大体积与晶胞总体积之比。

4. 矢量 $\vec{a}$，$\vec{b}$，$\vec{c}$ 构成简单正交系，证明晶面族 (hkl) 的面间距为 $d_{hkl}=\dfrac{1}{\sqrt{\left(\frac{h}{a}\right)^2+\left(\frac{k}{b}\right)^2+\left(\frac{l}{c}\right)^2}}$。

5. 证明在立方晶系中，晶列 $[hkl]$ 与晶面 (hkl) 正交，并求晶面 $(h_1k_1l_1)$ 与 $(h_2k_2l_2)$ 的夹角。

6. 画出立方晶格（111）面与（100）面，（111）面与（110）面交线的晶向。

7. 证明体心立方晶格和面心立方晶格互为正倒格子。

8. 已知某种晶体的固体物理学原胞基矢为：

$$\vec{a}_1=\frac{a}{2}(-\vec{i}+\vec{j}+\vec{k}),\ \vec{a}_2=\frac{a}{2}(\vec{i}-\vec{j}+\vec{k}),\ \vec{a}_3=\frac{a}{2}(\vec{i}+\vec{j}-\vec{k})$$

求下列物理量：(1) 原胞体积；(2) 倒格子基矢；(3) 倒格子原胞体积。

9. 某一晶体原胞的基矢大小为 $a=4\times10^{-10}$m，$b=6\times10^{-10}$m，$c=8\times10^{-10}$m，基矢间的夹角 $\alpha=\beta=90°$，$\gamma=120°$。试求：(1) 倒格子基矢的大小；(2) 正、倒格子原胞的体积；(3) 正格子 (210) 晶面族的面间距。

10. 如图所示的平面正六角形晶格，设六角形 2 个对边的间距是 a，其基矢分别为 $\vec{a}_1=\frac{a}{2}\vec{i}+\frac{\sqrt{3}a}{2}\vec{j}$，$\vec{a}_2=-\frac{a}{2}\vec{i}+\frac{\sqrt{3}a}{2}\vec{j}$。求倒格子基矢及倒格子原胞的面积。

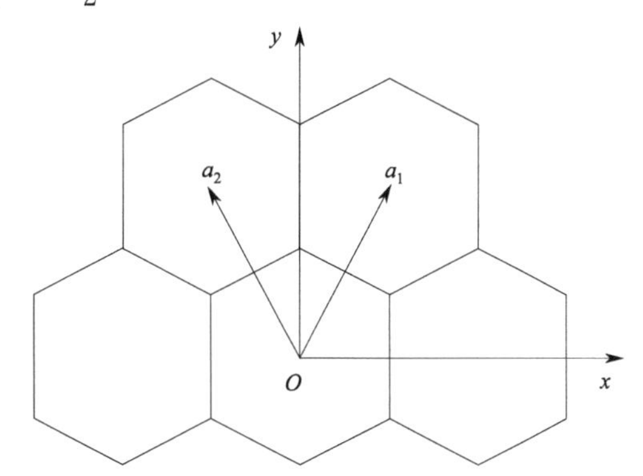

11. 证明不存在 5 度旋转对称轴。

12. 已知钼为体心立方结构，用波长为 1.5405Å 的 X 射线入射到钼的粉末上，得到前面几条衍射峰的布拉格角 θ 依次为：19.611°、28.136°、35.156°、41.156°、47.769°。试求：(1) 各衍射峰对应的晶面指数；(2) 上述各晶面族的面间距；(3) 利用上两项结果计算晶格常数 a。

13. CuCl 的晶格为 ZnS 型结构，其密度为 $\rho=4.135\text{g}\cdot\text{cm}^{-3}$，从(111)晶面反射的 X 射线特征峰对应的布拉格角 $\theta=6.5°$，求 X 射线的波长。

14. 已知半导体 GaAs 具有闪锌矿结构，Ga 和 As 两原子的最近距离 $d=2.45\times10^{-10}$m。试求：(1) 晶格常数；(2) 固体物理学原胞基矢和倒格子基矢；(3) 密勒指数为 (110) 晶面族的面间距；(4) 晶面 (110) 和 $(1\bar{1}1)$ 法线方向的夹角。

【拓展阅读】

奥古斯特·布拉菲

(Auguste Bravais，1811—1863)

法国物理学家，1833 年毕业于巴黎工科大学，1837 年获得里昂大学博士学位，1844 年，布拉菲被选为法兰西皇家科学院院士。主要从事晶体结构几何理论方面的研究，著作有《结晶学研究》等。1848 年布拉菲证实了一切可能的不同空间格子分属 7 大晶系，共有 14 种排列方式，修正了德国学者 M. L. 弗兰肯海姆关于晶体内部空间格子排列方式有 15 种的结论。他首次将群的概念应用到物理学，为固体物理学做出了奠基性的贡献。1851 年又进一步提出了实际晶体晶形与内部结构之间的关系。他还创建了六方系晶体和三方系晶体的定向方向，后人称之为布拉菲定向，相应的晶面指数被称为布拉菲-密勒指数。

威廉·康拉德·伦琴

(Wilhelm Conrad Röntgen，1845—1923)

德国物理学家，伦琴喜欢运动，动手能力强。1865 年考上瑞士巴黎工业学院，1874 年，伦琴和孔特教授明确了“光”和“磁”的关系，证明了“伦琴电流”的存在。1895 年，伦琴发现通电阴极射线管产生了一种看不见的射线，它能穿过纸和铝箔等密度小的物质，但不能穿过像铅那样密度大的物质。他用 10 张黑纸包着玻璃管或以铝板把玻璃管和荧光屏隔开，荧光屏仍亮着；但把厚铅板夹在里面后，亮光突然消失，拿开铅板，又重新发亮；断电后，荧光即刻消失。伦琴把这种新发现的未知射线称为 X 射线。为了仔细研究该射线的性质，伦琴把床搬进实验室整整七个星期。就在圣诞节前夕，夫人别鲁塔来到实验室，他把她的手放到照相底板上用 X 射线照了一张照片，其手指上的戒指清晰可见，这是人类第一张 X 射线照片，伦琴亲自在照相底板上用钢笔写上“1895. 12. 22”。1901 年，伦琴被授予首届诺贝尔物理学奖。X 射线的发现对医学诊断产生了重大影响，也影响了 20 世纪许多其他重大科学发现。为了纪念伦琴的成就，许多国家都称 X 射线为伦琴射线，此外，第 111 号化学元素 Rg 也以伦琴命名。

威廉·亨利·布拉格

(William Henry Bragg，1862—1942)

英国物理学家，生于英格兰坎伯兰的西部，1875 年进入威廉国王学院学习，1881 年在剑桥大学三一学院学习，1885 年任南澳大利亚阿得莱德大学数学物理学教授，1909 年回英国任利兹大学卡文迪什物理学教授，1915 年任伦敦大学学院的奎恩物理学教授。1907 年被选为皇家学会会员，1920 年被封为爵士，1935 年被选为皇家学会会长。由于在使用 X 射线衍射研究晶体内原子和分子结构方面所作出的开创性贡献，他与儿子威廉·劳伦斯·布拉格分享了 1915 年诺贝尔物理学奖。父子两代同获一个诺贝尔奖，这在历史上是绝无仅有的。同时，他还作为一名杰出的社会活动家，在二十世纪二三十年代是英国公共事务中的风云人物。他上过的文法学校和威廉国王学院都有以他名字命名的建筑，作为对这位杰出毕业生的纪念。

威廉·劳伦斯·布拉格

(William Lawrence Bragg，1890—1971)

威廉·亨利·布拉格的长子，生于阿得莱德，早年进入圣彼得学院，后来进入阿得莱德大学，1908 年以优等成绩获数学学士学位。1909 年随父亲去英国，进入剑桥大学三一学院，一年后接受父亲的建议改学物理。1912 年，在 J. J. 汤姆孙指导下从事研究。一次世界大战期间，他曾从事声波测距的技术工作，战后回到三一学院。1919 年任曼彻斯特大学兰沃西物理学教授，1921 年被选为皇家学会会员，1937—1938 年任国家物理实验室主任，卢瑟福

逝世后，他于 1938 年接任卡文迪什实验物理学教授。1941 年被封为爵士，1958 年到 1960 年任频率顾问委员会主席。1966 年退休后，仍然对晶体学和科学普及保持浓厚的兴趣，他一生曾担任过美国、法国、瑞典、中国、荷兰、比利时等很多国家科学院的名誉院士，曾获英国皇家学会的休斯奖章、皇家奖章、美国矿物学会的罗布林奖章。布拉格父子 1912—1914 年一起研究开创了 X 射线晶体结构分析这一新的领域，通过对 X 射线谱的研究，提出晶体衍射理论，建立了布拉格公式，并改进了 X 射线分光计。威廉・劳伦斯・布拉格获得 1915 年的诺贝尔物理学奖时年仅 25 岁，成为“最年轻的获奖者”。自 1992 年起，澳大利亚物理学会设立一个全国年度最佳物理博士论文奖项，向最佳论文的作者颁发“布拉格金牌”（The Bragg Gold Medal for Excellence in Physics），这枚奖牌的命名是为了纪念布拉格父子。

第2章

晶体的结合

本章导读：本章介绍了原子的电子分布、原子的电离能、电子亲和能、原子的电负性等影响原子结合方式的相关物理概念；介绍了晶体结合的类型；介绍了结合力的一般性质，晶体内粒子之间的相互作用、晶体的势能、晶体结构及性能与结合能的关系；详细推导了非极性分子晶体的结合能、原子间作用势、晶体的势能及有关参量；阐述了离子晶体的结合能及性质、马德隆常数的计算、原子晶体中共价键的形成及特征。

第1章阐明了晶体结构最主要的微观特征，即原子的周期性排列，但没有涉及原子、离子或分子结合时的物理本质，这些将在本章进行重点论述。原子结合成晶体时，外层电子重新分布，产生不同类型的结合力，导致晶体存在不同的结合类型。根据结合力的不同，典型的晶体结合类型包括：共价结合、离子结合、金属结合、分子结合和氢键结合。在这一章中将首先介绍原子的电负性及其在元素周期表中的分布规律，然后介绍晶体结合的主要类型及其结合时的物理本质，最后讨论离子晶体和分子晶体结合的经典理论。

从能量的角度来看，当晶体处于稳定状态时，其总能量比组成该晶体的 N 个原子在自由状态时的总能量要低，两者之差为结合能，即

$$E_b = E_N - E_0 \tag{2-1}$$

式中，E_0 为晶体总能量；E_N 为组成这个晶体的 N 个原子在自由状态时的总能量。

通过对结合能的研究，理论上可以计算出晶格常数、体弹性模量等物理量，而这些参数实验上可测，因此，可将理论计算与实验测量结果进行比较，从而检验关于晶体结合理论的正确性。此外，结合能的研究也有助于我们了解组成晶体的粒子之间相互作用的物理本质，为探索新材料的合成提供理论指导。

2.1 原子的电负性

中性的原子结合成晶体时，除了外界的压力和温度等条件的作用外，主要取决于原子最外层电子的作用。本节将着重介绍与原子电性相关的概念及其在元素周期表中的变化规律。

2.1.1 原子的电子分布

原子的电子组态，通常用字母 s、p、d、…来表征角量子数 $l=0$、1、2、3、…的态，

字母左边的数字是轨道主量子数 n，右上标表示该轨道上排布的电子数目。如碳的电子组态为 $1s^2 2s^2 2p^2$。

原子核外电子分布遵从泡利不相容原理、能量最低原理和洪特规则。泡利不相容原理是：包括自旋在内，不可能存在量子态完全相同的两个电子。能量最低原理是自然界的普遍规律，即稳定体系能量最低。洪特规则可以看成能量最低原理的一个细则，即电子依能量由低到高依次进入轨道并先以自旋平行方式占据尽量多的等价轨道（n、l 相同）。

同一族原子的电子层数不同，但其价电子构型相同，因此具有相近的化学性质。比如，ⅠA 族碱金属原子和ⅡA 族碱土金属原子容易失去最外层的电子，ⅥA 族硫族元素和ⅦA 族卤族元素的原子容易获得电子，由此可见原子得失电子的难易程度是不一样的。

2.1.2 原子的电离能

使原子失去一个电子所需要的能量称为原子的电离能。从原子中移去第一个电子所需要的能量称为第一电离能。从+1 价离子中再移去一个电子所需要的能量为第二电离能。第二电离能一定大于第一电离能。表 2-1 列出了元素周期表中前 20 个元素原子的第一电离能的实验值。从表中可以看出，同一周期内的元素，从左到右电离能不断增加。电离能的大小可用来度量原子对价电子束缚能力的强弱，电离能越小，说明其形成阳离子的倾向越强。

表 2-1 部分元素的第一电离能 单位：kJ/mol

元素	H	He	Li	Be	B	C	N	O	F	Ne
电离能	1312	2372	520	899	800	1086	1402	1314	1680	2080
元素	Na	Mg	Al	Si	P	S	Cl	Ar	K	Ca
电离能	496	737	577	786	1060	1000	1256	1520	420	590

2.1.3 电子亲和能

一个中性原子获得一个电子成为负离子所释放出的能量叫电子亲和能。亲和过程不能看成是电离过程的逆过程，因为第一次电离过程是中性原子失去一个电子变成+1 价离子所需的能量，其逆过程是+1 价离子获得一个电子成为中性原子。表 2-2 是部分元素的电子亲和能，电子亲和能一般随原子半径的减小而增大，因为原子半径小，核电荷对电子的吸引力较强，对应较大的相互作用势，所以当原子获得一个电子时，相应释放出较大的能量。电子亲和能也用来度量原子对电子的束缚能力，电子亲和能越大，说明其形成负离子倾向越强。

表 2-2 部分元素的电子亲和能 单位：kJ/mol

元素	H	He	Li	Be	B	C	N	O	F	Ne
亲和能	73	−21	60	−19	27	122	−7	141	328	−29
元素	Na	Mg	Al	Si	P	S	Cl	Ar	K	Ca
亲和能	53	−19	43	134	72	200	349	−35	48	−10

2.1.4 原子的电负性

电离能和亲和能从不同的角度表征了原子束缚电子的能力，为了统一地衡量不同原子得失电子的难易程度，人们提出了原子的电负性的概念，用来度量原子吸引电子的能力。由于原子吸引电子的能力是相对而言的，所以一般选定某原子的电负性为参考值，把其他原子的电负性与此参考值做比较。

电负性有多种定义方法，R. S. Mulliken（马利肯）通过电离能（E_i）和电子亲和能（E_a）来定义电负性。

$$\chi=0.18(E_i+E_a) \tag{2-2}$$

式中计算单位为 eV，系数 0.18 的选取是为了使 Li 的电负性为 1。

1932 年 Linus Pauling（鲍林）提出的电负性计算方法为：

$$E_{AB}=96.5(\chi_A-\chi_B)+\sqrt{E_{AA}E_{BB}} \tag{2-3}$$

式中，χ_A 和 χ_B 是原子 A 和 B 的电负性；E_{AB}、E_{AA}、E_{BB} 分别是双原子分子 AB、AA、BB 的离解能。

该方法表明电负性是化合物中的原子吸引电子能力的标度，无量纲，规定 F 的电负性为 3.98，其他原子的电负性即可相应求出。元素电负性数值越大，表示其在化合物中吸引电子的能力越强。图 2-1 列出了全部元素的电负性。从图中数据可以看出：①同一周期内的原子从左至右电负性增大；②周期表由上往下，元素的电负性逐渐减小；③一个周期内重元素的电负性差别较小。通常把元素易于失去电子的倾向称为元素的金属性，把元素易于获得电子的倾向称为元素的非金属性。因此，电负性小的是金属性元素，电负性大的是非金属性元素。

H 2.20																	He No
Li 0.98	Be 1.57											B 2.04	C 2.55	N 3.04	O 3.44	F 3.98	Ne No
Na 0.93	Mg 1.31											Al 1.61	Si 1.90	P 2.19	S 2.58	Cl 3.16	Ar No
K 0.82	Ca 1.00	Se 1.36	Ti 1.54	V 1.63	Cr 1.66	Mn 1.55	Fe 1.83	Co 1.88	Ni 1.91	Cu 1.90	Zn 1.65	Ga 1.81	Ge 2.01	As 2.18	Se 2.55	Br 2.96	Kr 3.00
Rb 0.82	Sr 0.95	Y 1.22	Zr 1.33	Nb 1.60	Mo 2.16	Tc 1.90	Ru 2.20	Rh 2.28	Pd 2.20	Ag 1.93	Cd 1.69	In 1.78	Sn 1.96	Sb 2.05	Te 2.10	I 2.66	Xe 2.60
Cs 0.79	Ba 0.89	La～Lu	Hf 1.30	Ta 1.50	W 2.36	Re 1.90	Os 2.20	Ir 2.20	Pt 2.28	Au 2.54	Hg 2.00	Tl 1.62	Pb 2.33	Bi 2.02	Po 2.00	At 2.20	Rn No
Fr 0.70	Ra 0.89	Ac～Lr	Rf No	Db No	Sg No	Bh No	Hs No	Mt No	Ds No	Rg No	Cn No	Nh No	Fl No	Mc No	Lv No	Ts No	Og No

La 1.10	Ce 1.12	Pr 1.13	Nd 1.14	Pm 1.13	Sm 1.17	Eu 1.20	Gd 1.20	Tb 1.22	Dy 1.23	Ho 1.24	Er 1.24	Tm 1.25	Yb 1.10	Lu 1.27
Ac 1.10	Th 1.30	Pa 1.50	U 1.38	Np 1.36	Pu 1.28	Am 1.30	Cm 1.30	Bk 1.30	Cf 1.30	Es 1.30	Fm 1.30	Md 1.30	No 1.30	Lr No

图 2-1　元素周期表中元素的鲍林电负性数值

2.2　晶体的结合类型

当不同原子逐渐靠近结合成晶体时，其原子间距只有几个 Å 的数量级，因此，带正电的原子核和带负电的核外电子势必与其周围其他原子的原子核及电子产生强烈的静电库仑作用，而其中起主要作用的是各原子的最外层电子。不同的原子对电子的争夺能力不同，使得原子外层的电子发生重新分布。原子的电负性决定了结合力的类型。按照结合力的性质和特点，晶体主要可分为离子晶体、共价晶体、金属晶体、分子晶体和氢键晶体这五种类型。以下将对这五种晶体结合类型做简要描述，在后续小节将详细讲述分子晶体、离子晶体和原子晶体的经典理论，从而理解晶体中原子间相互作用的本质。

2.2.1 离子晶体

离子晶体由正、负离子相间排列构成。典型的离子晶体是由元素周期表中第ⅠA族碱金属元素与第ⅦA族卤族元素结合而成的晶体，如NaCl、CsCl等。ⅡA族碱土金属元素和ⅥA族硫族元素形成的化合物也可基本视为离子晶体，如GdS、ZnS等。其典型电子壳层结构为：

$$\left.\begin{matrix}Na^+\\F^-\end{matrix}\right.\rightarrow Ne \qquad \left.\begin{matrix}K^+\\Cl^-\end{matrix}\right.\rightarrow Ar\cdots$$

例如，Na的电子排布为$1s^2 2s^2 2p^6 3s^1$，当Na与卤族元素原子结合成晶体时，容易失去最外层的1个电子，其最外层变成8个电子的封闭电子壳层，带有1个正电荷；而卤族元素，如，F原子的电子排布为$1s^2 2s^2 2p^5$，当与碱金属原子结合成晶体时，容易获得一个电子，其最外层也变成8个电子的封闭电子壳层，带有1个负电荷。这种封闭电子壳层结构稳定，具有球对称性，可以将正、负离子作为刚球处理。因此，离子晶体的结合主要依靠正、负离子间的静电库仑力，从这个意义上说，一种离子的最近邻离子必定为异性的离子。

离子晶体的结构特征有以下几点：①结构不能单从密堆积来考虑；②配位数最多只能是8；③离子周围环境不一样，为复式晶格。典型离子晶体结构有两种：①NaCl型：正、负离子的fcc子晶格沿晶轴方向平移1/2周期套构而成，其配位数为6，如NaCl、KCl、AgBr、PbS、MgO等；②CsCl型：正、负离子的简单立方子晶格沿立方体体对角线方向平移1/2周期套构而成，其配位数为8。还有一种与金刚石结构类似的闪锌矿半导体，如ZnS，它是由正、负离子的fcc子晶格沿立方体对角线方向平移1/4对角线长度套构而成的，其离子性比较强。

离子晶体主要依靠吸引力较强的静电库仑力而结合，其结构稳定，结合能在800kJ/mol量级，通常不存在自由运动的电子，由此导致离子晶体具有导电性能差、熔点高、硬度高和膨胀系数小等物理特征。

2.2.2 原子晶体（共价晶体）

对于有些元素来说，彼此相互作用时，既不容易失去电子，也不容易获得电子，此时相邻的两个原子各出一个电子形成共有电子对，在最外层形成共用的封闭电子壳层，共用电子对的主要活动范围处于两原子之间，把两个原子联结起来，并且这一对电子的自旋相反，称之为配对电子，这种键合方式称为共价键。依靠共价键结合的晶体称为原子晶体或共价晶体。最典型的原子晶体包括第ⅣA族元素C（金刚石）、Si、Ge、Sn，它们属于金刚石立方结构。第ⅣA族元素最外层有4个电子，因此，每个原子与最近邻的4个原子各出一个电子，形成4个共价键而各自形成封闭电子壳层结构，如图2-2所示。除ⅣA族元素以外，ⅤA、ⅥA和ⅦA族元素也能结合成共价晶体。

共价键有两个特点：①饱和性：以共价键形式结合的原子所能形成的键的数目存在一个最大值。设N为价电子数目，对于ⅣA、ⅤA、ⅥA、ⅦA族元素，价电子壳层一共有8个量子态，通常最多能接纳$8-N$个电子，形成$(8-N)$个共价键，$(8-N)$便是饱和的价键数。②方向性：原子周围所能形成的共价键彼此之间具有确定的相对取向，邻近原子往往沿着电子轨道重叠程度最大的方向成键。比如，对于C来说，其电子排布为$1s^2 2s^2 2p^2$，由于2s轨道和2p轨道的能量非常接近，在一定条件下2s电子轨道上的1个电子会跃迁到2p轨道上，此时2p轨道上的3个电子分别填充$2p_x$、$2p_y$、$2p_z$电子轨道，因此，总共存在着4个未配对的电子，可以与周围的4个其他C原子形成4个共价键。成键时2s轨道与2p轨道发生sp^3杂化，由此形成4个完全等价的共价键，正好沿着正四面体的4个顶角方向，在该方向上相邻C原子之间电子云重叠程度最高，其相互之间的夹角为109°28′，如图2-2所示。

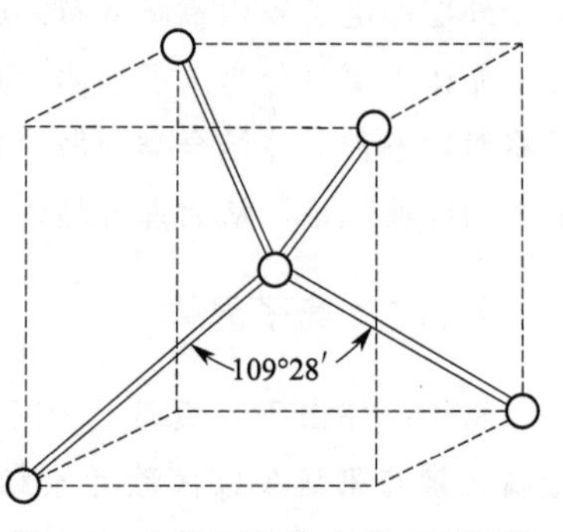

图2-2　金刚石结构中的正四面体

共价结合使两个原子核之间出现一个电子云密集区，降低了两核之间的正电排斥，使体系的势能降低，形成稳定的结构。由于共价键的键能非常高，共用电子对完全受限，不能自由运动，故典型的原子晶体具有熔点高、导电性能差、硬度高、热膨胀系数小等特点。例如，金刚石是天然最硬的材料，而且是良好绝缘体。

除典型的离子晶体和原子晶体外，还有许多晶体既包含有离子键的结合，也包含共价键的结合，应当视具体情况来看。

2.2.3　金属晶体

ⅠA族碱金属、ⅡA族碱土金属及过渡金属元素电负性小，最外层一般有1～2个容易失去的价电子，组成晶体时每个原子的最外层价电子不再属于个别原子，而是为所有原子所共有，在晶体中作共有化运动。基于此，采用一个更简化的物理模型进行描述：金属中所有的原子都失掉了最外层的价电子而成为带正电荷的原子实，原子实浸没在共有电子的电子云中。金属晶体的结合力主要是原子实和共有化电子之间的静电库仑力，称之为金属键，金属键不具有方向性。

金属结合只受最小能量的限制，原子越紧凑，电子云与原子实就越紧密，库仑能就越低。因此，金属晶体中原子排列主要有面心立方fcc、六角密堆积hcp和体心立方bcc三种结构。

① fcc：Cu、Ag、Au、Al；

② hcp：Be、Mg、Zn、Cd；

③ bcc：Li、Na、Rb、Cs、Mo、W。

由于金属中有大量的作共有化运动的电子，所以金属的性质主要由价电子决定。在电场作用下，共有电子容易发生定向运动，因此，金属具有良好的导电性、导热性，不同金属存在接触电势差。由于原子实与电子云之间的作用不存在明确的方向性，两者之间的相对滑动并不破坏密堆积结构，不会使系统内能显著增加，因此，金属原子容易相对滑动，即金属通常表现出良好的延展性。

2.2.4 分子晶体

固体表面的吸附、气体凝结成液体和液体凝结成固体的现象都说明分子之间、分子与固体之间存在结合力。分子间的结合力称为范德瓦耳斯作用力，一般可分为以下三种类型。

(1) 极性分子间的结合

极性分子具有电偶极矩，因此，极性分子间的作用力本质上是库仑力。为了使系统的能量最低，靠近的两个分子一定以相同偶极矩方向进行排列。

(2) 极性分子与非极性分子的结合

极性分子的电偶极矩具有长程作用，它可以使附近的非极性分子也产生极化，使其成为一个电偶极子，极性分子的偶极矩与非极性分子的诱导偶极矩的吸引力叫诱导力，显然诱导力本质上也是库仑力。

(3) 非极性分子间的结合

非极性分子在低温下能形成晶体，其结合力是分子间瞬时电偶极矩的一种相互作用。元素周期表中Ⅷ族惰性气体元素在低温条件下会形成非极性分子晶体。对于Ⅷ族惰性气体元素来说，其最外层通常包含8个电子，具有球对称的稳定封闭电子壳层结构，不容易失去电子也不容易获得电子，不能形成离子晶体，也不能形成原子晶体。但在某一瞬间，由于非极性分子的正、负电荷中心发生偏离，将导致原子呈现出瞬时偶极矩，周围其他分子也会产生感应偶极矩，非极性分子晶体就是依靠这种瞬时偶极矩之间的相互作用而结合在一起。这种结合力非常小，并且惰性气体元素具有球对称性，结合时原子排列最紧密以使势能最低，所以，Ne、Ar、Kr、Xe在低温条件下形成的晶体都是面心立方结构。它们是透明的绝缘体，熔点特低，分别为24K、84K、117K和161K。

2.2.5 氢键晶体

氢原子的电离能特别大（13.6eV），难以形成离子键，当其唯一的外层电子与其他原子形成共价键时，使氢核和负电中心不再重合，产生了极化现象，此时呈正电性的氢核一端可以通过库仑力与另一个电负性较大的原子相结合。此时若再要和第三个负离子结合，将受到排斥。因此，氢原子可以同时和两个负电性很大而原子半径较小的原子（O、F、C）相结合，这种特殊结合称为氢键，氢键较弱且具有饱和性。冰（H_2O）是一种典型的氢键晶体，在蛋白质、脱氧核糖核酸（DNA）等有机分子的结合中，氢键也起相当重要的作用。

除去上面讨论的一些典型情况外，实际上对大多数晶体来说，晶体内原子的结合可能是混合型，即一种晶体内同时存在几种结合类型。例如，GaAs晶体的共价性结合大约占31%，离子性结合大约占69%。C以sp^3杂化形成的金刚石是最典型的共价键晶体；而以sp^2杂化形成的石墨其结合力却完全与金刚石不同，组成石墨的每一个碳原子与其最近邻的三个碳原子形成共价键结合，这三个共价键几乎在同一平面上，形成六角蜂窝状结构，晶体呈层状结构；而另一个价电子则自由地在整个层内活动，具有金属键的性质，这是石墨具有较好导电本领的根源；其层与层之间又依靠弱的范德瓦尔斯作用力相结合，这又是石墨质地疏松，可做润滑剂的根源。

2.3 结合力的一般性质

2.3.1 晶体内粒子之间的相互作用

（1）晶体内粒子之间相互作用的分类

尽管各种晶体的结合力类型和大小不同，但在任何晶体中，两个粒子间的相互作用力或作用势与它们之间距离的关系定性上是相同的。不论哪种结合类型，晶体中原子间的相互作用力可分为两类：一类是吸引力，一类是排斥力。在任何时候两者均同时存在，只是它们分别在不同距离占主导地位。当分散的中性原子结合形成规则排列的晶体时，吸引力起到了主要作用。在吸引力的作用下，当原子间的距离缩小到一定程度，两原子闭合壳层电子云重叠时，排斥力占主导，在某一距离时两者相互抵消，使晶格处于稳定状态。

（2）粒子间相互作用的本质

吸引作用是由于异性电荷之间的静电库仑引力。排斥作用来源于两个方面：其一是同性电荷之间的静电库仑斥力；其二是由于泡利不相容原理引起的排斥作用。

（3）原子之间的相互作用势能和相互作用力

如果只考虑两体相互作用，两个原子之间的相互作用势能为两个原子之间距离的函数，用 $u(r)$ 来进行描述，其中 r 为两个原子之间的距离，如图 2-3 所示，则两个原子之间的作用力为：

$$f(r)=-\frac{du(r)}{dr} \tag{2-4}$$

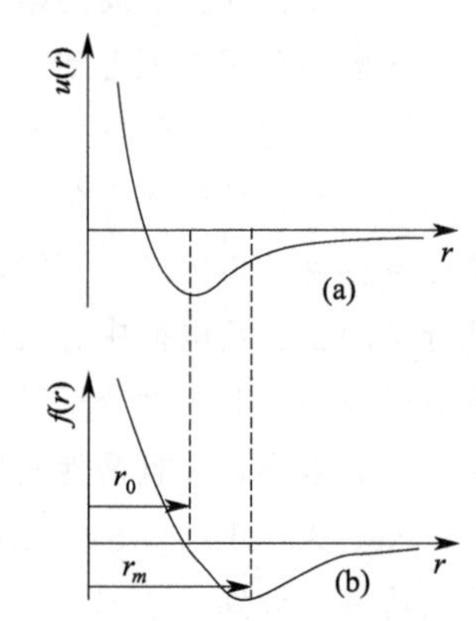

图 2-3 原子间的相互作用

（a）相互作用势能和原子间距的关系；（b）相互作用力和原子间距的关系

由图 2-3 我们可以看出：

① 当两原子之间的距离很靠近（$r<r_0$）时，排斥力将大于吸引力，总的作用力表现为排斥力，此时，$f(r)>0$；

② 当两原子之间的距离比较远（$r>r_0$）时，吸引力将大于排斥力，总的作用力表现为吸引力，此时，$f(r)<0$；

③ 当两原子之间的距离恰好等于 r_0 时，吸引力与排斥力相互抵消，总的作用力 $f(r_0)=0$，即 $\left.\frac{du(r)}{dr}\right|_{r_0}=0$，$r_0$ 即为两原子的平衡距离。

④ 当两个原子之间的距离为 r_m 时，$\left.\frac{df(r)}{dr}\right|_{r=r_m}=-\left.\frac{d^2u(r)}{dr^2}\right|_{r=r_m}=0$，$r_m$ 点对应有效引力最大值，即势能曲线上的转折点。

2.3.2 晶体的势能

(1) 两个原子间的相互作用势能

两原子间的相互作用势能可用幂指数来表示。

$$u(r)=-\frac{A}{r^m}+\frac{B}{r^n} \tag{2-5}$$

式中，r 是两原子间的距离；A、B、m、n 均为大于零的常数。第一项表示吸引势，第二项表示排斥势。设 r_0 为两原子处于稳定平衡状态时的距离，对应于在 r_0 处能量取极小值，即

$$\left(\frac{\mathrm{d}u}{\mathrm{d}r}\right)_{r_0}=0,\left(\frac{\mathrm{d}^2u}{\mathrm{d}r^2}\right)_{r_0}>0 \tag{2-6}$$

由 $\left(\frac{\mathrm{d}u}{\mathrm{d}r}\right)_{r_0}=0$ 得：

$$r_0=\left(\frac{nB}{mA}\right)^{1/(n-m)} \tag{2-7}$$

将 r_0 代入 $\left(\frac{\mathrm{d}^2u}{\mathrm{d}r^2}\right)_{r_0}>0$ 得：

$$\begin{aligned}\left(\frac{\mathrm{d}^2u}{\mathrm{d}r^2}\right)_{r_0}&=-\frac{m(m+1)A}{r_0^{m+2}}+\frac{n(n+1)B}{r_0^{n+2}}\\&=\frac{m(m+1)A}{r_0^{m+2}}\left(\frac{n-m}{m+1}\right)>0\end{aligned} \tag{2-8}$$

由上式可知 $n>m$，表明随着原子间距离的增大，排斥势要比吸引势更快地减小，即排斥作用属于短程效应。

(2) 晶体的总势能

如果晶体中总的相互作用势能可以视为原（离）子对的相互作用势能之和，那么可以通过先计算任意两个原子之间的相互作用势能，然后再把晶格结构的因素考虑进去，结合起来就可以计算出晶体的总势能。假设晶体中第 i 和第 j 个原子之间的距离为 r_{ij}，其相互作用势能为 $u(r_{ij})$，则由 N 个原子组成的晶体的总相互作用势能可表达为：

$$U=\frac{1}{2}\sum_{i=1}^{N}\sum_{j=1}^{N}u(r_{ij}),i\neq j \tag{2-9}$$

式中，1/2 源自 $u(r_{ij})=u(r_{ji})$，即第 i 与 j 个原子之间的相互作用势能总共计算了两次的缘故。原则上，表面原子与体内原子的周围原子分布是不同的，对势能的贡献也不一样。但对于宏观晶体材料来说，表面原子的数目远小于体内原子数目，忽略表面层原子与体内原子对势能贡献的差别，引起的误差不大。假设 N 个原子对势能的贡献相同，则式(2-9)可化简为：

$$U=\frac{N}{2}\sum_{j=1}^{N}u(r_{ij}),j\neq i \tag{2-10}$$

式中，$\frac{1}{2}\sum_j u(r_{ij})$代表了第 i 个原子对晶体势能的总贡献。然而，对于纳米材料来说，表面原子占有的比例非常大，不容忽视。

自由粒子结合成晶体的过程中释放出的能量，或者把晶体拆散成一个个自由粒子所提供的能量，称为晶体的结合能。原子的动能加原子间的相互作用势能之和的绝对值应等于结合能。在绝对零度时，原子只有零点振动能，原子的动能与相互作用势能的绝对值相比小得多。所以，在 0K 时，晶体的结合能可近似等于原子相互作用势能的绝对值。

2.3.3 晶体结构及性能与结合能的关系

(1) 平衡体积与晶格常数

假设晶体的体积为 V，包含有 N 个原胞（或原子），每个原胞的体积为 v，$u(v)$ 为晶格中每个原胞的势能，则晶体总势能与总体积为：

$$U = Nu(v) \tag{2-11}$$

$$V = Nv \tag{2-12}$$

在压强 P 的作用下，当晶体的体积增加 ΔV，则晶体对外做功，相应地，晶体自身的势能降低，ΔU 代表晶体势能的增加，根据功能原理有：

$$P\Delta V = -\Delta U,\quad P = -\frac{\Delta U}{\Delta V} \tag{2-13}$$

在自然平衡态，晶体只受到大气压强的作用，非常小，可近似认为 $P=0$，则有：

$$\frac{\partial U}{\partial V} = \frac{\partial u}{\partial v} = 0 \tag{2-14}$$

因此，基于式(2-14) 可以确定平衡态原胞的体积 v。若知道了晶格结构，也可以推算出平衡态晶体的晶格常数。

(2) 体弹性模量

由式(2-10) 可知，原子间相互作用势能的大小由两个因素决定：一是原子数目，二是原子的间距。这两个因素合并成一个因素便是：原子相互作用势能是晶体体积的函数。因此，若已知原子相互作用势能的具体形式，我们可以利用该势能求出与体积相关的常数，最常用的是晶体的压缩系数和体积弹性模量。

在外界压强作用下固体的体积会缩小，压强越大，体积变化量越大，ΔV 代表体积增大的量，因此，压强与体积相对变化量之间的定量关系存在着一个负号，其关系可表达成下式：

$$P = -K\frac{\Delta V}{V} \tag{2-15}$$

式中，K 为体弹性模量。

将式(2-13) 在平衡态进行级数展开，有：

$$P = \frac{\partial U}{\partial V} = -\left(\frac{\partial U}{\partial V}\right)_{V_0} - \left(\frac{\partial^2 U}{\partial V^2}\right)_{V_0}\delta V + \cdots,\left[\left(\frac{\partial U}{\partial V}\right)_{V_0} = 0\right] \tag{2-16}$$

当体积变化 δV 很小时，只计算到 1 阶项，其零阶项为 0，所以为：

$$P = -\left(\frac{\partial^2 U}{\partial V^2}\right)_{V_0} V_0\left(\frac{\delta V}{V_0}\right) \tag{2-17}$$

对比式(2-15)与式(2-17)，可以得到体弹性模量为：

$$K = \left(\frac{\partial^2 U}{\partial V^2}\right)_{V_0} V_0 \tag{2-18}$$

(3) 抗张强度

晶体所能容耐的最大张力称为抗张强度。$-P=\left(\frac{\partial U}{\partial V}\right)_{V_m}$（$V_m$ 相当于前述的 r_m），由 $\left.\frac{\partial^2 U}{\partial V^2}\right|_{V_m}=0$ 来决定。

2.4 非极性分子晶体的结合能

2.4.1 非极性分子晶体的原子间作用势

(1) 非极性分子晶体内原子间作用力的性质

由Ⅷ族惰性气体分子在低温条件下形成的固体为非极性分子晶体。这些惰性气体分子的最外电子壳层已饱和，既不容易失去电子也不容易获得电子，因此不能形成离子晶体，也不能形成原子晶体，其结合力是由瞬时偶极矩的相互作用引起的，这个力称为范德瓦尔斯-伦敦力。如图 2-4 所示，当相邻两个偶极子方向相同时表现吸引作用，当偶极子方向相反时表现排斥作用。排斥作用的能量相对较高，吸引作用的能量相对较低，根据玻尔兹曼统计规律，体系处于相互吸引状态的概率要比相互排斥状态的概率大，由此以来就结合成固体。

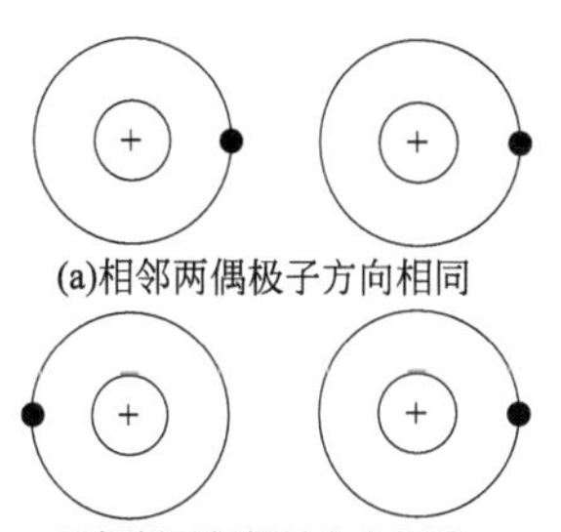

图 2-4 瞬时偶极矩的相互作用

(2) 线性谐振子模型

可以用线性谐振子模型详细分析与讨论非极性分子之间的相互作用势能。当核外电子绕着原子核运动时，在一维方向上正、负电荷中心之间的相对运动类似于线性谐振子，因此，可以用线性谐振子模型来处理分子之间的相互作用力。

如图 2-5 所示，r 表示一维线性谐振子中两谐振子之间的距离。当 r 很大时，两谐振子之间不存在相互作用，此时系统的总能量等于两个谐振子的动能和势能之和。

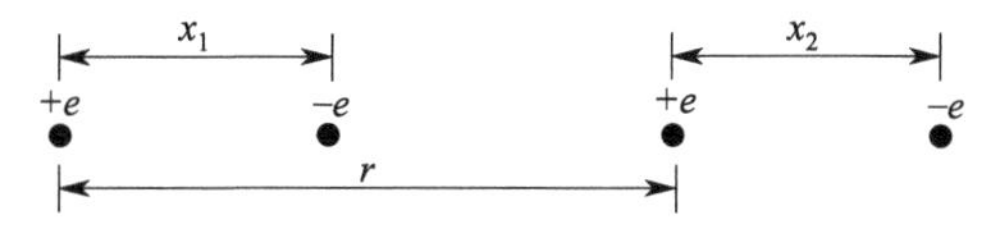

图 2-5 一维线性谐振子模型

$$E=E_1+E_2=\frac{P_1^2}{2m}+\frac{cx_1^2}{2}+\frac{P_2^2}{2m}+\frac{cx_2^2}{2} \tag{2-19}$$

式中，c 为恢复力常数；m 为谐振子的质量；P_1 和 P_2 分别为两个谐振子的动量。对于非极性分子来说，两个谐振子具有相同频率ν_0，且 $\nu_0=\frac{1}{2\pi}\sqrt{\frac{c}{m}}$。

若将两分子靠近到彼此发生作用，此时，其相互作用势能为：

$$u_{12}=\frac{1}{4\pi\varepsilon_0}\left(\frac{e^2}{r}+\frac{e^2}{r+x_2-x_1}-\frac{e^2}{r-x_1}-\frac{e^2}{r+x_2}\right)$$

$$=\frac{e^2}{4\pi\varepsilon_0 r}\left[1+\frac{1}{1+\left(\frac{x_2}{r}-\frac{x_1}{r}\right)}-\frac{1}{1+\left(-\frac{x_1}{r}\right)}-\frac{1}{1+\frac{x_2}{r}}\right] \tag{2-20}$$

因为 $r\gg x_1$、$r\gg x_2$，利用泰勒级数展开公式 $(1+x)^{-1}=\sum_{n=0}^{\infty}(-1)^n x^n$，则有：

$$u_{12}\approx-\frac{e^2 x_1 x_2}{2\pi\varepsilon_0 r^3}=-\frac{\alpha c x_1 x_2}{2\pi r^3} \tag{2-21}$$

式中，e 为电子带的电荷；ε_0 为真空介电常数；$\alpha=\frac{e^2}{\varepsilon_0 c}$ 为分子极化系数。此时系统的总能量为：

$$E=\frac{P_1^2}{2m}+\frac{cx_1^2}{2}+\frac{P_2^2}{2m}+\frac{cx_2^2}{2}-\frac{\alpha c x_1 x_2}{2\pi r^3} \tag{2-22}$$

由于能量存在 x_1x_2 交叉项，此时整个体系可以看成两个频率相同，但存在相互作用、彼此不独立的谐振子。为表示和分析方便，引入正则坐标变换：

$$\begin{cases}\xi_1=\frac{1}{\sqrt{2}}(x_1+x_2)\\ \xi_2=\frac{1}{\sqrt{2}}(x_1-x_2)\end{cases} \tag{2-23}$$

代入式(2-22) 有：

$$E=\frac{P_1^2}{2m}+\frac{c'\xi_1^2}{2}+\frac{P_2^2}{2m}+\frac{c''\xi_2^2}{2} \tag{2-24}$$

$$\begin{cases}c'=c\left(1-\frac{\alpha}{2\pi r^3}\right)\\ c''=c\left(1+\frac{\alpha}{2\pi r^3}\right)\end{cases} \tag{2-25}$$

此时两个谐振子的振动频率为：

$$\begin{cases}\nu'=\frac{1}{2\pi}\sqrt{\frac{c'}{m}}=\nu_0\sqrt{1-\frac{\alpha}{2\pi r^3}}\\ \nu''=\frac{1}{2\pi}\sqrt{\frac{c''}{m}}=\nu_0\sqrt{1+\frac{\alpha}{2\pi r^3}}\end{cases} \tag{2-26}$$

采用正则变换后，可以把两个频率相同、存在相互作用的谐振子变换成两个以不同频率作“独立”振动的谐振子。

根据量子力学的结论，谐振子的能量是量子化的，可表示为：

$$E=\left(n+\frac{1}{2}\right)h\nu \quad n=0,1,2,3,\cdots \tag{2-27}$$

两谐振子体系的零点振动能为：

$$\begin{aligned}E_0&=\frac{1}{2}h\nu'+\frac{1}{2}h\nu''\\&=\frac{1}{2}h\nu_0\left[(1-\frac{\alpha}{2\pi r^3})^{\frac{1}{2}}+(1+\frac{\alpha}{2\pi r^3})^{\frac{1}{2}}\right]\end{aligned} \tag{2-28}$$

利用幂级数展开式$(1+x)^{1/2}=1+\frac{1}{2}x-\frac{1}{8}x^2+\cdots$，可得：

$$E_0 \approx h\nu_0 - \frac{\alpha^2}{32\pi^2 r^6}h\nu_0 \tag{2-29}$$

可见，前一项是两个谐振子独立时的零点振动能，当两谐振子靠近到发生相互作用时，体系能量降低了，其大小为：

$$\Delta E = -\frac{\alpha^2}{32\pi^2 r^6}h\nu_0 \tag{2-30}$$

类似地，对于两个三维谐振子，它们的相互作用势能可表达为：

$$\Delta E = -\frac{1}{r^6}\frac{3\alpha^2}{64\pi^2}h\nu_0 \tag{2-31}$$

上式表明两个非极性分子之间相互吸引的作用势能与r^{-6}成正比。

两个非极性分子之间相互排斥的作用势能由实验得到，与r^{-12}成正比，因此，一对非极性分子间的总相互作用势能可表达成：

$$u(r) = -\frac{A}{r^6}+\frac{B}{r^{12}} \tag{2-32}$$

式中，A、B为正数。式(2-32)也可以写成：

$$u(r) = 4\varepsilon\left[\left(\frac{\sigma}{r}\right)^{12}-\left(\frac{\sigma}{r}\right)^6\right] \tag{2-33}$$

式中，$\sigma=(B/A)^{1/6}$，$\varepsilon=A^2/4B$，这就是著名的雷纳德-琼斯（Lennard-Jones）势公式。从式（2-33）可知，σ具有长度量纲，1.12σ为两分子的平衡间距；ε具有能量的量纲，$-\varepsilon$恰好是平衡点的雷纳德-琼斯势，如图 2-6 所示。

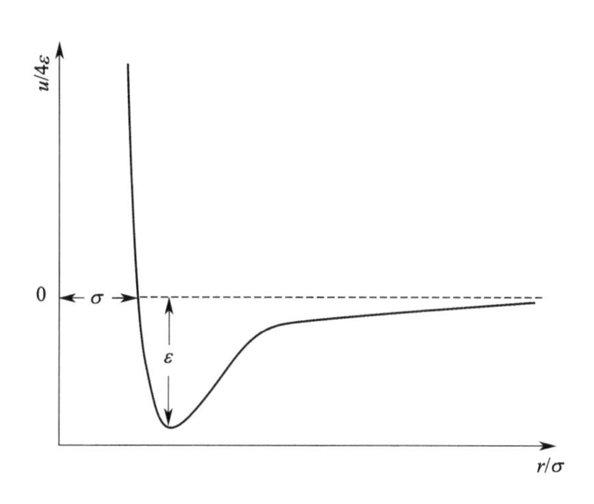

图 2-6　雷纳德-琼斯势

2.4.2　非极性分子晶体的势能及有关参量

（1）晶体的总势能

对于包含有N个原子的非极性分子晶体而言，假设晶体无限大，则晶体的总势能可以表达成：

$$U(r)=\frac{N}{2}\sum_j{}'\left\{4\varepsilon\left[\left(\frac{\sigma}{r_{ij}}\right)^{12}-\left(\frac{\sigma}{r_{ij}}\right)^{6}\right]\right\} \tag{2-34}$$

设 R 为给定晶体中原子的最近邻距离，任意两原子之间的距离为：

$$r_{ij}=a_{ij}R \tag{2-35}$$

将式(2-35) 代入式(2-34)，可以得到：

$$U(R)=2N\varepsilon\left[A_{12}\left(\frac{\sigma}{R}\right)^{12}-A_6\left(\frac{\sigma}{R}\right)^{6}\right] \tag{2-36}$$

$$A_{12}\equiv\sum_j{}'\frac{1}{a_j^{12}};A_6\equiv\sum_j{}'\frac{1}{a_j^{6}} \tag{2-37}$$

式中，A_{12}、A_6 是与晶体结构有关但与具体是什么材料无关的常数。对于简单立方晶体，如图 2-7(a) 所示，一个参考原子的最近邻有 6 个原子，次近邻有 12 个原子，次次近邻原子有 8 个原子，倘若仅考虑到次次近邻，则

$$A_6=\sum_j{}'\left(\frac{1}{a_j}\right)^6=6\times1^6+12\times\left(\frac{1}{\sqrt{2}}\right)^6+8\times\left(\frac{1}{\sqrt{3}}\right)^6=7.796 \tag{2-38}$$

$$A_{12}=\sum_j{}'\left(\frac{1}{a_j}\right)^{12}=6\times1^{12}+12\times\left(\frac{1}{\sqrt{2}}\right)^{12}+8\times\left(\frac{1}{\sqrt{3}}\right)^{12}=6.199 \tag{2-39}$$

对于面心立方晶体，如图 2-7(b) 所示，一个参考原子的最近邻有 12 个原子，次近邻有 6 个原子，次次近邻有 24 个原子，倘若仅考虑到次次近邻，则

$$A_6=\sum_j{}'\left(\frac{1}{a_j}\right)^6=12\times1^6+6\times\left(\frac{1}{\sqrt{2}}\right)^6+24\times\left(\frac{1}{\sqrt{3}}\right)^6=13.639 \tag{2-40}$$

$$A_{12}=\sum_j{}'\left(\frac{1}{a_j}\right)^{12}=12\times1^{12}+6\times\left(\frac{1}{\sqrt{2}}\right)^{12}+24\times\left(\frac{1}{\sqrt{3}}\right)^{12}=12.127 \tag{2-41}$$

对于体心立方晶体，如图 2-7 (c) 所示，一个参考原子的最近邻有 8 个原子，次近邻有 6 个原子，次次近邻有 12 个原子，倘若仅考虑到次次近邻，则

$$A_6=\sum_j{}'\left(\frac{1}{a_j}\right)^6=8\times1^6+6\times\left[\frac{1}{\left(\frac{2}{\sqrt{3}}\right)}\right]^6+12\times\left[\frac{1}{\left(\frac{2\sqrt{2}}{\sqrt{3}}\right)}\right]^6=11.163 \tag{2-42}$$

$$A_{12}=\sum_j{}'\left(\frac{1}{a_j}\right)^{12}=8\times1^{12}+6\times\left[\frac{1}{\left(\frac{2}{\sqrt{3}}\right)}\right]^{12}+12\times\left[\frac{1}{\left(\frac{2\sqrt{2}}{\sqrt{3}}\right)}\right]^{12}=9.101 \tag{2-43}$$

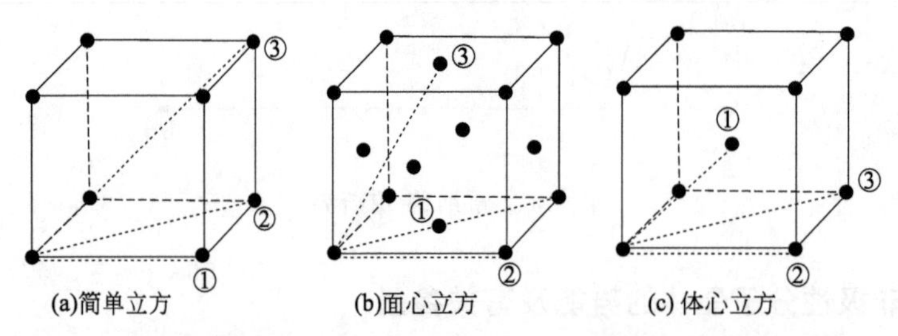

图 2-7　典型晶体中最近邻①、次近邻②、次次近邻③距离示意图

(2) 平衡时的原子间距

在平衡时晶体的总势能存在着最小值，由式(2-36) 有：

$$\left.\frac{\mathrm{d}U}{\mathrm{d}R}\right|_{R=R_0}=2N\varepsilon\left(-A_{12}\frac{12\sigma^{12}}{R^{13}}+A_6\frac{6\sigma^6}{R^7}\right)\Bigg|_{R=R_0}=0 \tag{2-44}$$

得到：

$$R_0=(\frac{2A_{12}}{A_6})^{1/6}\sigma \tag{2-45}$$

代入式(2-36) 可以得到平衡时晶体总势能为：

$$U_0=-\frac{\varepsilon A_6^2}{2A_{12}}N \tag{2-46}$$

平衡时晶体中每个原子的能量为：

$$u_0=-\frac{\varepsilon A_6^2}{2A_{12}} \tag{2-47}$$

(3) 体弹性模量

考虑到由Ⅷ主族惰性气体分子形成的分子晶体，其原子排列按照 fcc 密堆积结构，每个原子占有的体积 $v_0=\frac{a^3}{4}$，其中 a 为结晶学原胞的边长，即晶格常数，则 $a=\sqrt{2}R\Rightarrow v_0=\frac{R^3}{\sqrt{2}}$。

由式(2-18)、式(2-44) 可以得到体弹性模量 K 为：

$$K=\frac{\sqrt{2}}{9R_0}(\frac{\mathrm{d}^2u}{\mathrm{d}R^2})_{R_0} \tag{2-48}$$

可以计算出在平衡态的体弹性模量为：

$$K_0=\frac{4\varepsilon}{\sigma^3}A_{12}(\frac{A_6}{A_{12}})^{\frac{5}{2}} \tag{2-49}$$

R_0、K_0 可以通过实验测量得到，由此可以计算 σ 和 ε。

2.5 离子晶体的结合

基于离子晶体中离子的最外层电子组态的饱和性，玻恩、马德隆等人近似地将离子晶体内正、负离子的电子云分布看作是球对称的，进而将其作为点电荷来处理，因此，离子晶体通过正、负离子之间静电库仑力结合而成。

2.5.1 离子晶体的结合能及性质

以Ⅰ～Ⅶ族元素形成的离子晶体为例，假设离子晶体中包含有 N 个正、负离子，且所有离子对势能的贡献相同，则离子晶体总势能为：

$$U=-\frac{N}{2}\sum_j{}'\left(\pm\frac{e^2}{4\pi\varepsilon_0 r_{ij}}-\frac{b}{r_{ij}^n}\right) \tag{2-50}$$

括号中第一项代表离子之间的静电库仑势能，正、负号分别对应于异性离子和同性离子之间的相互作用；第二项代表由于电子轨道重叠而产生的排斥势能。设晶体内离子之间的最小距离为 R，则任意两离子之间的距离可以表示成如下关系式。

$$r_{ij}=a_{ij}R \tag{2-51}$$

令参量 μ 和 B 分别为：

$$\mu=\sum_j{}'\pm\frac{1}{a_{ij}};\quad B=\sum_j{}'\frac{b}{a_{ij}^n} \tag{2-52}$$

则式(2-50) 变为：

$$U=-\frac{N}{2}\left(\frac{\mu e^2}{4\pi\varepsilon_0 R}-\frac{B}{R^n}\right) \tag{2-53}$$

式中，μ 为马德隆常数，仅与晶体结构有关而与具体是什么材料无关；B 和 n 是与材料相关的常数。

平衡态时晶体的总势能存在着极小值，则由式(2-53) 有：

$$\left(\frac{\mathrm{d}U}{\mathrm{d}R}\right)_{R_0}=-\frac{N}{2}\left(-\frac{\mu e^2}{4\pi\varepsilon_0 R^2}+\frac{nB}{R^{n+1}}\right)_{R_0}=0 \tag{2-54}$$

由此可以得出：

$$B=\frac{\mu e^2}{4\pi\varepsilon_0 n}R_0^{n-1} \tag{2-55}$$

将式(2-55) 代入式(2-53)，得到平衡时晶体的结合能为：

$$E_b=|U_0|=\frac{N\mu e^2}{8\pi\varepsilon_0 R_0}\left(1-\frac{1}{n}\right) \tag{2-56}$$

通常，n 为比 1 大得多的一个数。对于 NaCl，$n\approx 8$，离子晶体的结合能主要来自静电库仑能，而排斥能仅是静电库仑能绝对值的 $1/n$。

根据式(2-54) 计算体弹性模量，可以得到 $n=1+\frac{72\pi\varepsilon_0 R_0^4}{\mu e^2}K$。$R_0$ 可由 X 射线测定，μ 由晶体的几何结构决定，K 为晶体的体积弹性模量，由实验测定，由此可以通过实验方法得到 n、B、U 的实测值。

实际上，排斥势能部分也可以写成指数形式，例如，$\lambda\,\mathrm{e}^{-r/\rho}$，其中 ρ 用来描述排斥相互作用力。当 $r=\rho$ 时，排斥能减小到 $r=0$ 处的 $\frac{1}{e}$。

表 2-3 列出了几种离子晶体的 μ、K 和 n 值。

表 2-3　几种离子晶体结构的 μ、K 和 n 值

晶体 \ 参量		μ	$K/(\times 10^{10}\mathrm{N/m^2})$	n
NaCl		1.747558	2.41	7.90
NaBr			1.96	8.41
NaI			1.45	8.33
KCl			2.0	9.62
ZnS	闪锌矿，立方系	1.6381	7.76	5.40
	纤锌矿，六角系	1.641		
氯化铯型结构		1.76267		
萤石(GaF_2)		5.039		
金红石(TiO_2)		4.816		

2.5.2 马德隆常数的计算

下面以一维离子晶体为例，介绍马德隆常数的计算。图 2-8 为正、负两种离子交替排列组成的一维无限长离子线。为了保证晶体结构的稳定性，正离子的最近邻是负离子，负离子的最近邻是正离子。假设参考离子带负电荷，则对于正离子，$\frac{1}{a_j}$前的系数取“+”，而对于负离子取“−”。

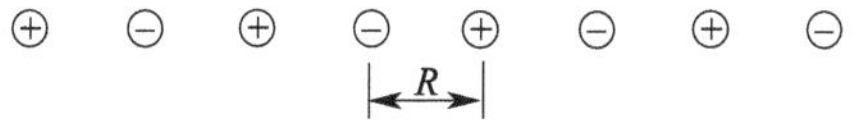

$\oplus \quad \ominus \quad \oplus \quad \ominus \quad \oplus \quad \ominus \quad \oplus \quad \ominus$

$|\leftarrow R \rightarrow|$

图 2-8　一维无限长离子线模型

$$\mu=\sum_j \pm\frac{1}{a_j} \tag{2-57}$$

取负离子作为参考离子，并以 R 表示相邻离子的间距，则有：

$$\frac{\mu}{R}=2\left(\frac{1}{R}-\frac{1}{2R}+\frac{1}{3R}-\frac{1}{4R}+\cdots\right)$$

$$\mu=2\left(\frac{1}{1}-\frac{1}{2}+\frac{1}{3}-\frac{1}{4}+\cdots\right) \tag{2-58}$$

式中，括号前的数字“2”表示对于参考离子来说，其左右两边对称地分布着离子。考虑到级数展开式：

$$\ln(1+x)=x-\frac{x^2}{2}+\frac{x^3}{3}-\frac{x^4}{4}+\cdots \tag{2-59}$$

把 $x=1$ 代入式(2-59)，并结合式(2-58) 可得：

$$\mu=2\ln(1+1)=2\ln2 \tag{2-60}$$

对于三维离子晶体，借助于计算机编程，根据式(2-57) 可计算出 μ 的值。

2.5.3 离子半径

玻恩处理离子晶体的相互作用势能时，将离子视为具有固定半径的刚性球，但在量子力学中，电子的状态是用波函数来描述，电子在空间某点出现的概率与波函数在该点的强度成正比，根据这一观点，离子并不具有确定的半径。对于金属材料，用 X 射线衍射测定相邻两原子间距，其原子半径取其一半，但对于离子晶体，即使得到离子间距，仍无法定义正、负离子半径，对于定性探讨晶体结合性质带来挑战。

根据实验结果，我们得到 NaF 和 KF 晶体的离子间距分别为 2.31Å 和 2.66Å，相差 0.35Å，而 NaCl 和 KCl 的离子间距相差 0.33Å，NaBr 和 KBr 则相差 0.32Å。这些离子晶体内离子间距的差值近似为一个常数，基于此，可以推测这个常数差值对应 Na^+ 与 K^+ 离子半径的差值，直观上似乎离子具有确定半径。

常用的离子半径有鲍林（Pauling）半径、高希米特（Goldschmidt）半径和察卡里逊（Zachariasen）半径。

鲍林将具有相同电子数的离子或原子归为一个等电子系列，例如：

$$N^{---}、O^{--}、F^{-}、Ne、Na^{+}、Mg^{++}、Al^{+++}$$

他认为，离子半径主要取决于最外层电子的分布，而对于等电子离子来说，离子半径还与作用于其上的有效核电荷（$Z-S$）成反比，因此：

$$R_1=\frac{C}{Z-S} \tag{2-61}$$

式中，R_1 为单价半径；C 是由外层电子主量子数决定的常数；S 为屏蔽常数，由实验可求得；Z 为原子序数。

对于 NaF 晶体，采用 X 射线衍射测定的离子间距为 2.31Å，Na^+ 与 F^- 同属 Ne 的等电子离子体系，$S=4.52$，于是有：

$$R_{Na^+}\propto\frac{1}{11-4.52} \quad R_{Na^+}=\frac{C}{6.48}$$

$$R_{F^-}\propto\frac{1}{9-4.52} \quad R_{F^-}=\frac{C}{4.48}$$

$$R_{Na^+}+R_{F^-}=2.31$$

联立方程解得到：$R_{Na^+}=0.95$Å，$R_{F^-}=1.36$Å，$C=6.2$。

多价离子的半径为：

$$R_\eta=R_1\eta^{-2/(n-1)} \tag{2-62}$$

式中，η 为离子的价态数；n 为玻恩常数。表 2-4 给出了鲍林单价半径、晶体半径与高希米特半径的对照表。

表 2-4 部分离子的半径对照表 单位：Å

离子		Li^+	Na^+	K^+	Rb^+	Cs^+	Be^{2+}	Mg^{2+}
鲍林半径	单价	0.60	0.95	1.33	1.48	1.69	0.44	0.82
	晶体	0.60	0.95	1.33	1.48	1.69	0.31	0.65
高希米特半径		0.78	0.98	1.33	1.49	1.65	0.34	0.78
离子		Ca^{2+}	Sr^{2+}	Ba^{2+}	Sc^{3+}	Y^{3+}	La^{3+}	Al^{3+}
鲍林半径	单价	1.18	1.32	1.53	1.06	1.20	1.39	0.72
	晶体	0.99	1.13	1.35	0.81	0.93	1.15	0.50
高希米特半径		1.06	1.27	1.43	0.83	1.06	1.22	0.57
离子		Ce^{4+}	Ti^{4+}	Zr^{4+}	Si^{4+}	F^-	Cl^-	Br^-
鲍林半径	单价	1.27	0.96	1.09	0.65	1.36	1.81	1.95
	晶体	1.01	0.68	0.80	0.41	1.36	1.81	1.95
高希米特半径		1.02	0.64	0.87	0.39	1.33	1.81	1.96
离子		I^-	O^{2-}	S^{2-}	Se^{2-}	Te^{2-}		
鲍林半径	单价	2.16	1.76	2.19	2.32	2.50		
	晶体	2.16	1.40	1.84	1.98	2.21		
高希米特半径		2.20	1.32	1.74	1.91	2.11		

察卡里逊编集了具有闭壳层组态的离子的标准半径数据，同时给出了离子间距 D_N 与正、负离子半径 R_+、R_- 的关系为：

$$D_N=R_++R_-+\Delta_N \tag{2-63}$$

式中，Δ_N 为配位数为 N 的校正值（表 2-5）。据此，可以定性分析估算晶体结合的离子性。例如，对于 NaCl 晶体来说，配位数为 6，$\Delta_N=0$，其晶格常数 $a\approx5.63$Å，采用察卡里逊的离子标准半径计算得到：

$$D_N=0.98+1.81=2.79\text{Å}$$

$$a=2D_N=5.58\text{Å}$$

与实验测试结果大致相符，故可以认为 NaCl 晶体为离子性结合。

表 2-5　室温下配位数 N 的校正值 Δ_N

配位数 N	1	2	3	4	6	8	12
校正值 Δ_N/Å	−0.50	−0.31	−0.19	−0.11	0	0.08	0.19

然而，对于 $BaTiO_3$ 晶体来说，结构是由 Ba-O、Ti-O 两部分构成，Ba 离子周围最近邻有 12 个 O 离子，即

$$D_{12}=1.29+1.46+0.19=2.94\text{Å}$$

$$a_0=\sqrt{2}D_{12}=4.16\text{Å}$$

Ti 离子周围最近邻有 6 个 O 离子，即

$$D_6=0.60+1.46=2.06\text{Å}$$

$$a_0=2D_6=4.12\text{Å}$$

但实验测得 $BaTiO_3$ 的晶格常数为 4.004Å，表明它的结合可能不是纯离子性的，还存在部分共价性成分。

2.6　原子晶体的结合

2.6.1　共价键的形成机理

在量子力学中，海特勒-伦敦采用变分法处理了氢分子的结合问题，虽然理论较为粗糙，但其结果一定程度上能说明共价键形成机理的问题，对于我们理解共价键具有重要意义。下面以氢分子为例说明共价键的形成，氢分子能量 E 与原子核间距 R_{AB} 的函数关系如图 2-9 所示。

曲线Ⅰ对应于氢分子中两氢原子的 1s 电子自旋方向相同时的能量，可见，当两个氢原子距离越远，能量越低，即，在任何原子间距时两个氢原子始终表现为排斥作用，所以，此时两氢原子不能结合成为分子。曲线Ⅱ对应于两个氢原子的 1s 电子自旋方向相反时的能量，这条曲线在 $R_{AB}/a_0=1.518$（a_0 为玻尔半径）处存在极小值，由此处的能量可算出氢分子的结合能。根据以上分析可知，原来不是满壳层的两个氢原子彼此占用了对方的自旋相反的 1s 电子后，便都具有类氦稳定的封闭壳层而结合成氢分子。由此提出共价键理论：**原子中未成对电子可以和另一原子中一个自旋相反的未成对的电子配对，配对的电子即认为是形成了共价键。**

2.6.2　共价键的特征

（1）饱和性

泡利不相容原理要求：当原子中的电子一旦配对后，便不能再与第三个电子配对。因此，每一

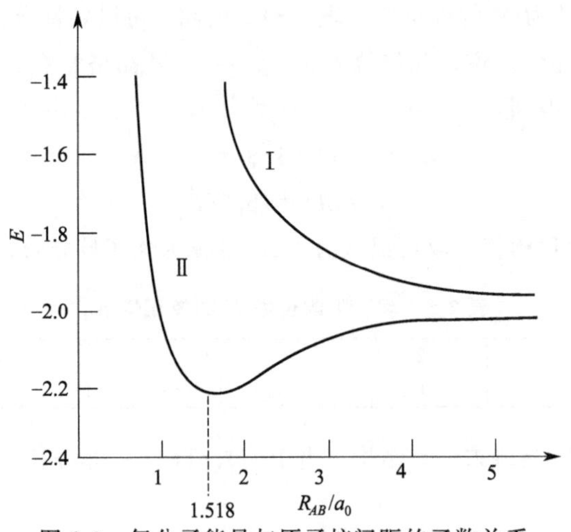

图 2-9　氢分子能量与原子核间距的函数关系

个原子能形成共价键的最大数目取决于所含未配对的电子数，这个特性称为共价键的饱和性。

（2）方向性

当两原子中未配对的自旋相反的电子组成共用电子对形成共价键时，电子云发生交叠。电子云交叠越厉害，共价键结合越稳固。因此，当两原子以共价键结合时，将选取尽可能使其电子云密度为最大的方位。这就是共价键具有方向性的物理本质。例如，N 原子的三个未配对电子是 2p 电子，它们分别处于三个互相垂直的 $2p_x$、$2p_y$、$2p_z$ 电子轨道上，电子云分布呈哑铃状。而氢原子的 1s 电子云呈球对称的，所以当形成 NH_3 时，三个氢原子便分别沿着 p_x、p_y、p_z 三个轴向与 N 原子形成三个共价键，但由于三个键的排斥作用，其键角为 107°18′。

然而，用共价键理论解释金刚石结构时却遇到了困难。因为 C 的电子组态是 $1s^2 2s^2 2p^2$，只含有两个未配对的电子，也就是说只能形成两个共价键，与实验结果发现金刚石具有 4 个等同的共价键这一观点相矛盾。事实上，C 原子在结合成金刚石晶体结构时，由于 2s 和 2p 态的能级非常接近，C 原子中一个 2s 电子就会被激发到 2p 态，使 C 原子中形成 4 个未配对的电子 2s、$2p_x$、$2p_y$、$2p_z$，从而形成 4 个共价键。之所以能形成 4 个未配对的电子，是因为形成两个共价键放出的能量比把一个 2s 电子激发到 2p 态所需的能量要大。尽管上述理论能够说明 C 的 4 个共价键的由来，但未能说明所形成共价键的等同性。鲍林和斯莱特在 1931 年提出的杂化轨道理论使上述情形合理化，他们认为是由上述 4 个轨道“混合”起来，重新组成 4 个等价的轨道，它们由原子的 2s、$2p_x$、$2p_y$、$2p_z$ 态叠加而成，这种轨道叫做杂化轨道。对于 C 元素组成的金刚石结构而言，发生的是 sp^3 轨道杂化。利用这个模型不仅成功地解释了碳的共价键结合，并且解释了其他许多原子晶体的结构问题，因而已发展成为一个很成功的理论。

习题

参考答案

1. 晶体的结合能、晶体的内能、原子间的相互作用势能有何区别？

2. 如何理解库仑力是原子结合成晶体的动力？

3. 是否有与库仑力无关的晶体结合类型？对照晶体的各种键合类型进行说明。

4. 原子间的排斥作用和吸引作用有何关系？起主导的范围是什么？

5. 为什么共价结合有“饱和性”和“方向性”？

6. 为什么许多金属为密堆积结构？

7. 发生共价结合时，两原子的电子云交叠产生吸引作用，而当原子靠近时，电子云交叠产生巨大排斥力，如何解释？

8. 何为杂化轨道？

【拓展阅读】

莱纳斯·卡尔·鲍林
（Linus Carl Pauling，1901—1994）

莱纳斯·卡尔·鲍林于1901年2月28日出生在美国俄勒冈州波特兰市，著名化学家，量子化学和结构生物学的先驱者之一。1954年，鲍林因在化学键本质及复杂化合物结构研究方面的杰出贡献获得诺贝尔化学奖，1962年因反对核弹在地面测试的行动获得诺贝尔和平奖。

鲍林在读中学时，各科成绩都很好，尤其是化学成绩一直名列全班第一名。他经常埋头在实验室里做化学实验。1917年，鲍林以优异的成绩考入俄勒冈州农学院（现俄勒冈州立大学）化学工程系。1922年，他考取了加州理工学院的研究生，导师是著名化学家诺伊斯。1925年，鲍林以出色的成绩获得化学哲学博士。1926年2月他到欧洲索末菲实验室工作一年，又到玻尔实验室工作半年，还到过薛定谔和德拜实验室。鲍林在研究量子化学和其他化学理论时，创造性地提出了许多新的概念。例如，共价半径、金属半径、电负性标度等，这些概念对现代化学、凝聚态物理的发展都有巨大意义。鲍林自20世纪30年代开始致力于化学键的研究，1931年2月发表价键理论，1939年出版了在化学史上有划时代意义的《化学键的本质》一书，彻底改变了人们对化学键的认识，将其从直观的、臆想的概念升华为定量和理性的高度。鲍林对化学键本质的研究，引申出了杂化轨道概念。为了半定量或定性描述各种化学键的键能以及其变化趋势，鲍林于1932年首先提出了用以描述原子核对电子吸引能力的电负性概念，并且提出了定量衡量原子电负性的计算公式。

沃尔夫冈·泡利
（Wolfgang E. Pauli，1900—1958）

泡利是美籍奥地利科学家、物理学家。他出生于奥地利维也纳，父亲是维也纳大学的物理化学教授，教父是奥地利的物理学家兼哲学家。1918年中学毕业后，泡利带着父亲的介绍信，到慕尼黑大学访问著名物理学家索末菲（A. Sommerfeld），他没有上大学，而直接成

为慕尼黑大学最年轻的研究生。1918 年，18 岁的泡利初露锋芒，他发表了第一篇论文，是关于引力场中能量分量的问题。1919 年，泡利在两篇论文中指出韦耳（H. Wegl）引力理论的一个错误，并以批判的角度评论韦耳的理论。1921 年，泡利以一篇氢分子模型的论文获得博士学位。同年，他为德国的《数学科学百科全书》写了一篇长达 237 页的关于狭义和广义相对论的词条，该文到今天仍然是该领域的经典文献之一。1922 年，泡利在哥廷根大学任玻恩（Max Born）的助教，随后到哥本哈根大学理论物理研究所从事研究工作。泡利先是与克拉默斯（H. A. Kramers）共同研究谱带理论，然后专注于反常塞曼效应，泡利根据朗德（Lande）的研究成果，提出了朗德因子。1923—1928 年，泡利在汉堡大学任讲师。1925 年 1 月，泡利提出了他一生中发现的最重要的原理——泡利不相容原理，为原子物理的发展奠定了重要基础。1928 年到瑞士苏黎世联邦工业大学任理论物理学教授。1940 年，受聘为普林斯顿高级研究所理论物理学访问教授。1945 年，瑞典皇家科学院授予泡利诺贝尔物理学奖，以表彰他之前发现的不相容原理。1946 年，泡利重返苏黎世联邦理工学院。

第3章 晶格振动和晶体的热学性质

本章导读：本章基于一维简单晶格和复式晶格的原子受力、能量分析，建立晶体中原子的运动方程并求解，讨论分析了晶格振动的色散关系；介绍了玻恩-卡门周期性边界条件，介绍了晶格振动模式及声子的性质、声子与微观粒子的相互作用，讨论了长波近似下晶格振动的特点；介绍了经典热容理论及局限性；介绍了模式密度（态密度）的求法；详细讲述了量子热容理论以及爱因斯坦模型和德拜模型；讨论了晶格振动声子谱的实验测定方法；介绍了晶格热传导、热膨胀与非简谐效应的关系。

晶体内的原子并不是在各自的平衡位置上固定不动，而是绕着其平衡位置作振动。由于晶体内原子之间存在着相互作用力，各个原子的振动也并不是孤立的，而是相互联系着的。一个原子的振动将引起周围原子的振动，由此以来在晶体中形成各种模式的波，称为格波。当振动非常微弱时，原子间的非简谐相互作用可以忽略，即在简谐近似下，这些振动模式才是彼此相互独立的。由于晶格的周期性，振动模式所取的能量值为一系列分立值，每个独立而又分立的振动模式可用一简谐振子来描述，与光子的情形相似，这些谐振子的能量是量子化的，晶格振动的能量量子 $\hbar\omega$ 称为声子。晶格振动的总体就可以看成由各种振动模式激发的声子组成的系综。原子间非简谐的相互作用可看作微扰项，则声子间发生能量交换，并且在相互作用过程中，某种频率的声子产生，另外频率的声子则湮灭。晶格振动对晶体的许多性质有重要影响作用，如：固体比热、热膨胀、热传导等直接与晶格振动相关，电阻、光学性质等间接与晶格振动相关。基于晶格振动的能量量子化——声子，可以理解各种热学和电学特性。

3.1 一维原子链的振动

3.1.1 一维简单晶格的情形

质量均为 m 的原子沿一维空间以一定的距离为周期组成原子链，平衡原子间距为 a，平衡时最近邻两原子之间的相互作用势能为 $u(a)$。如图 3-1 所示，在某一瞬时，由于热运动，原子偏离了其平衡位置，假设第 n 个原子所发生的位移为 x_n。

（1）原子间的作用势和作用力

第 n 个原子和第 $n+1$ 个原子的相对位移为 $x_{n+1}-x_n=\delta$，此时，它们之间的相互作用势能变成 $u(a+\delta)$，对其进行级数展开有：

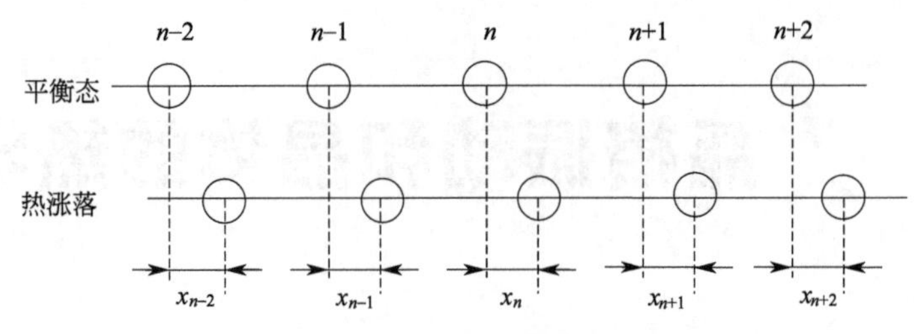

图 3-1　一维原子链的振动

$$u(a+\delta)=u(a)+\left(\frac{\mathrm{d}u}{\mathrm{d}r}\right)_a\delta+\frac{1}{2}\left(\frac{\mathrm{d}^2u}{\mathrm{d}r^2}\right)_a\delta^2+\cdots \tag{3-1}$$

式中，$u(a)$为常数；$\left(\frac{\mathrm{d}u}{\mathrm{d}r}\right)_a=0$。当 δ 很小时，晶格振动很微弱，势能仅保留到 δ^2 项，此即简谐近似，恢复力为：

$$f=-\frac{\mathrm{d}u}{\mathrm{d}\delta}=-\left(\frac{\mathrm{d}^2u}{\mathrm{d}r^2}\right)_a\delta=-\beta\delta \tag{3-2}$$

式中，“－”代表原子间作用力的方向与原子之间相对位移的方向相反，故称之为恢复力，β 为恢复力常数，可表示为：

$$\beta=\left(\frac{\mathrm{d}^2u}{\mathrm{d}r^2}\right)_a \tag{3-3}$$

（2）运动方程及其解

倘若只考虑最近邻原子之间的相互作用，则第 n 个原子仅受到第 $n-1$ 个和第 $n+1$ 个原子对它的作用，所受总作用力为：

$$f_n=\beta(x_{n+1}-x_n)-\beta(x_n-x_{n-1})=\beta(x_{n+1}+x_{n-1}-2x_n) \tag{3-4}$$

则第 n 个原子的运动方程可以表达为：

$$m\frac{\mathrm{d}^2x_n}{\mathrm{d}t^2}=\beta(x_{n+1}+x_{n-1}-2x_n) \tag{3-5}$$

实际上，对每个原子都有类似的运动方程，因此，方程数目与原子数相同，但各个方程都等同，我们只需要求解一个方程即可了解一维简单晶格的振动情况。由于原子之间存在相互作用，其中一个原子的运动会带动其他原子的运动，在晶体内部会产生格波，当原子偏离平衡位置产生的位移非常小时，可以用简谐波进行描述。因此，式（3-5）所描写的运动方程存在着谐波解，$x_n=A\,\mathrm{e}^{i(qna-\omega t)}$，$A$ 为振幅，ω 为振动频率，q 为波矢。将此谐波解代入方程式(3-5)，整理计算可得：

$$\omega^2=\frac{2\beta}{m}\{1-\cos qa\}$$

$$\omega=2\left(\frac{\beta}{m}\right)^{\frac{1}{2}}\left|\sin\left(\frac{qa}{2}\right)\right| \tag{3-6}$$

此即一维简单晶格中格波的色散关系，如图 3-2 所示，表示晶格简谐振动可能的特征频率与波矢之间的关系。

（3）讨论

① 由谐波解表达式可知，波矢 $q'=2\pi s/a+q$（s 为任意整数）与波矢 q 描述的晶格振

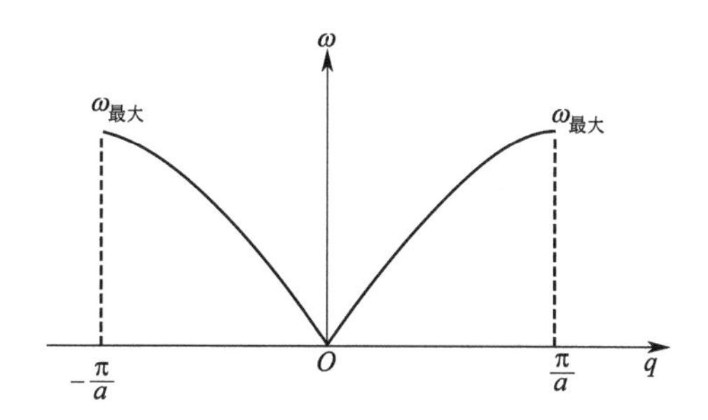

图 3-2　一维简单晶格中格波的色散关系

动状态完全相同，因此，考虑到 q 取值的单值性，将 q 取值范围限定在$\left[-\frac{\pi}{a},\ \frac{\pi}{a}\right)$，此区间实质上就是一维简单晶格的第一布里渊区。

② 当 q 很小($q \to 0$)时，波长趋于无穷大，$\sin(qa/2) \approx qa/2$，此时波速 $v_g = \mathrm{d}\omega/\mathrm{d}q = a(\beta/m)^{1/2}$，为一常数（连续介质波）。

③ 当 $q = \pm\pi/a$ 时，$\sin(qa/2) = \pm 1$ 时，ω 有最大值，$2(\beta/m)^{1/2}$。

④ 若第 n' 个和第 n 个原子的位相因子之差($qn'a - qna$)为 2π 的整数倍，此时有 $x_{n'} = A\,\mathrm{e}^{i(qn'a-\omega t)} = A\,\mathrm{e}^{i(qna-\omega t)} = x_n$。表明：第 n' 个原子与第 n 个原子因振动而产生的位移始终相等。可见，晶格中各个原子的振动相互之间存在着固定的位相关系，即在晶格中存在着角频率为 ω 的平面波，这种波称为格波。$\lambda = 2\pi/q$ 为格波的波长，q 为波矢。

3.1.2　一维复式晶格的情形

(1) 运动方程及其解

对于最简单的一维复式格子，由两种不同原子分别以 $2a$ 为周期进行有序排列形成的子晶格，相互平移 a 套构而成，相同原子间距为 $2a$，两种原子的质量分别为 M 和 m，如图 3-3 所示。

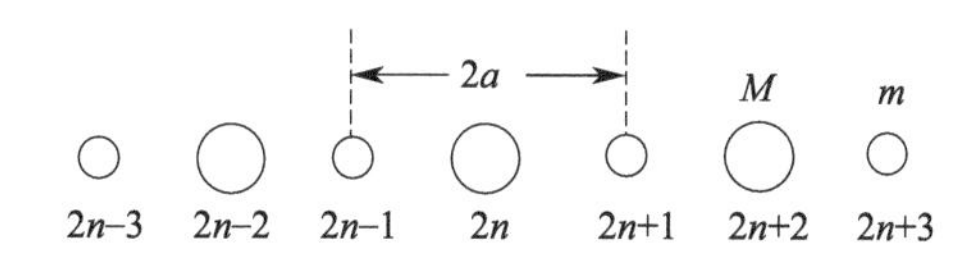

图 3-3　一维复式格子中的原子排列

如果只考虑最近邻原子的作用，则与式(3-5) 类似，可以给出相邻两个原子分别满足的运动方程，构成方程组：

$$m\frac{\mathrm{d}^2 x_{2n+1}}{\mathrm{d}t^2} = \beta(x_{2n+2} + x_{2n} - 2x_{2n+1}) \tag{3-7}$$

$$M\frac{\mathrm{d}^2 x_{2n+2}}{\mathrm{d}t^2} = \beta(x_{2n+3} + x_{2n+1} - 2x_{2n+2}) \tag{3-8}$$

实际上，晶体中包含多少个原子，就能列出多少个方程，但只有式(3-7) 和式(3-8) 所给出的两个方程是独立的，通过求解这两个方程就可以得到一维复式晶格的色散关系。由于相邻两个原子的质量不一样，则其振幅理应有区别，因此存在着不同的谐波解：

$$\begin{cases} x_{2n+1} = A\mathrm{e}^{i[q(2n+1)a-\omega t]} \\ x_{2n+2} = B\mathrm{e}^{i[q(2n+2)a-\omega t]} \end{cases} \tag{3-9}$$

将此谐波解代入式(3-7) 和式(3-8)，化简后有：

$$\begin{cases} -m\omega^2 A = \beta(\mathrm{e}^{iqa} + \mathrm{e}^{-iqa})B - 2\beta A \\ -M\omega^2 B = \beta(\mathrm{e}^{iqa} + \mathrm{e}^{-iqa})A - 2\beta B \end{cases} \tag{3-10}$$

将与 A 有关系的和与 B 有关系的项进行合并后有：

$$\begin{cases} (2\beta - m\omega^2)A - 2\beta\cos(qa)B = 0 \\ -2\beta\cos(qa)A + (2\beta - M\omega^2)B = 0 \end{cases} \tag{3-11}$$

由于 A、B 分别是相邻两个原子的振幅，因此 A、B 一定存在着非零解，否则，不存在晶格振动，为此其系数行列式必须等于零，即

$$\begin{vmatrix} 2\beta - m\omega^2 & -2\beta\cos(qa) \\ -2\beta\cos(qa) & 2\beta - M\omega^2 \end{vmatrix} = 0 \tag{3-12}$$

由此可以求解出一维双原子链的色散关系：

$$\omega^2 = \frac{\beta}{mM}\{(m+M) \pm [m^2 + M^2 + 2mM\cos(2qa)]^{\frac{1}{2}}\} \tag{3-13}$$

(2) 讨论

① 对于一维复式格子（包含两种原子），ω 与 q 之间存在着两种不同的色散关系，即存在两种独立的格波，分别为：

$$\begin{aligned} \omega_1^2 &= \frac{\beta}{mM}\{(m+M) - [m^2 + M^2 + 2mM\cos(2qa)]^{\frac{1}{2}}\} \quad \text{声学支} \\ \omega_2^2 &= \frac{\beta}{mM}\{(m+M) + [m^2 + M^2 + 2mM\cos(2qa)]^{\frac{1}{2}}\} \quad \text{光学支} \end{aligned} \tag{3-14}$$

② 波矢 q 的取值范围限制在 $[-\frac{\pi}{2a}, \frac{\pi}{2a})$。

③ 振动频率的极值为：

$$\begin{aligned} (\omega_1)_{\max} &= \left(\frac{\beta}{mM}\right)^{\frac{1}{2}} [(m+M) - (M-m)]^{\frac{1}{2}} = \left(\frac{2\beta}{M}\right)^{\frac{1}{2}} \\ (\omega_2)_{\min} &= \left(\frac{\beta}{mM}\right)^{\frac{1}{2}} [(m+M) + (M-m)]^{\frac{1}{2}} = \left(\frac{2\beta}{m}\right)^{\frac{1}{2}} \end{aligned} \tag{3-15}$$

因为 $M>m$，则光学支频率 ω_2 的极小值都比声学支频率 ω_1 的极大值还要大。也就是说，声学支（ω_1）晶格振动的频率总比光学支（ω_2）晶格振动的频率要低。通常，ω_1 支晶格振动模式可用超声波来激发，称为声学支格波；ω_2 支晶格振动模式可以用光波来激发，称为光学支格波。

3.1.3 声学波和光学波的色散关系

(1) 声学波的色散关系

对式(3-14) 所给出的声学支振动频率与波矢之间的关系进行变形之后有：

$$\omega_1^2=\frac{\beta}{mM}\{(m+M)-[(m+M)^2-2mM(1-\cos 2qa)]^{\frac{1}{2}}\}$$
$$=\frac{\beta}{mM}(m+M)\left\{1-\left[1-\frac{4mM}{(m+M)^2}\sin^2(qa)\right]^{\frac{1}{2}}\right\} \tag{3-16}$$

当波矢 q 趋近于 0 时，有$\frac{4mM}{(m+M)^2}\sin^2(qa)\ll 1$，由式(3-16) 有：

$$\omega_1=\left(\frac{2\beta}{m+M}\right)^{\frac{1}{2}}|\sin(qa)| \tag{3-17}$$

其色散关系式与一维布拉菲晶格的色散关系式在形式上相同，也就是说，由完全相同的原子所组成的布拉菲晶格只有声学波。一维复式晶格声学支色散关系的频率极值和对应的波矢为：

极大值$(\omega_1)_{\max}=\left(\frac{2\beta}{M}\right)^{\frac{1}{2}}$，波矢 $q=\pm\frac{\pi}{2a}$；

极小值$(\omega_1)_{\min}=0$，波矢 $q=0$。

(2) 光学波的色散关系

对式(3-14) 所给出的光学支振动频率与波矢之间的关系进行变形后有：

$$\omega_2^2=\frac{\beta}{mM}\{(m+M)+[(m+M)^2-2mM(1-\cos 2qa)]^{\frac{1}{2}}\}$$
$$=\frac{\beta}{mM}(m+M)\left\{1+\left[1-\frac{4mM}{(m+M)^2}\sin^2(qa)\right]^{\frac{1}{2}}\right\} \tag{3-18}$$

当波矢 q 趋近于 0 时，有$\frac{4mM}{(m+M)^2}\sin^2(qa)\ll 1$，由式(3-18) 有：

$$\omega_2^2=\frac{2\beta}{mM}(m+M)\left[1-\frac{Mm}{(m+M)^2}\sin^2(qa)\right] \tag{3-19}$$

一维复式晶格光学支色散关系的频率极值和对应的波矢为：

极大值$(\omega_2)_{\max}=\left(\frac{2\beta}{\mu}\right)^{\frac{1}{2}}$，其中 $\mu=\frac{mM}{m+M}$ 为折合质量，波矢 $q=0$；

极小值$(\omega_2)_{\min}=\left(\frac{2\beta}{m}\right)^{\frac{1}{2}}$，波矢 $q=\pm\frac{\pi}{2a}$。

根据一维双原子链的色散关系式 (3-13)，结合声学波和光学波的频率极值可以画出光学支和声学支色散曲线，如图 3-4 所示。

(3) 振幅之比

根据一维复式晶格中相邻两原子的振幅比值可以讨论声学支与光学支晶格振动的本质。

对于声学支来说，基于式(3-11) 第一个方程，可以得到一维复式晶格相邻两个原子振幅的比值为：

$$\left(\frac{A}{B}\right)_1=\frac{2\beta\cos(qa)}{2\beta-m\omega_1^2} \tag{3-20}$$

考虑到声学支频率存在着一个最大值，$(\omega_1)_{\max}=\left(\frac{2\beta}{M}\right)^{\frac{1}{2}}$，则有：

$$\omega_1^2<(\omega_1)_{\max}^2=\frac{2\beta}{M}$$

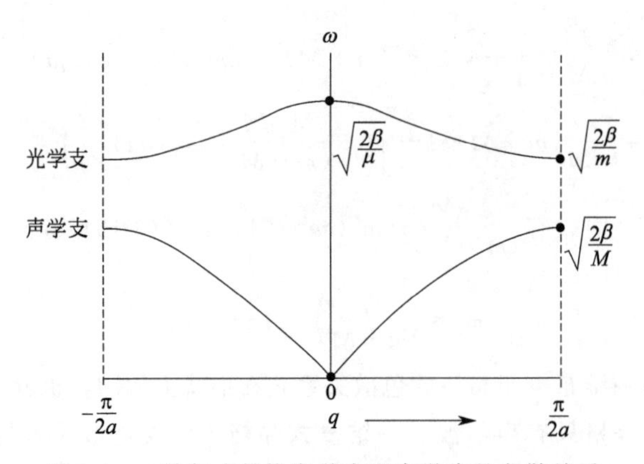

图 3-4　一维复式晶格光学支和声学支的色散关系

$$m\omega_1^2 < M\omega_1^2 < M(\omega_1)^2_{\max} = 2\beta$$
$$2\beta - m\omega_1^2 > 0 \tag{3-21}$$

对于一维复式晶格来说，q 取值范围为 $\left[-\frac{\pi}{2a}, \frac{\pi}{2a}\right)$，则 $\cos(qa) \geqslant 0$。倘若 $\cos(qa) = 0$，则意味着振幅 A 为 0，晶体就不可能存在振动。因此，考虑到振幅的物理意义，此时 $\cos(qa) > 0$。由此可以得到 $\left(\frac{A}{B}\right)_1 > 0$。此结果说明，对于声学支上的振动模式来说，相邻两个原子的振幅具有相同正号或者负号，即相邻原子振动方向始终相同。声学波如图 3-5 所示。当波矢趋近于 0 时，波长趋近于无限大，声学支晶格振动代表原胞质心的运动。

对于光学支来说，基于式(3-11) 的第二个方程，可以得到一维复式晶格相邻两个原子振幅的比值为：

$$\left(\frac{A}{B}\right)_2 = \frac{2\beta - M\omega_2^2}{2\beta\cos(qa)} \tag{3-22}$$

光学支频率存在着一个最小值，$(\omega_2)_{\min} = \left(\frac{2\beta}{m}\right)^{\frac{1}{2}}$，则有：

$$\omega_2^2 > (\omega_2)^2_{\min} = \frac{2\beta}{m},\ 2\beta = m(\omega_2)^2_{\min} < m\omega_2^2 < M\omega_2^2,\ 2\beta - M\omega_2^2 < 0 \tag{3-23}$$

对于一维复式晶格来说，q 取值范围为 $\left[-\frac{\pi}{2a}, \frac{\pi}{2a}\right)$，则 $\cos(qa) \geqslant 0$。倘若 $\cos(qa) = 0$，则意味着振幅 A 为 0，晶体就不可能存在振动。考虑到振幅的物理意义，此时 $\cos(qa) > 0$。由此可以得到 $\left(\frac{A}{B}\right)_2 < 0$。此结果说明，对于光学支上的振动模式来说，相邻两个原子的振幅具有相反的正、负号，即相邻原子振动方向始终相反。光学波如图 3-6 所示。当波矢趋近于 0 时，波长趋近于无限大，$\cos(qa) \approx 1, \omega_2^2 = \frac{2\beta}{\mu}, \left(\frac{A}{B}\right)_2 = -\frac{M}{m}$，由此得到：

$$mA + MB = 0 \tag{3-24}$$

即原胞的质心保持不动，光学波代表原胞中两个原子的相对振动。

这里需要说明的是，在上述分析过程中，分别选择了式(3-11) 的第一个和第二个方程讨论声学支和光学支相邻两个原子的振动情况，这样做完全为了在数学上分析和处理不等式时更加方便，利用式(3-20)～式(3-23) 能更快捷地判断得出晶格中相邻两个原子的振幅比值情况。

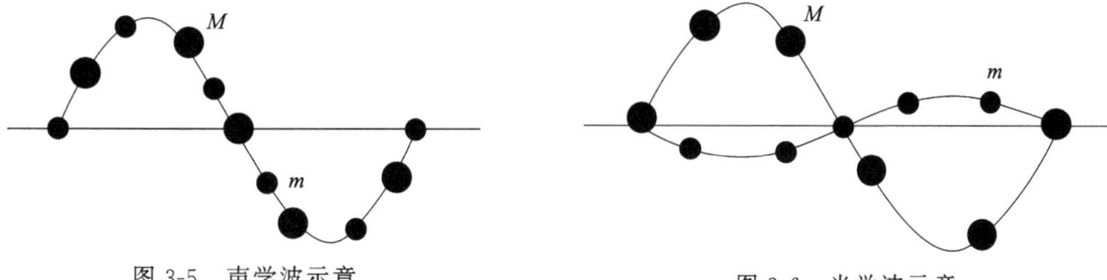

图 3-5　声学波示意

图 3-6　光学波示意

3.1.4 周期性边界条件（玻恩-卡门边界条件）

前面求解晶格振动过程中原子的运动方程时，我们认为晶体是无限大的，不存在边界。然而，实际的晶体总是有有限尺寸，必然存在着边界，边界上原子的受力状态与体内原子是有区别的。按理说，其振动状态应该与体内原子有区别，边界对内部原子的振动状态总会有影响。从这个意义上说，研究晶格振动一定要考虑边界条件。

最经典的边界条件就是玻恩-卡门周期性边界条件：①假设在一个长为 Na 的有限晶体边界之外，仍然有无穷多个相同的晶体，a 为一维晶格常数，N 为原胞个数；②各相同晶体内相应原子的运动情况一样，即第 j 个原子和第 $N+j$ 个原子运动情况一样；③由于原子间的相互作用是短程的，实际的有限晶体中只有边界上极少数原子的运动才受到相邻的假想晶体的影响。

对于一维布拉菲晶格而言，若对晶体及相邻假想晶体内的原子进行统一编号，根据玻恩-卡门周期性边界条件，第 j 个原子应与第 $N+j$ 个原子的运动情况始终相同，即，$x_j=x_{N+j}$，$A\mathrm{e}^{i(qja-\omega t)}=A\mathrm{e}^{i[q(N+j)a-\omega t]}$，由此有 $\mathrm{e}^{iqNa}=1$，则 $qNa=2\pi l$（l 为一系列整数），可以得到：

$$q=\frac{2\pi}{Na}l=\frac{2\pi}{L}l \tag{3-25}$$

一维简单晶格中波矢 q 取值范围为 $\left[-\frac{\pi}{a},\ \frac{\pi}{a}\right)$，则 l 取值范围为 $\left[-\frac{N}{2},\ \frac{N}{2}\right)$。$L=Na$ 是一维简单晶格的长度，l 只能取 N 个值，q 也只能取 N 个分立值，每个波矢占有的一维波矢空间大小为 $2\pi/L$，每一个 q 对应一个 ω。

对于一维复式晶格来说，假设晶体中有 N 个原胞，每个原胞中含 2 个原子，根据玻恩-卡门周期性边界条件，第 $2n+1$ 个原子应和第 $2(N+n)+1$ 个原子的运动情况始终相同，即 $x_{2n+1}=x_{2(N+n)+1}$，$A\mathrm{e}^{i[q(2n+1)a-\omega t]}=A\mathrm{e}^{i\{q[2(N+n)+1]a-\omega t\}}$，$a$ 为相邻原子间的距离，q 为晶格常数。由此有 $\mathrm{e}^{iq\times 2Na}=1$，则 $2Naq=2\pi l$（l 为一系列整数），可以得到：

$$q=\frac{2\pi}{2Na}l=\frac{2\pi}{L}l \tag{3-26}$$

一维复式晶格中 q 取值范围为 $\left[-\frac{\pi}{2a},\ \frac{\pi}{2a}\right)$，则 l 取值范围为 $\left[-\frac{N}{2},\ \frac{N}{2}\right)$。一维晶体长度 $L=2Na$，l 只能取 N 个不同值，q 也只能取 N 个分立值，每个波矢占有的一维波矢空

间大小为 $2\pi/L$，每一个 q 对应两个 ω。

概括起来，对于一维双原子复式晶格来说，一个原胞中有 2 个原子，一个原胞中原子的总自由度数为 2，其晶格振动有 2 支色散关系；晶体中包含有 N 个原胞，其晶格振动波矢的数目为 N 个；晶体中原子总共有 $2N$ 个，其可能晶格振动频率的数目为 $2N$ 个。由此可以类比地给出：**晶格振动波矢数目等于晶体内包含的原胞数目；晶格振动频率的数目等于晶体内原子的总自由度数。**对于三维晶体，假设晶体内有 N 个原胞，每个原胞有 P 个原子，则总共有 $3P$ 支色散关系，3 支声学波，$(3P-3)$ 支光学波，共 $3PN$ 个可能的振动频率。

3.2 晶格振动的能量量子化——声子

3.2.1 晶格振动模式及声子的概念

晶格振动是晶体中诸原子（离子）集体在做振动，其结果表现为晶格中的格波。一般而言，格波并非简谐波，但可以展开为简谐平面波的线性叠加。当振动微弱时，即相当于简谐近似情况，格波直接就是简谐波，格波之间的相互作用可以忽略，可以认为它们的存在是相互独立的，即属于独立的模式——对应一个振动态（q）。周期性边界条件又使得独立振动状态的波矢、频率及能量是一系列分立值。通常，一个格波模式由频率（ω）、波矢（$\vec{q}$）和偏振态来决定，表征晶格整体的振动状态。偏振状态包括纵光学振动模式（LO）、横光学振动模式（TO）、纵声学振动模式（LA）、横声学振动模式（TA）。

对于一个三维晶体，假定包含有 N 个原胞，每个原胞中有 P 个原子，则总共有 $3P$ 支色散关系，其中 3 支为声学波，$(3P-3)$ 支为光学波。每支色散关系上有 N 个振动模式，共有 $3PN$ 个振动模式。例如，对于三维简单晶格，共有 3 支色散关系，其中 1 支 LA，2 支 TA；对于三维双原子晶格，共有 6 支色散关系，其中 $3N$ 个声学模式，$3N$ 个光学模式。晶体结构对称性往往导致色散关系重合，称为简并。

声子即晶格点阵振动的能量量子。对于一个角频率为 ω 的晶格振动模式，当它被激发到量子数为 n 的状态时，也就是相当于这个振动模式被激发出来 n 个声子，此时该振动状态的能量为：

$$E_n=\left(n+\frac{1}{2}\right)\hbar\omega \tag{3-27}$$

3.2.2 声子的性质

表 3-1 给出了声子与光子的物理特性。声子和光子均为能量量子，相互对比，方便我们认识声子的特性，了解声子与光子的异同点。

光子对应于电磁场，声子对应于弹性力场；光子在真空和介质中均可存在，而声子只能存在于晶体内；光子的色散关系是线性的，而声子的色散关系是非线性的；光子和声子的能量均是量子化的，它们遵循的统计规律均为玻色-爱因斯坦统计，粒子数不守恒，在一定条件下可能产生声子或光子，在一定条件下会发生声子或光子的湮灭。这一点与电子完全不同。下一章我们会介绍，电子遵循费米-狄拉克统计，粒子数是守恒的，电子不会产生也不会湮灭。

表 3-1　声子与光子的物理特性

物理特性	光子	声子
场	电磁场	弹性力场
区域	真空/介质中均可	晶体内
色散关系	ω　0　q	ω　$-\frac{\pi}{2a}$　0　q　$\frac{\pi}{2a}$
能量描述	$E_n=\left(n+\frac{1}{2}\right)\hbar\omega$	
统计规律	玻色-爱因斯坦统计、粒子数量不守恒	

3.2.3　声子的动量

光子、电子、中子等各种微观粒子在晶体内部运动，与晶格之间发生相互作用，相当于这些粒子与声子发生碰撞的过程。在此过程中要满足能量守恒和动量守恒。一个波矢为 $\vec{q}$ 的声子犹如一个携带有动量 $\hbar\vec{q}$ 的粒子。但声子实际上并不携带物理动量，主要是因为声子坐标（$\vec{q}=0$ 以外）涉及的只是原子的相对坐标。

对于某一个振动模式 q，所有原子的动量为：

$$P=m\sum_{s=0}^{N-1}\dot{u}_s\ (\dot{u}_s\text{—— 第 } s \text{ 个原子的速度})$$

$$P=m\sum_{s=0}^{N-1}\dot{u}\,\mathrm{e}^{isqa}=m\dot{u}\ \frac{1-\mathrm{e}^{iNqa}}{1-\mathrm{e}^{iqa}} \tag{3-28}$$

① 当 $q=0$ 时，均匀模式，质心坐标，代表晶体均匀平移，携带动量为：

$$P=m\dot{u}N \tag{3-29}$$

② 当 $q\neq0$，即 $q=\pm\frac{2\pi l}{Na}$时，$-\frac{N}{2}<l<\frac{N}{2}$，动量为 0，说明声子没有物理动量。但为处理问题方便起见，在研究晶体中电子与声子、光子相互作用时，$\hbar\vec{q}$ 起动量作用，类比于用 $\hbar\vec{k}$ 代表光子的动量，人们把 $\hbar\vec{q}$ 称为声子的"准动量"或"晶体动量"。

3.2.4　声子与微观粒子的相互作用

（1）光子散射

当光作用到晶体上时，光子与声子发生弹性散射，动量守恒为：

$$\vec{k'}=\vec{k}+\vec{G} \tag{3-30}$$

式中，$\vec{k'}$ 和 $\vec{k}$ 分别为散射和入射光子的波矢，$\vec{G}$ 为晶格的倒格矢。晶体将整体发生动量

为 $\hbar\vec{G}$ 的反冲，以保证在周期性晶格中相互作用的波的总波矢和总动量守恒。若光子的散射是非弹性的，且入射光子吸收一个波矢为 $\vec{q}$ 的声子，即晶格振动减少一个声子，这使得散射光子能量增加，则光子与声子“碰撞”过程中动量守恒需要满足波矢选择定则：

$$\vec{k'}=\vec{k}+\vec{q}+\vec{G} \tag{3-31}$$

若光子与声子发生非弹性散射时产生一个波矢为 $\vec{q}$ 的声子，即晶格振动增加一个声子，这使得散射光子能量减小，则有：

$$\vec{k'}=\vec{k}-\vec{q}+\vec{G} \tag{3-32}$$

（2）中子束散射

实验确定声子色散关系 $\omega(\vec{q})$ 的方法，就是利用发生声子发射或者声子吸收过程的中子的非弹性散射，其本质是中子与原子核的相互作用。

选择定则：$\vec{k'}=\vec{k}+\vec{G}\pm\vec{q}$ （“+”表示吸收声子，“－”表示产生声子），$\vec{G}$ 正好使光子的波矢处于第一布里渊区。

能量守恒：$\dfrac{\hbar^2k'^2}{2M_n}=\dfrac{\hbar^2k^2}{2M_n}\pm\hbar\omega$，由此可见，要得到色散关系就是要得到散射中子的能量变化，它是散射方向$(\vec{k'}-\vec{k})$的函数。

3.3 晶格振动的长波近似

如 3.1 节所述，对于声学支格波而言，原胞中相邻原子沿同一方向运动；而光学支格波原胞中相邻原子沿相反方向做相对运动。当格波波长比原胞的尺寸大得多时，声学支和光学支格波各自的特点则更加突出。此时，声学支格波代表原胞质心的运动，而在光学支格波中，原胞质心保持不动，完全呈现的是原胞内原子间的相对运动。倘若晶体为由正、负两种离子组成的离子晶体，则波长很长的光学支格波将导致晶体中形成宏观的电极化。这一节重点讨论波长很长的光学支格波和声学支格波，分别简称为长光学波和长声学波。

3.3.1 长声学波

以一维双原子链为例，其声学支格波的色散关系为：

$$\omega_1^2=\frac{\beta}{mM}\{(m+M)-[m^2+M^2+2mM\cos(2qa)]^{\frac{1}{2}}\} \tag{3-33}$$

$$=\frac{\beta}{mM}(m+M)\left\{1-\left[1-\frac{4mM}{(m+M)^2}\sin^2(qa)\right]^{\frac{1}{2}}\right\}$$

当波长很长，即 q 很小时，$\dfrac{4mM}{(m+M)^2}\sin^2(qa)\ll1$，则式(3-33) 变为：

$$\omega_1^2=\frac{2\beta}{m+M}\sin^2(qa) \tag{3-34}$$

由此得到长声学波的色散关系如下：

$$\omega_1=\left(\frac{2\beta}{m+M}\right)^{\frac{1}{2}}|\sin(qa)|\approx\left(\frac{2\beta}{m+M}\right)^{\frac{1}{2}}|qa| \tag{3-35}$$

长声学波的波速 v_p 可以表示为：

$$v_p=\frac{\mathrm{d}\omega_1}{\mathrm{d}q}=\left(\frac{2\beta}{m+M}\right)^{\frac{1}{2}}a \tag{3-36}$$

式中，$\beta=\left(\frac{\mathrm{d}^2U}{\mathrm{d}r^2}\right)_a$ 是晶体的恢复力常数；m 和 M 分别是两种不同原子的质量；a 是晶格常数。长声学波的波速为常数，晶格振动频率与波矢之间存在线性关系，与晶体中的弹性波完全一致。

事实上，对于长声学波，不仅原胞内相邻原子振动的位相差趋近于零，而且振幅也趋近于相等。原因在于长声学波的波长要比原胞线度大得多，在半个波长内包含了许多个原胞，且原胞整体上都沿着同一方向运动。因此，晶格可以近似地看成连续介质，而长声学波也就自然而然地被近似成弹性波。

对于一维的连续介质，假设 x 点的位移为 $u(x)$，$(x+\mathrm{d}x)$ 点的位移为 $u(x+\mathrm{d}x)$，因净位移的变化而引起形变，介质内的应变可表示为：

$$\frac{u(x+\mathrm{d}x)-u(x)}{\mathrm{d}x} \tag{3-37}$$

假设介质的弹性模量为 c，则因形变而产生的恢复力为：

$$F(x)=c\,\frac{u(x+\mathrm{d}x)-u(x)}{\mathrm{d}x}=c\,\frac{\mathrm{d}u(x)}{\mathrm{d}x} \tag{3-38}$$

同理在 $(x-\mathrm{d}x)$ 点，因形变将有恢复力：

$$F(x-\mathrm{d}x)=c\,\frac{\mathrm{d}u(x-\mathrm{d}x)}{\mathrm{d}x} \tag{3-39}$$

考虑介质中 x 与 $(x-\mathrm{d}x)$ 间长度为 $\mathrm{d}x$ 的一段，假设一维介质的线密度为 ρ，则此段介质的质量为 $\rho\mathrm{d}x$，作用于长度为 $\mathrm{d}x$ 的介质上有两个方向相反的恢复力 $F(x)$ 和 $F(x-\mathrm{d}x)$，因此，此段介质的运动方程为：

$$\rho\mathrm{d}x\,\frac{\mathrm{d}^2u(x,t)}{\mathrm{d}t^2}=F(x)-F(x-\mathrm{d}x) \tag{3-40}$$

即
$$\rho\mathrm{d}x\,\frac{\mathrm{d}^2u(x,t)}{\mathrm{d}t^2}=c\left[\frac{\mathrm{d}u(x,t)}{\mathrm{d}x}-\frac{\mathrm{d}u(x-\mathrm{d}x,t)}{\mathrm{d}x}\right]$$

此式可变形成：$\rho\,\frac{\mathrm{d}^2u(x,t)}{\mathrm{d}t^2}=c\,\frac{\mathrm{d}^2u(x,t)}{\mathrm{d}x^2}$

倘若改成偏微分形式，则有：

$$\frac{\partial^2u(x,t)}{\partial t^2}=\frac{c}{\rho}\frac{\partial^2u(x,t)}{\partial x^2} \tag{3-41}$$

式(3-41) 为标准的波动方程，其解为：

$$u(x,t)=u_0\mathrm{e}^{i(qx-\omega t)} \tag{3-42}$$

式中，ω 和 q 分别为介质中弹性波的角频率和波矢。将式(3-42) 代入式(3-41)，可以得到 $\omega^2=\frac{c}{\rho}q^2$，即 $\omega=\sqrt{\frac{c}{\rho}}q$，因此，弹性波的相速度为：

$$v=\frac{\omega}{q}=\sqrt{\frac{c}{\rho}} \tag{3-43}$$

此处的 c 相当于杨氏模量，恢复力为：

$$F=c\frac{\mathrm{d}u}{\mathrm{d}x} \tag{3-44}$$

再把此式应用于一维复式晶格，应变则可以写成：

$$\frac{\mathrm{d}u}{\mathrm{d}x}=\frac{u_{m+1}-u_m}{a}$$

式中，u_{m+1} 和 u_m 分别是第 $m+1$ 个和第 m 个原子的位移；a 是一维复式晶格的晶格常数。因此，恢复力可以写成：

$$F=c\frac{u_{m+1}-u_m}{a} \tag{3-45a}$$

一维双原子链中第 $m+1$ 个原子的位移引起的对第 m 个原子的恢复力为：

$$F=\beta(u_{m+1}-u_m) \tag{3-45b}$$

由此可知，弹性模量 c 与恢复力常数 β 之间的关系为：

$$c=\beta a \tag{3-46}$$

对于一维复式晶格，质量线密度可以表示为：

$$\rho=\frac{m+M}{2a} \tag{3-47}$$

把式(3-46) 和式(3-47) 代入式(3-43)，可以得到弹性波速度为：

$$v=\left(\frac{2\beta}{m+M}\right)^{\frac{1}{2}}a \tag{3-48}$$

可以看到，弹性波的速度与长声学波速度完全相等，说明长声学波与弹性波完全一样。因此，对于长声学波，可以把晶体看成连续介质。

3.3.2 长光学波

考虑由正、负两种离子组成的一维复式晶格，对于光学支格波来说，相邻的异性离子的运动方向相反。当格波的波长比原胞的尺寸大得多时，即长波近似条件下，最邻近的同种离子的位移将趋于相同，如此一来，在半波长范围内，正离子将同向发生位移，相应地，负离子将向相反方向发生位移，由此导致晶体内部形成宏观的电极化。从这个意义上说，长光学波又称为极化波。

倘若用 M 和 m 分别代表正、负离子的质量，用 u_+ 和 u_- 分别代表正、负离子发生的位移。正、负离子相对位移而引起的宏观电场强度用 ε 来表示。作用在离子上的作用力除了弹性恢复力之外，还有电场所产生的作用力。值得注意的是，作用在某一离子上的电场力不能包括该离子本身所产生的电场作用。由宏观电场强度 ε 减去该离子本身所产生的电场强度，即得到有效电场强度，通常用 $\varepsilon_{有效}$ 来表示。因此，我们可以给出正、负离子的运动方程。

$$M\ddot{u}_+=-\beta(u_+-u_-)+e^*\varepsilon_{有效} \tag{3-49a}$$

$$m\ddot{u}_-=+\beta(u_+-u_-)-e^*\varepsilon_{有效} \tag{3-49b}$$

式中，$\ddot{u}_+$、$\ddot{u}_-$ 分别表示正、负离子的位移对时间求二阶导数，即为正、负离子的加速度；e^* 代表离子携带的电荷。与式(3-7) 和式(3-8) 相比较可知，这里的 u_+ 代表那里的 x_{2n} 或 x_{2n+2} 等，而 u_- 代表那里的 x_{2n-1} 或 x_{2n+1} 等，β 则相当于那里的 2β。

在国际单位制（SI）下，采用洛伦兹有效场近似，则有：

$$\varepsilon_{有效}=\varepsilon+\frac{1}{3\epsilon_0}P \tag{3-50}$$

式中，ε 是宏观电场强度；ϵ_0 是自由空间的介电系数；P 是极化强度，可表示为：

$$P=\frac{N}{V}(e^* u+\alpha\varepsilon_{有效}) \tag{3-51}$$

式中，α 代表原胞中正、负离子的极化率 α_+ 和 α_- 之和；$u=u_+-u_-$；V 代表晶体的体积；N 代表晶体内的原胞个数。将式(3-50) 代入式(3-51) 再进行变形后得到极化强度为：

$$P=\frac{N}{V}\frac{e^* u+\alpha\varepsilon}{1-N\alpha/3V\epsilon_0} \tag{3-52}$$

式(3-49) 第一个方程两边乘以 m 减去第二个方程两边乘以 M，再整理后有：

$$\frac{mM}{m+M}\ddot{u}=-\beta u+e^*\varepsilon_{有效} \tag{3-53}$$

式中，$u=u_+-u_-$，并引入折合质量 $\mu=\dfrac{mM}{m+M}$，则式(3-53) 可以改写为：

$$\mu\ddot{u}=-\beta u+e^*\varepsilon_{有效} \tag{3-54}$$

引入位移参量 $W-\sqrt{\dfrac{N\mu}{V}}u$，则式(3-54) 和式(3-51) 可以改写为：

$$\ddot{W}=b_{11}W+b_{12}\varepsilon_{有效} \tag{3-55a}$$

$$P=b_{21}W+b_{22}\varepsilon_{有效} \tag{3-55b}$$

式中，$\ddot{W}$ 为位移参量对时间求二阶导；b_{11}、b_{12}、b_{21}、b_{22} 为方程组的系数，$b_{11}=-\dfrac{\beta}{\mu}$；$b_{12}=b_{21}=e^*\sqrt{\dfrac{N}{V\mu}}$，$b_{22}=\dfrac{N}{V}a$。这组方程是黄昆先生在 1951 年讨论光学波的长波近似时引进的，称为黄昆方程。式(3-55a) 代表振动方程，方程右边第一项 $b_{11}W$ 为准弹性恢复力，b_{11} 相当于离子本征振动频率的平方的负值（$-\omega_0^2$）；第二项表示因宏观极化电场 ε 而附加的恢复力。式(3-55b) 代表极化方程，其右方第一项 $b_{21}W$ 表示正、负离子位移而引起的电极化；第二项表示电场附加的极化。

假设式(3-55) 具有 $\exp[i(\vec{q}\cdot\vec{r}-\omega t)]$ 形式的解，其中 $\vec{q}$ 是波矢。位移 $\vec{W}$ 与波矢 $\vec{q}$ 相垂直的部分构成横波，记为横向位移 $\vec{W}_T$，它是无散的；$\vec{W}$ 与 $\vec{q}$ 相平行的部分构成纵波，记为纵向位移 $\vec{W}_L$，它是无旋的。因此，有以下关系：

$$\vec{W}=\vec{W}_T+\vec{W}_L \tag{3-56a}$$

$$\nabla\cdot\vec{W}_T=0 \tag{3-56b}$$

$$\nabla\cdot\vec{W}_L=0 \tag{3-56c}$$

晶体内无自由电荷，则电位移矢量 $\vec{D}$ 的散度为：

$$\nabla\cdot\vec{D}=\nabla\cdot(\varepsilon_0\vec{\varepsilon}+\vec{P})=0 \tag{3-57}$$

电场强度 $\vec{\varepsilon}$ 可以分解为有旋场 $\vec{\varepsilon}_T$ 和无旋场 $\vec{\varepsilon}_L$ 两部分：

$$\vec{\varepsilon}=\vec{\varepsilon}_T+\vec{\varepsilon}_L \tag{3-58}$$

将式(3-55b) 代入式(3-57)，得到：

$$\nabla \cdot [b_{21}\vec{W}_L + (\varepsilon_0 + b_{22})\vec{\varepsilon}_L] = 0 \tag{3-59}$$

由于 $\vec{W}_L$ 和 $\vec{\varepsilon}_L$ 是无旋的，而 $\vec{\varepsilon}_L$ 又是由 $\vec{W}_L$ 引起的，因此有：

$$\vec{\varepsilon}_L = -\frac{b_{21}}{\varepsilon_0 + b_{22}}\vec{W}_L \tag{3-60}$$

由式(3-55a) 可以得到：

$$\ddot{\vec{W}}_L + \ddot{\vec{W}}_T = b_{11}\vec{W}_L + b_{11}\vec{W}_T - \frac{b_{12}^2}{\varepsilon_0 + b_{22}}\vec{W}_L + b_{12}\varepsilon_T \tag{3-61}$$

式中，$\ddot{\vec{W}}_L$ 和 $\ddot{\vec{W}}_T$ 分别为纵向位移 W_L 和横向位移 W_T 对时间的二阶导数，即相应的加速度。将此关系式中的有旋场和无旋场分开，得到：

$$\ddot{\vec{W}}_L = \left(b_{11} - \frac{b_{12}^2}{\varepsilon_0 + b_{22}}\right)\vec{W}_L \tag{3-62}$$

$$\ddot{\vec{W}}_T = b_{11}\vec{W}_T + b_1\varepsilon_T \tag{3-63}$$

根据麦克斯韦电磁场理论，横波电场 ε_T 是电磁场，一般它比无旋电场 ε_L 小得多。若忽略掉电磁场，则式(3-63) 变为：

$$\ddot{\vec{W}}_T = b_{11}\vec{W}_T \tag{3-64}$$

式(3-62) 和式(3-63) 均为简谐振动方程，由式(3-64) 可以得到横波振动频率为：

$$\omega_{TO}^2 = -b_{11} \tag{3-65}$$

由式(3-62) 可以得到纵波振动频率为：

$$\omega_{LO}^2 = -b_{11} + \frac{b_{12}^2}{\varepsilon_0 + b_{22}} = \omega_{TO}^2 + \frac{b_{12}^2}{\varepsilon_0 + b_{22}} \tag{3-66}$$

黄昆方程中的系数均与晶体的微观参数有关，可由晶体的宏观常数来求出。对于极端情况，$\ddot{W}=0$ 的软模对应正、负离子发生稳定位移，并达到平衡，形成了稳定的极化电场。此时，式(3-55a) 变为：

$$W = -\frac{b_{12}}{b_{11}}\varepsilon = \frac{b_{12}}{\omega_{TO}^2}\varepsilon \tag{3-67}$$

将式(3-67) 代入式(3-55b) 可以得到：

$$P = \left(b_{22} + \frac{b_{12}^2}{\omega_{TO}^2}\right)\varepsilon \tag{3-68}$$

对于相对静介电常数为 ε_s 的离子晶体而言，极化强度 P 可表示为：

$$P = \varepsilon_0(\varepsilon_s - 1)\varepsilon \tag{3-69}$$

比较式(3-68) 和式(3-69)，可以得到：

$$\left(b_{22} + \frac{b_{12}^2}{\omega_{TO}^2}\right) = \varepsilon_0(\varepsilon_s - 1) \tag{3-70}$$

对于光频振动，即，振动频率极高导致离子的惯性已跟不上振动，此时，位移 $W=0$。由式(3-55b) 可以得到：

$$P = b_{22}\varepsilon = \varepsilon_0(\varepsilon_\infty - 1)\varepsilon \tag{3-71}$$

其中 ε_∞ 为高频下测定的相对介电常数。由式(3-71) 可以得到：

$$b_{22} = \varepsilon_0(\varepsilon_\infty - 1) \tag{3-72}$$

由式(3-70) 和式(3-72) 可以得到：

$$b_{12}^2 = [\varepsilon_0(\varepsilon_s - \varepsilon_\infty)]\omega_{TO}^2 \tag{3-73}$$

将式(3-72) 和式(3-73) 代入式(3-66)，则有：

$$\frac{\omega_{LO}^2}{\omega_{TO}^2} = \frac{\varepsilon_s}{\varepsilon_\infty} \tag{3-74}$$

这就是著名的 LST（Lyddane-Sachs-Teller）关系。

考虑到 $\varepsilon_s > \varepsilon_\infty$，因此，$\omega_{LO} > \omega_{TO}$。本质上，离子的位移引起极化电场，电场的方向是阻滞离子位移的，即宏观电场对离子位移起到排斥作用，有效的恢复力系数变大，导致纵波频率升高。当某些晶体在某一温度条件下，介电常数 ε_s 突然变得很大，即 $\varepsilon_s \to \infty$，由此而产生自发极化。由于原子都有一定的质量，其振动频率不可能无限大，即，ω_{TO} 不能趋近于无穷大，由式(3-74) 可知，只能 $\omega_{TO} \to 0$，意味着此振动模式对应的恢复力系数 β 消失。此时，发生位移的离子将不能回到原来的平衡位置，而形成了新的平衡，相应的晶体结构发生改变，且此结构中正、负离子存在固定的位移偶极矩，导致自发极化。人们称 $\omega_{TO} \to 0$ 的振动模式为铁电软模，在研究铁电材料时发现了此现象。由式(3-63) 可以看出，长光学横波与电磁场相耦合，即长光学横波具有电磁性质。称长光学横波声子为电磁声子，长光学纵波声子为极化声子。

3.4 固体的比热

3.4.1 经典热容理论

(1) 热力学定容比热

当温度发生变化时固体储存的内能将发生变化，其内能随温度变化快慢就是我们熟知的比热。通常用定容比热 C_V 来进行描述，即在体积不变的条件下，固体内能随温度变化的快慢。设固体的平均内能为 $\overline{E}$，则定容比热可表示为：

$$C_V = \left(\frac{\partial \overline{E}}{\partial T}\right)_V \tag{3-75}$$

一般情况下，固体的内能包括晶格振动能量和电子运动能量，当温度不太低时，电子对比热的贡献远比晶格的贡献小，可忽略。本章中只讨论晶格振动对比热的贡献。

(2) 固体比热的经典理论

按照经典的能量均分原理，每个微观粒子的每一个空间自由度分配的平均能量为 $k_B T$，其中 $1/2k_B T$ 为平均动能，$1/2k_B T$ 为平均势能。对于一个包含有 N 个原子的固体来说，一个原子的自由度为 3，则固体的总平均内能为：

$$\overline{E} = 3Nk_B T \tag{3-76}$$

利用上式可求得定容比热为：

$$C_V = \left(\frac{\partial \overline{E}}{\partial T}\right)_V = 3Nk_B \tag{3-77}$$

很显然，基于经典能量均分原理所得到的固体定容比热是一个常数，与温度无关，称为杜隆-珀蒂定律。然而，在高温区间，该结论与实验结果非常吻合；但在低温区间，实验结果却发现，绝缘体材料的定容比热按照 T^3 逐渐趋于 0，而金属材料的定容比热却按 T 趋于 0。显而易见，在低温区间按照经典的能量均分原理处理固体热容问题存在局限性。这也是 20 世纪初物理学领域的一朵乌云。

3.4.2 热容的量子理论

① 根据量子理论，晶格振动能量是量子化的，即对于一个频率为ω_q 的振动模式来说，存在着一系列量子态，分别用主量子数 n 来表示，当晶格振动处于主量子数为 n 的状态时其能量为：

$$E_n=\left(n+\frac{1}{2}\right)\hbar\omega_q \tag{3-78}$$

其中 $1/2\hbar\omega_q$ 为零点振动能。对于给定晶格振动模式，处于各个量子态的概率取决于量子态的能量高低，能量越高，存在概率越小。然而，在任何温度，零点能始终存在，其大小与温度无关，因此，零点能对固体比热无贡献，在研究固体比热时可略去不计，则有：

$$E_n=n\hbar\omega_q \tag{3-79}$$

② 温度 T 时频率为 ω_q 的振动模式对体系能量的贡献为：

$$\overline{E}(\omega_q)=\frac{\sum\limits_{n=0}^{\infty}n\hbar\omega_q e^{-\frac{n\hbar\omega_q}{k_BT}}}{\sum\limits_{n=0}^{\infty}e^{-\frac{n\hbar\omega_q}{k_BT}}}=\frac{\hbar\omega_q}{e^{\frac{\hbar\omega_q}{k_BT}}-1} \tag{3-80}$$

③ 某一支色散关系曲线上所有振动模式对体系能量的贡献为：

$$\overline{E}_S=\sum_q\frac{\hbar\omega_q}{e^{\frac{\hbar\omega_q}{k_BT}}-1} \tag{3-81}$$

④ 固体的总能量为各支色散关系对体系能量贡献的总和。

$$\overline{E}=\sum_S\overline{E}_S \tag{3-82}$$

实际上，对于包含有 N 个原子的三维晶体来说，每个原子的空间自由度为 3 个，因此，总共有 $3N$ 个正则频率，体系总的平均能量为：

$$\overline{E}=\sum_{i=1}^{3N}\overline{E}(\omega_i)=\sum_{i=1}^{3N}\frac{\hbar\omega_i}{e^{\frac{\hbar\omega_i}{k_BT}}-1} \tag{3-83}$$

⑤ 能量及定容比热的模式密度表示。频率在 $\omega\to\omega+d\omega$ 之间晶格振动模式的数目为 $\rho(\omega)\,d\omega$，其中 $\rho(\omega)$ 表示态密度（模式密度），晶体中包含的总模式数为 $3N$，则

$$\int_0^{\omega_m}\rho(\omega)\,d\omega=3N \tag{3-84}$$

式中，ω_m 为晶格振动的最高频率。晶体的总能量可以表达为：

$$\overline{E}=\int_0^{\omega_m}\frac{\hbar\omega}{e^{\frac{\hbar\omega}{k_BT}}-1}\rho(\omega)\,d\omega \tag{3-85}$$

固体的定容比热可以计算如下：

$$C_V=\left(\frac{\partial \overline{E}}{\partial T}\right)_V=\int_0^{\omega_m}k_B\left(\frac{\hbar\omega}{k_BT}\right)^2\frac{e^{\frac{\hbar\omega}{k_BT}}}{\left(e^{\frac{\hbar\omega}{k_BT}}-1\right)^2}\rho(\omega)\,d\omega \tag{3-86}$$

因此，只要能够计算出给定固体的晶格振动模式密度，就可以根据式(3-86) 从理论上计算固体的定容比热。

3.4.3 模式密度（态密度）的求法

（1）模式密度的定义

单位频率间隔包含的振动模式数目，即

$$\rho(\omega)=\lim_{\Delta\omega\to 0}\frac{\Delta n}{\Delta\omega} \tag{3-87}$$

（2）一维简单晶格的模式密度

假定一维简单晶格中总共有 N 个原子，周期为 a，一维晶体长度为 L，一维简单晶格只有一支色散关系。由于周期性边界条件限制，描述一维简单晶格振动的波矢只能取一系列分立值 $q=(2\pi/L)n$，其中 n 只能取整数。因此，每一个可以选取的 q 占有的一维波矢空间大小为 $2\pi/L$，一维波矢空间中波矢 q 的取值密度为 $L/2\pi$，波矢 q 到 $q+dq$ 之间可选取的波矢 q 的数量为 $(L/2\pi)dq$。如图 3-7 所示，对于一维简单晶格来说，考虑到正负区间的对称性，一个可能的振动频率 ω 对应着两个可能的波矢，因此，频率从 ω 到 $\omega+d\omega$ 这个区间包含的振动模式数目为：

$$\rho(\omega)\,d\omega=2\times\frac{L}{2\pi}dq=\frac{L}{\pi}dq \tag{3-88}$$

$$\rho(\omega)=\frac{L}{\pi}\frac{dq}{d\omega}=\frac{L}{\pi}\frac{1}{\frac{d\omega}{dq}}=\frac{2N}{\pi}(\omega_m^2-\omega^2)^{-\frac{1}{2}} \tag{3-89}$$

式中，ω_m 为一维简单晶格振动频率的极大值。由式(3-89) 可以看出，只要得到了一维简单晶格振动的色散关系即可计算出模式密度。

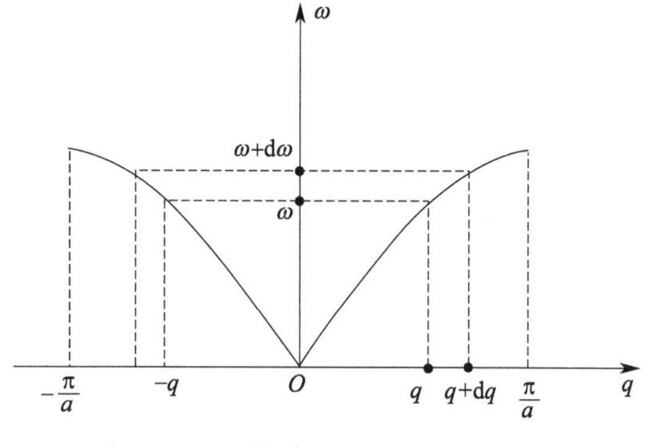

图 3-7 一维简单晶格振动的色散关系

（3）二维简单晶格的模式密度

假定二维简单晶格为边长为 L 的正方形。由于周期性边界条件限制，描述二维简单晶格振动的波矢分量只能取一系列分立值：

$$q_x,q_y\sim\frac{2\pi}{L}n_x,\frac{2\pi}{L}n_y \tag{3-90}$$

每一个可以选取的 q 占有的二维波矢空间大小为$(2\pi/L)^2$，二维波矢空间波矢 q 取值密度为 $(L/2\pi)^2=S/4\pi^2$。假定二维晶体表现各向同性，因此，频率大小只跟波矢 q 的大小有关，而与其方向无关。

如图 3-8 所示，对于一支色散关系来说，等频面为一个圆，波矢从 q 到 $q+dq$ 之间的圆环包含的波矢数为：

$$\rho(\omega)\mathrm{d}\omega=\frac{S}{4\pi^2}\times 2\pi q\frac{\mathrm{d}q}{\mathrm{d}\omega}\mathrm{d}\omega=\frac{S}{2\pi}q\frac{1}{\frac{\mathrm{d}\omega}{\mathrm{d}q}}\mathrm{d}\omega \quad (3\text{-}91)$$

只要知道二维晶体中某一支色散关系 $\omega(q)$，则根据式(3-91) 可计算出模式密度。例如，假定二维晶体某一支色散关系为：$\omega=cq^2$，则 $\mathrm{d}\omega/\mathrm{d}q=2cq$，代入式(3-91) 得到该色散关系对应的模式密度为：

$$\rho(\omega)=\frac{S}{2\pi}q\frac{1}{2cq}=\frac{S}{4\pi c} \quad (3\text{-}92)$$

可见，对于色散关系为 $\omega=cq^2$ 的二维晶体来说，其模式密度为常数。

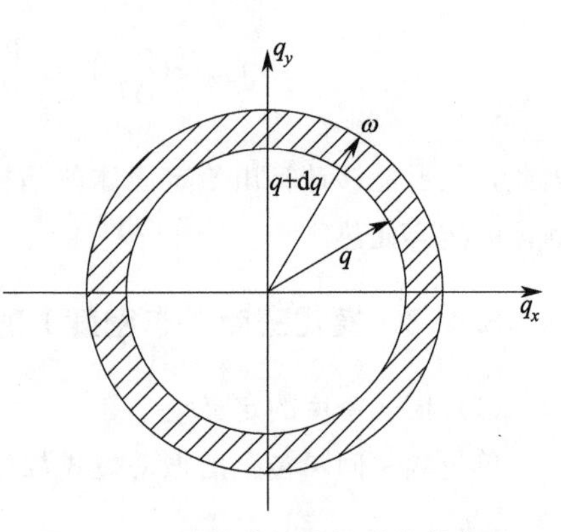

图 3-8　二维简单晶格振动的等频面

(4) 三维简单晶格的模式密度

假定三维简单晶体为边长为 L 的立方体。由于周期性边界条件限制，描述三维晶格振动的波矢分量只能取一系列分立值：

$$q_x,q_y,q_z\sim\frac{2\pi}{L}n_x,\frac{2\pi}{L}n_y,\frac{2\pi}{L}n_z \quad (3\text{-}93)$$

每一个可以选取的 q 占有的三维波矢空间大小为$(2\pi/L)^3$，三维波矢空间中波矢 q 取值密度为$(L/2\pi)^3=V/8\pi^3$，假定三维晶体表现各向同性，频率大小只跟波矢 q 的大小有关，而与其方向无关。

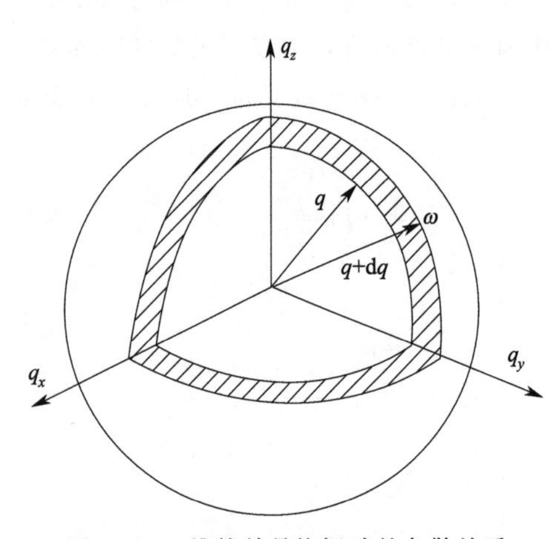

图 3-9　三维简单晶格振动的色散关系

如图 3-9 所示，对于一支色散关系来说，等频面为球面，波矢从 q 到$q+\mathrm{d}q$ 之间的球壳包含的波矢数目为：

$$\rho(\omega)\mathrm{d}\omega=\frac{V}{8\pi^3}\times 4\pi q^2\frac{\mathrm{d}q}{\mathrm{d}\omega}\mathrm{d}\omega=\frac{V}{2\pi^2}q^2\frac{1}{\frac{\mathrm{d}\omega}{\mathrm{d}q}}\mathrm{d}\omega \quad (3\text{-}94)$$

只要知道三维晶体某一支色散关系 $\omega(q)$，则可计算出模式密度。例如，假定三维晶体的某一支色散关系为 $\omega=cq^2$，则有 $\mathrm{d}\omega/\mathrm{d}q=2cq$，代入式(3-94) 则可以得到该色散关系对应的模式密度为：

$$\rho(\omega)=\frac{V}{2\pi}q^2\frac{1}{\frac{\mathrm{d}\omega}{\mathrm{d}q}}=\frac{V}{2\pi}q^2\frac{1}{2cq}=\frac{V}{2\pi}\frac{q}{2c}=\frac{V}{4\pi}\frac{1}{c^{\frac{3}{2}}}\omega^{\frac{1}{2}} \quad (3\text{-}95)$$

3.4.4 爱因斯坦模型

很显然，只要利用晶格振动色散关系计算出模式密度，根据式(3-86)，就可以计算固体的定容比热，但其过程仍然是很复杂的。爱因斯坦模型假定晶体内 $3N$ 个晶格振动频率都相等，且都等于 ω，则

$$\overline{E}=3N\frac{\hbar\omega}{e^{\frac{\hbar\omega}{k_B T}}-1} \tag{3-96}$$

由此以来，固体的定容比热为：

$$C_V=\left(\frac{\partial\overline{E}}{\partial T}\right)_V=3Nk_B\left(\frac{\hbar\omega}{k_B T}\right)^2\frac{e^{\frac{\hbar\omega}{k_B T}}}{\left(e^{\frac{\hbar\omega}{k_B T}}-1\right)^2}=3Nk_B f_E\left(\frac{\hbar\omega}{k_B T}\right) \tag{3-97}$$

式中，f_E 为爱因斯坦比热函数，即

$$f_E\left(\frac{\hbar\omega}{k_B T}\right)=\left(\frac{\hbar\omega}{k_B T}\right)^2\frac{e^{\frac{\hbar\omega}{k_B T}}}{\left(e^{\frac{\hbar}{k_B T}}-1\right)^2} \tag{3-98}$$

令 $\hbar\omega=k_B\theta_E$，其中 θ_E 为爱因斯坦温度，则有：

$$C_V=3Nk_B\left(\frac{\theta_E}{T}\right)^2\frac{e^{\frac{\theta_E}{T}}}{\left(e^{\frac{\theta_E}{T}}-1\right)^2} \tag{3-99}$$

通常，通过选取合适的 θ_E 值，使比热 C_V 的理论曲线在很大的温度范围内与实验数据吻合。对于大多数固体来说，θ_E 在 100～300K 之间。

当温度比较高时，式(3-99) 右端的乘数因子近似满足：

$$\frac{e^{\frac{\theta_E}{T}}}{\left(e^{\frac{\theta_E}{T}}-1\right)^2}=\frac{1}{\left(e^{\frac{\theta_E}{2T}}-e^{\frac{-\theta_E}{2T}}\right)^2}\approx\frac{1}{\left[1+\frac{\theta_E}{2T}-\left(1-\frac{\theta_E}{2T}\right)\right]^2}=\left(\frac{T}{\theta_E}\right)^2 \tag{3-100}$$

则有 $C_V=3Nk_B$，与杜隆-珀蒂定律的结论一致，与实验结果吻合。

当温度非常低时，即 $T\to 0$ 时，$e^{\frac{\theta_E}{T}}\gg 1$，则：

$$C_V=3Nk_B\left(\frac{\theta_E}{T}\right)^2 e^{\frac{-\theta_E}{T}}=3Nk_B\left(\frac{\hbar\omega}{k_B T}\right)^2 e^{\frac{-\hbar\omega}{k_B T}} \tag{3-101}$$

结果显示，固体定容比热在低温区域随温度的减小而减小，趋势与实验结果相似。但是爱因斯坦模型预测在低温区间固体定容比热随温度指数减小，而实验测量发现对于绝缘体来说固体定容比热随 T^3 而减小，对于金属来说随着 T 而减小。爱因斯坦模型在高温区间比较成功，而在低温区间的预测存在着局限性。图 3-10 中虚线代表爱因斯坦模型预测的固体定容比热，空心点代表实验测量值。

本质上，在高温区间主要激发的是振动频率比较高且频率随波矢变化比较平缓的光学支上的振动模式，用爱因斯坦模型还能近似描述，然而，在低温区间主要激发的是振动频率比较低且频率随波矢变化比较剧烈的声学支上的振动模式，爱因斯坦模型出现很大的偏差。

3.4.5 德拜模型

德拜模型把布拉菲晶格看作是各向同性的连续介质，把晶格振动的格波看成是弹性波，并且假定纵的和横的弹性波的波速相等，都用 v_p 来表示，因此，三维布拉菲晶格的三支色散关系完全重合，针对某一支色散关系计算模式密度，就可以计算出总的。对于每一支色散

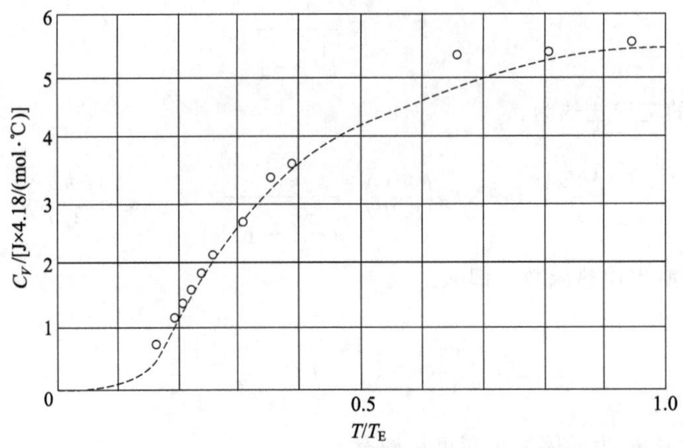

图 3-10　金刚石比热的实验值和爱因斯坦模型计算值的比较

关系，波矢在 $q \to q+\mathrm{d}q$ 间的振动模式数目为 $\frac{V}{(2\pi)^3} \times 4\pi q^2 \mathrm{d}q$，考虑到弹性波的色散关系 $\omega = qv_p$，则对于一支色散关系，频率在 $\omega \to \omega + \mathrm{d}\omega$ 之间的晶格振动模式数目为 $\frac{V}{2\pi^2} \cdot \frac{\omega^2}{v_p^3}\mathrm{d}\omega$，计及三支弹性波，频率在 $\omega \to \omega + \mathrm{d}\omega$ 之间的晶格振动模式数目为：

$$\rho(\omega)\mathrm{d}\omega = \frac{3V}{2\pi^2}\frac{\omega^2}{v_p^3}\mathrm{d}\omega \tag{3-102}$$

则固体的平均内能为：

$$\overline{E} = \int_0^{\omega_m} \frac{\hbar\omega}{e^{\frac{\hbar\omega}{k_B T}} - 1}\rho(\omega)\mathrm{d}\omega = \frac{3V}{2\pi^2}\frac{1}{v_p^3}\int_0^{\omega_m}\frac{\hbar\omega^3}{e^{\frac{\hbar\omega}{k_B T}} - 1}\mathrm{d}\omega \tag{3-103}$$

固体定容比热可以计算如下：

$$C_V = \left(\frac{\partial \overline{E}}{\partial T}\right)_V = \int_0^{\omega_m} k_B \left(\frac{\hbar\omega}{k_B T}\right)^2 \frac{e^{\frac{\hbar\omega}{k_B T}}}{\left(e^{\frac{\hbar\omega}{k_B T}} - 1\right)^2}\rho(\omega)\mathrm{d}\omega$$

$$= \frac{3V}{2\pi^2} \cdot \frac{k_B}{v_p^3}\int_0^{\omega_m}\left(\frac{\hbar\omega}{k_B T}\right)^2 \cdot \frac{e^{\frac{\hbar\omega}{k_B T}}\omega^2}{\left(e^{\frac{\hbar\omega}{k_B T}} - 1\right)^2} \cdot \mathrm{d}\omega \tag{3-104}$$

三维布拉菲晶格总共包含有 $3N$ 个振动频率，存在如下关系：

$$3N = \int_0^{\omega_m}\rho(\omega)\mathrm{d}\omega = \frac{3V}{2\pi^2}\frac{1}{v_p^3}\int_0^{\omega_m}\omega^2\mathrm{d}\omega = \frac{V}{2\pi^2}\frac{\omega_m^3}{v_p^3} \tag{3-105}$$

由此可以得到晶格振动频率的极大值为：

$$\omega_m = \left(6\pi^2\frac{N}{V}\right)^{\frac{1}{3}} v_p \tag{3-106}$$

令 $\frac{\hbar\omega}{k_B T} = x$，则由式(3-103) 和式(3-104) 可以得到：

$$\overline{E} = 3k_B T\frac{V}{2\pi^2}\frac{k_B^3 T^3}{\hbar^3 v_p^3}\int_0^{x_m}\frac{x^3}{e^x - 1}\mathrm{d}x \tag{3-107}$$

$$C_V = 3k_B \frac{V}{2\pi^2} \frac{k_B^3 T^3}{\hbar^3 v_p^3} \int_0^{x_m} \frac{e^x x^4}{(e^x - 1)^2} dx \tag{3-108}$$

引入德拜温度 Θ_D，满足 $k_B\Theta_D = \hbar\omega_m$，结合式(3-106)，可得：

$$\Theta_D = \frac{\hbar v_p}{k_B} \left(6\pi^2 \frac{N}{V}\right)^{\frac{1}{3}} \tag{3-109}$$

则由式(3-107) 和式(3-108) 有：

$$\begin{aligned} \overline{E} &= 3k_B T \frac{V}{2\pi^2} \times 6\pi^2 \frac{N}{V} \left(\frac{T}{\Theta_D}\right)^3 \int_0^{x_m} \frac{x^3}{e^x - 1} dx \\ &= 9Nk_B T \left(\frac{T}{\Theta_D}\right)^3 \int_0^{x_m} \frac{x^3}{e^x - 1} dx \end{aligned} \tag{3-110}$$

$$\begin{aligned} C_V &= 3k_B \frac{V}{2\pi^2} \times 6\pi^2 \frac{N}{V} \left(\frac{T}{\Theta_D}\right)^3 \int_0^{x_m} \frac{e^x x^4}{(e^x - 1)^2} dx \\ &= 9Nk_B \left(\frac{T}{\Theta_D}\right)^3 \int_0^{x_m} \frac{e^x x^4}{(e^x - 1)^2} dx = 3R f_D\left(\frac{\Theta_D}{T}\right) \end{aligned} \tag{3-111}$$

式中，$f_D\left(\frac{\Theta_D}{T}\right)$ 为德拜比热函数，即

$$f_D\left(\frac{\Theta_D}{T}\right) = 3\left(\frac{T}{\Theta_D}\right)^3 \int_0^{\frac{\Theta_D}{T}} \frac{e^x}{(e^x - 1)^2} x^4 dx \tag{3-112}$$

① 当温度非常高时，$\hbar\omega / k_B T \to 0$，$e^x \approx 1 + x$，则有：

$$f_D\left(\frac{\Theta_D}{T}\right) = 3\left(\frac{T}{\Theta_D}\right)^3 \int_0^{\frac{\Theta_D}{T}} x^2 dx = 1 \tag{3-113}$$

此时固体的定容比热为 $C_V = 3Nk_B f_D\left(\frac{\theta_D}{T}\right) = 3Nk_B$，与实验结果完全一致。

② 当温度非常低时，$T \ll \Theta_D$ 时，$\Theta_D / T \to \infty$，则有：

$$\overline{E} = 9Nk_B T \left(\frac{T}{\Theta_D}\right)^3 \int_0^{\infty} \frac{x^3}{e^x - 1} dx = 9Nk_B T \left(\frac{T}{\Theta_D}\right)^3 \frac{\pi^4}{15} = \frac{3Nk_B T}{5} \pi^4 \left(\frac{T}{\Theta_D}\right)^3 \tag{3-114}$$

$$C_V = \frac{12\pi^4}{5} Nk_B \left(\frac{T}{\Theta_D}\right)^3 \tag{3-115}$$

很显然，利用德拜模型所计算的固体在低温区间的比热随 T^3 而减小，与实验结果非常吻合。表明德拜模型在预测固体比热时在高温区间和低温区间均比较成功。特别是，温度越低，德拜模型越成功，原因在于在非常低的温度下，激发的主要是长声学波，此时将晶格看成是连续介质，将格波看成弹性波的假设越趋近于实际情况。

由固体弹性特性可以计算出弹性波的波速 v_p，再根据式(3-109) $\Theta_D = \frac{\hbar v_p}{k_B}\left(6\pi^2 \frac{N}{V}\right)^{\frac{1}{3}}$ 可以计算出德拜温度。也可以通过实验测定不同温度的固体定容比热，再根据式(3-115) 拟合德拜温度。

下面我们来定性理解固体的定容比热。如图 3-11 所示，在低温区间，只有声子能量 $\hbar\omega < k_B T$ 的晶格振动模式才会被激发，这些振动模式近似于经典激发，每个振动模式的能量接近于 $k_B T$，对应的频率和波矢大小分别为 ω_T 和 q_T；德拜温度对应的频率和波矢大小分别为 ω_D 和 q_D。

因此，在三维波矢空间，被激发的晶格振动模式所占体积分数为$\left(\frac{\omega_T}{\omega_D}\right)^3$或者$\left(\frac{q_T}{q_D}\right)^3$，根据弹性波振动的色散关系有$\hbar v q_T = k_B T$，由此有$\left(\frac{q_T}{q_D}\right)^3 = \left(\frac{T}{\Theta_D}\right)^3$。根据上述分析可知，被激发的振动模式总共有$3N\left(\frac{T}{\Theta}\right)^3$个，每个振动模式对能量的贡献为$k_B T$，总能量为$3N\left(\frac{T}{\Theta}\right)^3 k_B T$，求得比热为$12N\left(\frac{T}{\Theta}\right)^3 k_B$，即在低温区间晶格振动对比热的贡献随$T^3$而减小，与实验结果吻合。

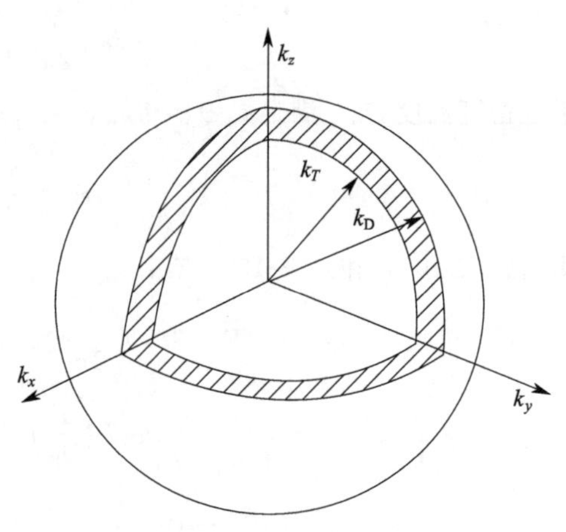

图 3-11　温度 T 时能被激发的晶格振动模式占所有振动模式之比

3.5　晶格振动声子谱的实验测定

晶体振动的这种频率与波矢间的色散关系，一般称为晶格的振动谱。微观粒子与晶格间的相互作用可以看成是与声子之间的碰撞。

3.5.1　光子与声子的相互作用

晶格振动使晶体内的电子云分布发生变化，晶体的光学常数，如折射率等发生变化，导致在晶体中传播的光波频率和波矢均发生变化。光波在晶体中传播时，光波电磁场会改变晶体内的电子云分布，影响晶体的弹性系数，导致晶格振动模式频率发生变化。光子与晶格振动之间发生相互作用，即光子受到声子的非弹性散射。

频率和波矢分别为ω和$\vec{k}$的光子入射到晶体发生散射后，将变成频率和波矢分别为ω'和$\vec{k}'$的光子，并吸收或者发射一声子，声子的频率和波矢分别为Ω和$\vec{q}$，在此过程中能量和动量均守恒。

动量守恒：　$\hbar\vec{k'} = \hbar\vec{k} \pm \hbar\vec{q}\ (\vec{k'} = \vec{k} \pm \vec{q})$

能量守恒：　$\hbar\omega' = \hbar\omega \pm \hbar\Omega$　　(3-116)

由此，只要对一定晶面入射频率为ω的光束，在不同的方位测出散射光的频率ω'，就可以确定声子的振动频率。

光波频率ω与波矢k之间存在如下色散关系：

$$\omega = \frac{c}{n}k \tag{3-117}$$

式中，c为光速；n为折射率。

长声学波声子频率Ω与波矢q之间的关系为：

$$\Omega = v_p q \tag{3-118}$$

$v_p \ll c$，若 q 与 k 比较接近时，则 $\Omega \ll \omega$，故声子能量比光子能量小得多，则式(3-116) 的能量守恒关系式近似可以表达成 $\omega \approx \omega'$，$k \approx k'$。即光子被长声学波声子散射时，入射光与散射光的波矢近似相等。如图 3-12 所示，$\vec{k}$、$\vec{k}'$和 $\vec{q}$ 三个矢量形成等腰三角形，由此有：

$$q = 2k \sin \frac{\varphi}{2} \tag{3-119}$$

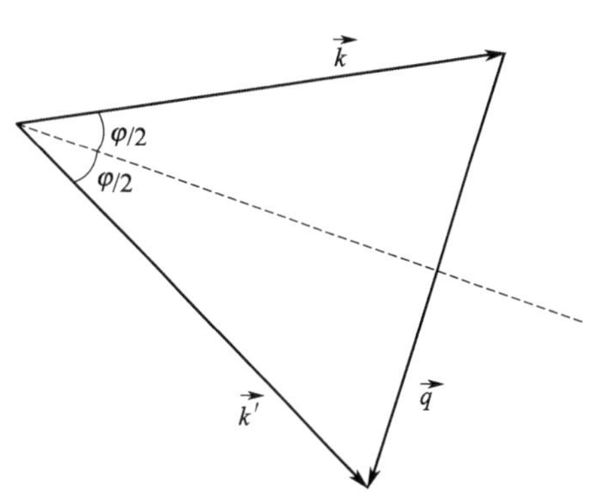

图 3-12　光子被长声学波声子散射时的波矢关系

光子与长声学波的相互作用称为光子的布里渊散射，光子与光学波声子的相互作用称为拉曼散射。因为光速很大，对一般可见光或者红外光，波矢 $\vec{k}$ 很小，满足条件的声子波矢 $\vec{q}$ 也必须很小，也可以说拉曼散射仅限于长光学波声子与光子的相互作用。为了研究整个波长范围内声子的振动谱，光子就要有很大的波矢，常利用 X 光的非弹性散射来实现，但其散射前后频率的精确测定困难。

3.5.2　中子与声子的相互作用

中子质量为 m，入射中子动量为 $\vec{P} = \hbar \vec{k}$，散射后动量 $\vec{P'} = \hbar \vec{k'}$，在中子与声子发生散射的过程中遵循能量守恒和动量守恒。

能量守恒：
$$\frac{(\hbar k')^2}{2m} = \frac{(\hbar k)^2}{2m} \pm \hbar \Omega \tag{3-120}$$

动量守恒：
$$\hbar \vec{k'} = \hbar \vec{k} \pm \hbar \vec{q} \, (\vec{k'} = \vec{k} \pm \vec{q}) \tag{3-121}$$

式中，“+”代表吸收声子；“−”代表激发声子。假定中子能量很小，不足以激发声子，则散射过程仅吸收声子，有：

$$\frac{\hbar^2}{2m}(k'^2 - k^2) = \hbar \Omega \tag{3-122}$$

由此，根据散射前后中子的能量差即可计算声子的频率，根据中子束散射的几何关系求 $\vec{k'} - \vec{k}$，得到晶格的振动谱。

设 $\vec{K}_h$ 为倒格矢，则 $\vec{q}$ 与 $\vec{q} + \vec{K}_h$ 表示的晶格振动状态等价，即

$$\vec{k}' = \vec{k} + \vec{K}_h \pm \vec{q} \tag{3-123}$$

假定散射过程中既不吸收中子，也不发射中子，即弹性散射时，上式可写成：

$$\vec{k} = \vec{k}' + \vec{K}_h \tag{3-124}$$

根据能量守恒有：

$$k = k' \tag{3-125}$$

根据图 3-13 所示的入射波矢、散射波矢和倒格矢之间的关系，可得：

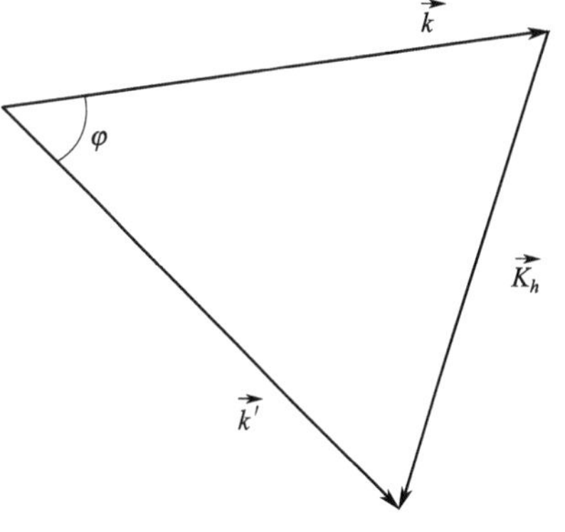

图 3-13　中子被长声学波声子散射时的波矢关系

$$k\sin\frac{\varphi}{2}=\frac{1}{2}K_h \tag{3-126}$$

当 $k<1/2K_h$ 时，图 3-13 所示的三角形关系不能形成，即（$\vec{k}+\vec{K}_h$）需要加一个 $\vec{q}$，才能满足 $\vec{k}'=\vec{k}+\vec{K}_h+\vec{q}$，也就是说，要使中子与声子碰撞时满足动量守恒定律，中子只能吸收声子，而不能发射声子。所以，中子不激发声子的条件是入射中子能量小于 $\hbar^2K_h^2/8m$，其中 K_h 为给定的晶格点阵中最小的倒格矢。

3.6 晶格振动的非简谐效应

3.6.1 非简谐效应及其本质

（1）晶格振动的简谐相互作用

简谐近似认为，当原子离开其平衡位置发生的位移非常小时，受到的相邻原子间作用力（恢复力）与该原子的位移成正比，只保留作用势的 δ^2 项。在这种情况下，晶格中的原子振动可以描述成为一系列线性独立的谐振子，振子之间不发生相互作用，不交换能量。声子一旦被激发出来，数目将保持不变，不会发生湮灭，既不能将能量传递给其他频率的声子，也不能使自身趋于平衡分布。

（2）晶格振动的非简谐相互作用

如果考虑原子间相互作用势能的 δ^3 以上项，考虑到原子间恢复力的 δ^2 以上项，晶格中的原子振动就不能再描述成一系列严格独立的谐振子。此时可将 δ 的高次项处理成微扰项。正因为如此，谐振子就不再相互独立，相互之间要发生作用，通过交换能量，某些频率的声子可能产生，某些频率的声子可能消失，各种声子的分布也才能达到平衡。

（3）两声子的非谐相互作用过程

晶格振动的非简谐效应可以看成两个声子相互碰撞，最后变成第三个声子的过程。其物理图像为：一个声子的存在引起晶体内的周期性弹性应变场，考虑到非谐效应，原子间的弹性系数并非常数，而受到弹性应变场的调制，导致第二个声子受到散射而产生第三个声子。在此过程中仍遵守能量守恒和动量守恒。

$$\hbar\omega_1+\hbar\omega_2=\hbar\omega_3 \tag{3-127}$$

$$\vec{q}_1+\vec{q}_2=\vec{q}_3 \tag{3-128}$$

由于 $\vec{q}$ 的周期性特征，波矢 $\vec{q}$ 与 $\vec{q}+\vec{K}_h$ 表示的晶格振动状态完全一样，当 $\vec{q}_1+\vec{q}_2$ 超出第一布里渊区时，对该波矢增加一个倒格矢使其回到第一布里渊区，相应地，动量守恒可以表达为：

$$\vec{q}_1+\vec{q}_2=\vec{q}_3+\vec{K}_h \tag{3-129}$$

当两声子发生碰撞遵循式(3-127）和式(3-128）时，称两声子相互作用为正常过程（N过程）；当两声子发生碰撞遵循式(3-127）和式(3-129）时，称两声子相互作用为倒逆过程（U过程）。

3.6.2 热传导与非简谐效应

（1）热传导的热力学理论

我们先学习能流密度的概念，它是指单位时间内通过单位面积的热能。能流密度与材料内部存在的温度梯度直接相关，对于给定材料，温度梯度越大，能流密度越大。但能量是向着温度降低方向流动的，因此，能流密度与温度梯度之间存在着一个负号，可以表达成如下数学关系式。

$$J=-K\frac{\mathrm{d}T}{\mathrm{d}x} \tag{3-130}$$

式中，J 表示能流密度；K 表示热导率；$\frac{\mathrm{d}T}{\mathrm{d}x}$表示晶体的温度梯度。

（2）热传导的声子理论

假定晶体单位体积的热容量为 c，晶体的一端温度为 T_1，另一端温度为 T_2，$T_1>T_2$。温度高的那一端，晶格振动将激发较多的振动模式和较大的振动幅度，即激发了较多的声子，具有较多的声子数。当这些晶格振动模式以格波形式传播至晶体的低温端时，将使低温端的晶格振动趋于具有同样多的振动模式和同样大的振幅，这样，通过晶格格波的方式将热量从晶体的高温端传到低温端。

声子在晶体中传播的过程中，相互之间将发生碰撞，声子也会与晶体中的缺陷发生碰撞。因此，声子在晶体内部的传播存在着一个自由路程 l，即两次碰撞之间声子所走过的路程。

对于一维晶体，假设晶体内的温度梯度为$\frac{\mathrm{d}T}{\mathrm{d}x}$，则晶体内距离为 l 的高低温区的温度差为 $\Delta T=-\frac{\mathrm{d}T}{\mathrm{d}x}l$。当声子移动距离 l 时，把单位体积内 $c\Delta T$ 的热量从高温区传递到低温区。假定声子在晶体中沿 x 方向的平均运动速度为 $\bar{v}_x$，则单位时间内通过单位面积的热量，即能流密度为：

$$J=(c\Delta T)\bar{v}_x=-c\bar{v}_x l\frac{\mathrm{d}T}{\mathrm{d}x} \tag{3-131}$$

若 τ 代表声子发生两次碰撞经历的时间，则 $l=\bar{v}_x\tau$，式(3-131）可写为：

$$J=-c\bar{v}_x^2\tau\frac{\mathrm{d}T}{\mathrm{d}x} \tag{3-132}$$

对于三维晶体，由能量均分定理可得 $\bar{v}_x^2=\frac{1}{3}\bar{v}^2$，故式(3-132）可进一步写为：

$$J=-\frac{1}{3}c\bar{v}^2\tau\frac{\mathrm{d}T}{\mathrm{d}x}=-\frac{1}{3}c\bar{v}l\frac{\mathrm{d}T}{\mathrm{d}x} \tag{3-133}$$

式中，$\bar{v}$ 代表三维空间声子的平均运动速度，平均自由程 $l=\bar{v}\tau$。结合 $J=-K\frac{\mathrm{d}T}{\mathrm{d}x}$得出：$K=\frac{1}{3}c\bar{v}l$。

频率为 ω 的振动模式激发出来的每个声子能量为 $\hbar\omega$，根据式(3-80)，当温度为 T 时，激发出来的声子数有：

$$\langle n\rangle=\frac{1}{\mathrm{e}^{\frac{\hbar\omega}{k_BT}}-1} \tag{3-134}$$

在高温区间时，$\frac{\hbar\omega}{k_B T}\rightarrow 0$，激发出来的声子数为：

$$\langle n\rangle \approx \frac{k_B T}{\hbar\omega} \tag{3-135}$$

温度越高，激发的声子数越多，声子之间发生碰撞的概率越大，声子的平均自由程越短，$l\propto\frac{1}{T}$，声子之间的散射越强，热导率降低。

在低温区间时，$\frac{\hbar\omega}{k_B T}\rightarrow\infty$，激发出来的声子数为：

$$\langle n\rangle = e^{\frac{-\hbar\omega}{k_B T}} \tag{3-136}$$

温度越低，激发的声子数越少，声子之间发生碰撞的概率越小，声子平均自由程越长，$l\propto e^{\frac{\hbar\omega}{k_B T}}$，当 $T\rightarrow 0$ 时，激发的声子数趋近于0，声子平均自由程 $l\rightarrow\infty$，根据式(3-133)，此时热导率似乎应趋近于无限大。然而，实际上，热导率 K 并不会趋于无穷大，因为尽管在低温时声子之间的散射概率趋于无限小，但声子在运动过程中，还会受到杂质、缺陷对声子的散射，即使对于无杂质和缺陷的理想晶体来说，声子还将受到表面和界面的散射作用，其平均自由程 l 将由晶体的几何线度来决定，设晶体的特征尺寸为 D，此时热导率可以表达为：

$$K=\frac{1}{3}c\bar{v}D \tag{3-137}$$

假定声子平均运动速度恒定不变，且在低温区间晶格对比热的贡献随 T^3 而减小，因此，在低温区间固体的热导率随 T^3 而减小。总而言之，如图 3-14 所示，固体热导率随温度先增加后降低。

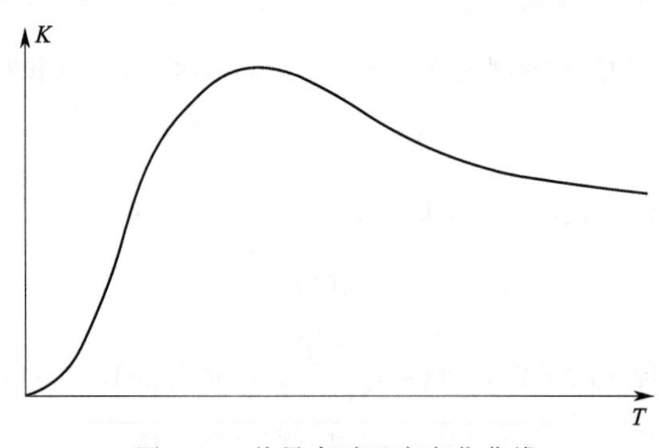

图 3-14　热导率随温度变化曲线

3.6.3　热膨胀与非简谐效应

若晶体中原子的振动是严格的简谐振动，也就意味着两个原子之间的相互作用势能仅考虑到 δ^2 项，晶体将不会因受热而膨胀。以双原子分子为例，若仅考虑简谐效应，势能曲线将相对于原子的平衡位置而左右对称，如图 3-15(a) 所示。当温度升高时，双原子体系的能量升高，两原子的振幅增大，但其平均位置与温度和振幅无关。对于热振动来说，原子之间的距离将与温度无关，即不会发生热膨胀。

实际上，倘若考虑非简谐效应，两原子间的互作用势能将包含 δ^3 及以上的各项，势能曲线并非严格的抛物线，而是不对称的函数，如图3-15(b)所示。当温度升高时，双原子体系能量升高，当振动能量为某一E_i时，两原子的平均位置将移至p_i处，即，原子的平均位置不再是平衡位置，而会随温度而变化，由此导致热膨胀现象。很显然，固体的热膨胀就是由于势能曲线的这种不对称性所导致的。

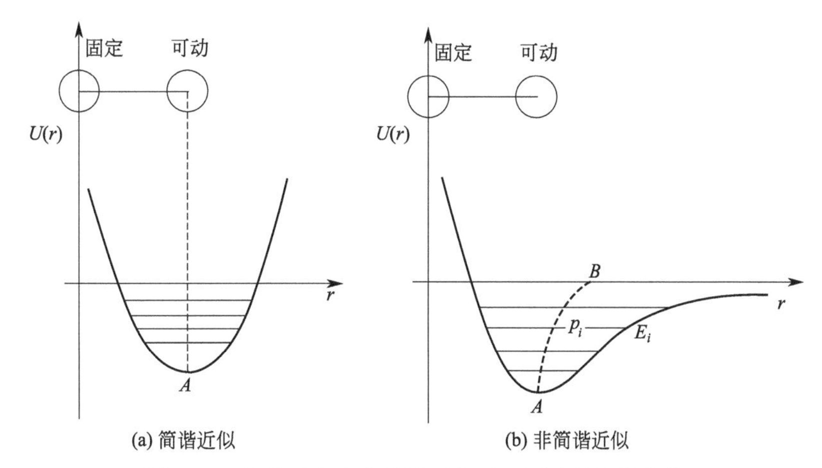

图3-15　简谐近似和非简谐近似下双原子的势能曲线

考虑非简谐效应时，两原子之间的势能可表达成：

$$U(r_0+\delta)=U(r_0)+\left(\frac{\partial U}{\partial r}\right)_{r_0}\delta+\frac{1}{2!}\left(\frac{\partial^2 U}{\partial r^2}\right)_{r_0}\delta^2+\frac{1}{3!}\left(\frac{\partial^3 U}{\partial r^3}\right)_{r_0}\delta^3+\cdots \tag{3-138}$$

式中，r_0为两原子之间的平衡距离；$U(r_0)$视为常数，取其值为参考零点。

考虑到平衡时原子的势能存在极小值，即$\left(\frac{\partial U}{\partial r}\right)_{r_0}=0$，倘若两原子之间的相互作用势能仅考虑到$\delta^3$项，令$f=\frac{1}{2!}\left(\frac{\partial^2 U}{\partial r^2}\right)_{r_0}$，$g=-\frac{1}{3!}\left(\frac{\partial^3 U}{\partial r^3}\right)_{r_0}$，则式(3-138)可以写成：

$$U(r_0+\delta)=f\delta^2-g\delta^3 \tag{3-139}$$

按玻尔兹曼统计，两原子的平均位移$\bar{\delta}=\frac{\int_{-\infty}^{\infty}\delta \mathrm{e}^{-\frac{U}{k_B T}}\mathrm{d}\delta}{\int_{-\infty}^{\infty}\mathrm{e}^{-\frac{U}{k_B T}}\mathrm{d}\delta}$。倘若势能只保留到$\delta^2$项，则$\bar{\delta}=0$，两原子的平均位置与平衡位置相同，无热膨胀；若计入非简谐项，则$\bar{\delta}\neq0$，由此得$\bar{\delta}=\frac{3}{4}\frac{g}{f^2}k_B T$，其线膨胀系数为$\alpha=\frac{1}{r_0}\frac{\mathrm{d}\bar{\delta}}{\mathrm{d}T}=\frac{3}{4}\frac{k_B g}{f^2 r_0}$，与温度无关，计入更高次项，则$\alpha$与温度有关。

习题

参考答案

1. 为什么要引入玻恩-卡门边界条件？如何理解该边界条件？
2. 什么是格波？什么是简正振动模式？长光学支格波与长声学支格波本质上有什么差别？
3. 什么是声子？设三维晶体中有N个原胞，每个原胞有P个原子，则晶格振动模式有多少种？如何理解声子的产生、湮灭？

4. 晶体中声子数目是否守恒？对于一维双原子链晶体，若温度一定，一个光学波的声子数目多还是一个声学波的声子数目多？对同一个振动模式，温度高时的声子数目多还是温度低时的声子数目多？

5. 绝对零度时还有格波存在吗？若存在，格波间还有能量交换吗？

6. 长光学格波和长声学格波能否导致离子晶体的宏观极化？

7. 在一维双原子链中，原子质量分别为 M 和 m，且 $M/m=4$，$m=8.35\times10^{-27}$kg，设弹性恢复力系数 $\beta=15$N/m，试求：

(1) 光学波频率的最大值 $\omega_{\max}^{O}$、最小值 $\omega_{\min}^{O}$ 及声学波频率的最大值 $\omega_{\max}^{A}$。

(2) 相应的声子能量 $E_{\max}^{O}$、$E_{\min}^{O}$ 和 $E_{\max}^{A}$ 是多少？

(3) $T=300$K 时，这三种声子的平均数目各有多少？

(4) 要激发最大光学频率的声子所用的电磁波长在什么波段？

8. 为什么固体比热在低温下会偏离杜隆-珀蒂定律？爱因斯坦模型在低温下与实验数据存在偏差的根源是什么？德拜模型的假设及成功之处是什么？

9. 为什么常温下固体的电子对比热的贡献比经典统计的结果要小约两个量级？

10. 简要说明热传导系数的温度依赖关系。

11. 简述测量晶格振动谱的基本原理。中子散射、可见光散射和 X 射线散射测试晶格振动谱的特征是什么？

12. 设一长度为 L 的一维简单晶格，原子质量为 m，间距为 a，原子间的相互作用势可表示成 $U(A+\delta)=-A\cos\left(\frac{\delta}{a}\right)$。试由简谐近似求：(1) 色散关系；(2) 模式密度 $D(\omega)$；(3) 晶格热容的积分形式。

【拓展阅读】

马克斯·玻恩
(Max Born，1882—1970)

德国犹太裔理论物理学家、量子力学奠基人之一，因对波函数的统计学诠释而获得 1954 年的诺贝尔物理学奖。马克斯·玻恩自 1901 年起在布雷斯劳、海德堡、苏黎世和哥廷根等大学学习，先是法律和伦理学，后是数学、物理和天文学。1905 年慕名进入哥廷根大学听 D. 希耳伯特、H. 闵可夫斯基等数学、物理学大师讲学。1907 年在哥廷根大学获博士学位，导师是希尔伯特。1912 年与西尔多·冯·卡门合作发表了《关于空间点阵的振动》的著名论文，创立晶格点阵理论。他们的这项成果早于劳厄（1879—1960）用实验确定晶格结构的工作。1915 年玻恩去柏林大学任理论物理学教授，与普朗克、爱因斯坦和能斯特并肩工作，玻恩与爱因斯坦结下了深厚的友谊，即使是在爱因斯坦对玻恩的量子理论持怀疑态度的时候，他们之间的书信见证了量子力学开创的历史，后来被整理成书出版。玻恩在柏林大学期间，曾加入德国陆军，负责研究声波理论和原子晶格理论，并于 1915 年发表了《晶格动力学》（Dynamik der Kristallgitter）。1919

年第一次世界大战结束后，玻恩转去法兰克福大学任教并领导一个实验室，他的助手奥托·施特恩后来也获得了诺贝尔物理学奖。1921—1933 年玻恩与好友夫兰克一同回到哥廷根大学任教授，主要研究工作先是晶格，然后是量子力学理论。他在哥廷根与费米、狄拉克、奥本海默和玛丽亚·格佩特-梅耶等一大批物理学家合作。1925—1926 年与泡利、海森堡和帕斯库尔·约尔丹（Pascual Jordan）一起发展了现代量子力学（矩阵力学）的大部分理论。1926 年又发表了他自己的研究成果玻恩概率诠释（波函数的概率诠释），后来成为著名的“哥本哈根解释”。1934 年起受邀在剑桥大学任教授，主要研究集中在非线性光学，并与利奥波德·因费尔德（Leopold Infeld）一起提出了玻恩-因费尔德理论。1936 年前往爱丁堡大学任教。玻恩很想把量子力学和相对论统一起来，于 1938 年提出了他的倒易理论：物理学的基本定律在从坐标表象变换到动量表象时是不变的。在量子理论的发展历程中，玻恩属于量子的革命派，他是旧量子理论的摧毁者，他认为旧量子论本身内在矛盾是根本性的，为公理化的方法所不容，构造特性架设的办法只是权宜之计，新量子论必须另起炉灶，用公理化方法从根本上解决问题。玻恩先后培养了两位诺贝尔物理学奖获得者：海森堡和泡利。不过，玻恩似乎没有他的学生幸运，他对量子力学的概率解释受到了包括爱因斯坦、普朗克等很多伟大的科学家的反对，直到 1954 年才获诺贝尔物理学奖。1954 年他和我国著名物理学家黄昆合著的《晶格动力学》一书，被国际学术界誉为有关理论的经典著作。

黄昆
(1919—2005)

浙江嘉兴人，出生于北京。世界著名物理学家、中国固体物理学和半导体物理学奠基人之一。1955 年当选为中国科学院院士。曾先后荣获 1995 年度何梁何利基金科学与技术成就奖和 2001 年度国家最高科学技术奖。1941 年（“中华民国” 三十年）毕业于燕京大学。1942 年，考取西南联合大学理论物理研究生，导师为物理学家吴大猷。1944 年，完成了《日冕光谱线的激起》的论文，获北京大学硕士学位。1945 年 8 月，在英国布里斯托大学做了莫特的博士研究生，两年内完成了三篇论文，其中一篇论文后来被称为“黄漫散射”。1947 年 5 月，黄昆到英国爱丁堡大学物理系，与当代物理学大师、诺贝尔奖获得者 M. 玻恩合作，共同撰写《晶格动力学理论》专著。1948 年，获英国布里斯托尔大学博士学位，之后在英国爱丁堡大学物理系、利物浦大学理论物理系从事研究工作。1950 年，黄昆与合作者首次提出多声子的辐射和无辐射跃迁的量子理论，即“黄-佩卡尔理论”。1951 年，回到北京大学任物理系教授，首次提出晶体中声子与电磁波的耦合振荡模式及有关的基本方程，即“黄方程”。1956 年，参与创建了中国第一个半导体物理专业，编著了《固体物理学》教材。1977 年，调任中国科学院半导体研究所所长。1988 年，与朱邦芬建立超晶格光学振动的理论，被国际物理学界称为“黄-朱模型”。1985 年，当选为第三世界科学院院士，中国科学院半导体研究所研究员、名誉所长。2001 年，获得了该年度国家最高科学技术奖。黄昆先生一贯强调德才兼备，教书与育人相结合的教育原则，呕心沥血，教诲提携，以极大精力投入为国家培养科技人才的光荣事业，堪称中国科学界的典范。

第4章

金属自由电子费米气体

本章导读：本章介绍了经典自由电子模型及其局限性、自由电子费米气体模型；介绍了自由电子气体的热学性质、电子能态密度、电子气体热容的定性和定量解释；介绍了金属的实验热容、电导率和欧姆定律、散射机制与电阻率；讨论了具有不同功函数的金属接触时的接触势差及其与费米能级的关系。

前几章针对晶体的结构与结合类型、晶格振动与晶体的热力学性质的学习，仅涉及固体中原子的状态及运动规律，即固体的原子理论。要进一步全面、深入地认识固体，还需要研究固体中的电子状态及其运动变化规律，建立和发展完善的固体电子理论。

由于金属具有很高的强度和良好的延展性，特别是具有极好的导热和导电性能，很早就引起了人们的重视，在生产生活中被广泛应用。因此，固体的电子理论首先是从金属自由电子气体模型开始的。从微观角度看，当金属原子按照一定的周期有序排列形成晶体时，价电子将变成共有化电子，失去电子的离子实形成晶体的骨架，带有负电荷的电子在晶格中自由运动。在这种情况下要研究和表征电子的运动规律是件很复杂的多体问题（$10^{23}/cm^3$），很难处理。物理学的研究往往从最简单的模型出发，逐渐向复杂过程过渡，对金属中自由电子运动的研究也不例外。我们将首先把金属中的价电子看成是在封闭的晶格中运动的自由电子气体，在研究清楚自由电子气体的运动变化规律的基础上，再加入晶格周期势场的作用，以及电子之间的相互作用，并将研究对象从金属扩展至其他类型的固体。

本章主要讨论晶格中自由电子气体的运动规律及电子热容、电导率等。下一章，再考虑周期性晶格势场作用下以及存在电子间相互作用时的电子状态及运动规律——固体电子能带理论。

4.1 金属自由电子的物理模型

4.1.1 经典金属自由电子论及其局限性

为什么金属既是电的良导体，又是热的良导体。这个问题曾经长期困扰着物理学家。1897 年，英国科学家汤姆逊（Thomson）首先发现了电子，并揭示了金属的导电性是由于金属内部大量电子在外电场作用下定向移动形成的。与此同时，经典物理学的发展完善了气体分子运动论，并成功解释了理想气体的相关问题。

在以上理论的基础上，1900 年，Drude 提出了金属电子运动的经典模型，即金属自由电子气模型。该模型对金属的结构有如下描述：如图 4-1 所示，金属原子壳层的内层电子受原子核的束缚作用，与原子核构成原子实；外层价电子受原子核的束缚较弱，能够在金属内部自由移动，称为传导电子。由大量传导电子构成的系统称为自由电子气系统。

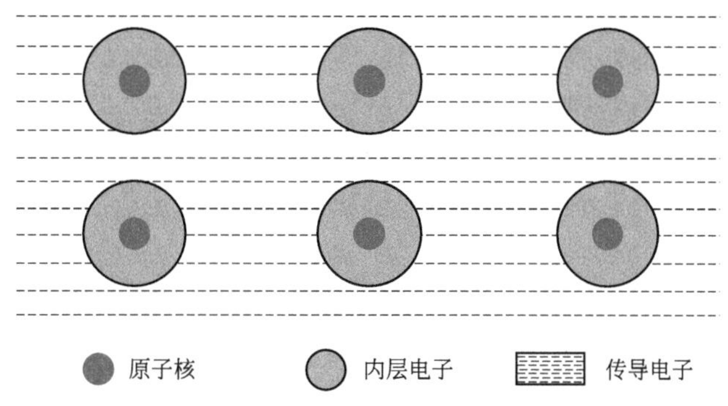

图 4-1　金属晶体中原子实与传导电子模型

Drude 认为，只要略做修正，就可以将金属体内的高浓度电子气视为理想气体，并运用气体分子运动理论加以处理。包含两点假设：

① 自由电子近似。除碰撞外，电子与离子实之间没有相互作用，电子也感受不到离子实所产生的势场的存在，电子在空间自由运动。

② 独立电子近似。电子之间无相互作用，电子彼此独立地运动。

由此以来，就可以将金属晶体内部的电子看成自由电子气体，这就是经典自由电子气体模型，其成功之处在于：

① 能成功地定性说明金属的导电性质、霍尔效应、磁阻等现象。在电场作用下自由电子的运动就产生了电流，电流在磁场作用下发生偏转就产生了霍尔效应，且产生附加的电阻，称之为磁阻。

② 能定性说明金属电子热导率与电导率的关系。

但由于经典自由电子模型过于简单，存在着很大局限性：

① 不能解释电子热容的实验结果。按照经典能量均分原理和玻尔兹曼统计规律，电子可填充任何能级，可同时处于基态能级。对于由 N 个自由电子组成的金属体系，不考虑自由电子的势能，每个电子自由度对动能的贡献为$\frac{1}{2}k_{\mathrm{B}}T$，该体系 $3N$ 个自由度的总能量为 $E=\frac{3}{2}Nk_{\mathrm{B}}T$，则电子热容为 $C_{\mathrm{e}}=\frac{3}{2}Nk_{\mathrm{B}}$，与晶体热容在同一量级。然而，实验结果表明，在常温下，电子热容 C_{e} 比晶格热容要小两个量级，而且与温度有关，电子热容 C_{e} 随 T 的降低而趋于 0。很显然，用经典自由电子模型难以解释固体电子热容的实验结果。

② 不能区分固体材料的金属、半导体特性。

③ 不能确定 Hall 效应的方向性。

4.1.2 金属自由电子费米气体模型

进入 20 世纪以后，物理学发生了翻天覆地的变化，研究微观世界的原子分子物理，以及热力学中的统计理论均已突破经典物理学的框架。1928 年，Sommerfeld 在量子理论和费米-狄拉克统计理论的基础上，重新建立了金属电子论。该模型与 Drude 模型的主要区别在于：①引入泡利不相容原理约束价电子的运动状态；②要求电子遵循费米-狄拉克统计分布，而不是经典的玻尔兹曼统计分布。

(1) 自由电子费米气体模型的基本内容

① 电子不能随便填充能级，必须满足泡利不相容原理。

② 电子是费米子，电子在能级上的分布服从费米-狄拉克统计：

$$f(E)=\frac{1}{e^{\frac{E-E_F}{k_B T}}+1} \tag{4-1}$$

式中，E_F 表示费米能级；$f(E)$ 表示在温度 T 时，能级为 E 的一个量子态上平均分布的电子数。因一个量子态上最多由一个电子所占据，所以 $f(E)$ 的物理含义是：在热平衡时，能量为 E 的一个量子态被电子占据的概率。

③ 引入平均势能，即 $U(r)$ 为一恒定的常数，如图 4-2 所示。对电子的作用力为：

$$f=-\frac{\partial U}{\partial r}=0 \tag{4-2}$$

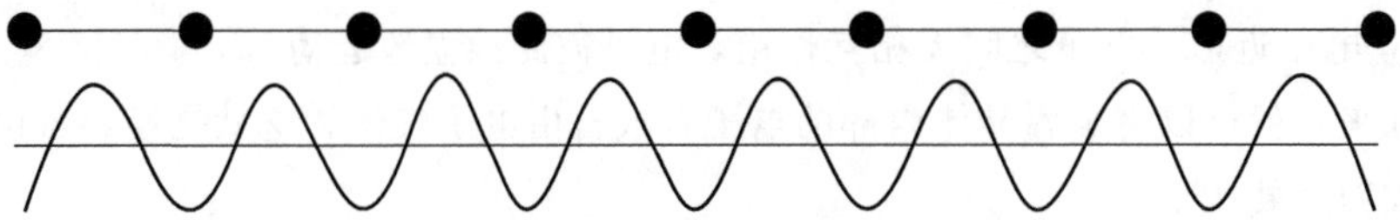

图 4-2 平均势能示意

由此以来，将离子实的势场作用完全忽略掉，“电子”实为考虑到外场作用的“准粒子”。

(2) 费米-狄拉克分布函数的温度关系

① 当 $T=0$ 时，$$f(E)=\begin{cases}1 & (E\leqslant E_F)\\ 0 & (E>E_F)\end{cases} \tag{4-3}$$

② 当 $T\neq 0$ 时，$$\begin{cases}e^{(E-E_F)/k_B T}\gg 1, f(E)=0 & (E \text{ 比 } E_F \text{ 大几个 } k_B T)\\ e^{(E-E_F)/k_B T}\ll 1, f(E)=1 & (E \text{ 比 } E_F \text{ 小几个 } k_B T)\end{cases} \tag{4-4}$$

如图 4-3(a) 所示，$T=0$K 时费米-狄拉克分布函数是一个阶梯函数，能量小于 E_F 的所有量子态均 100%被填充，而能量大于 E_F 的所有量子态均未被填充，为空态，因此，费米能级是基态时电子可以填充的最高能级。当$T\neq 0$ 时，与 $T=0$K 时情形的差别仅在 E_F 附近的几个 $k_B T$ 的范围内。室温时，$\frac{k_B T}{E_F}\approx 0.01$，在 E_F 能级附近，一些填充在 $E<E_F$ 能级上的电子获得 $k_B T$ 的能量被激发到$E>E_F$ 的量子态上，在 $E<E_F$ 的量子态上留下空态，而 $f(E_F)=1/2$。$f(E_F)$存在变化的仅是 E_F 附近非常窄的范围，$-\left(\frac{\partial f}{\partial E}\right)$也仅在 E_F 附近非常

窄的范围内存在有限值，如图 4-3(b) 所示。温度越高，发生跃迁的电子越多。由于费米能级附近填充的电子对金属材料的导电性、导热性、热容等均具有决定性的作用，因此在学习和研究过程中要充分重视。

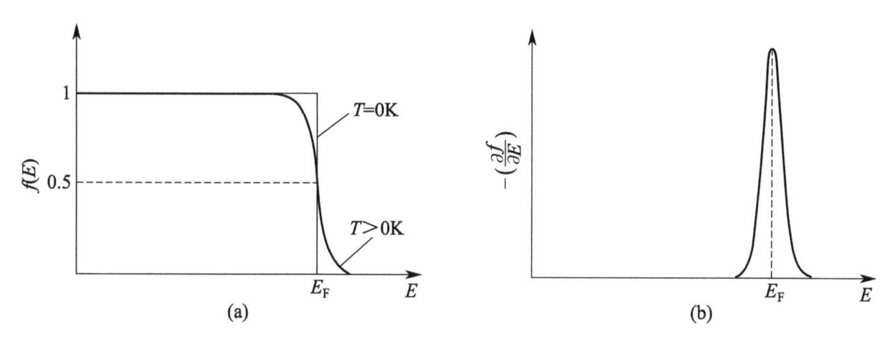

图 4-3 不同温度下的费米分布 (a) 及对能量微分的分布 (b)

4.2 金属自由电子气体的费米参数

4.2.1 一维自由电子费米气体

(1) 一维薛定谔方程及其解

自由电子气体运动过程满足的是薛定谔方程。考虑到独立电子近似，在研究一个电子的运动时不考虑其他电子的影响。我们考察的是一个质量为 m 的电子被囚禁在宽度为 L 的无限深势阱中的问题，电子不能逃出一维势阱，满足的一维薛定谔方程为：

$$\left[-\frac{\hbar^2}{2m}\frac{\mathrm{d}^2}{\mathrm{d}x^2}+U(x)\right]\psi(x)=E\psi(x) \tag{4-5}$$

式中，$-\frac{\hbar^2}{2m}\frac{\mathrm{d}^2}{\mathrm{d}x^2}$为动能算符；$U(x)$为势能算符；$\psi(x)$为描述电子运动状态的波函数；$E$ 为电子的本征能量。电子被囚禁意味着阱外势场无限大，而处于阱内的电子自由，感受不到势场的作用，即 $U(x)=0$。处于阱内电子的薛定谔方程为：

$$-\frac{\hbar^2}{2m}\frac{\mathrm{d}^2\psi(x)}{\mathrm{d}x^2}=E\psi(x) \tag{4-6}$$

令 $k^2=\frac{2mE}{\hbar^2}$，则有 $E=\frac{\hbar^2k^2}{2m}$，可将方程式(4-6) 改写为：

$$\frac{\mathrm{d}^2\psi(x)}{\mathrm{d}x^2}+k^2\psi(x)=0 \tag{4-7}$$

此外，在无限深势阱外不存在电子，则 $\psi(x)=0$，考虑到波函数的连续性，无限深势阱的边界条件为 $\psi(0)=\psi(L)=0$。对于式(4-7) 描述的二阶微分方程的通解为：

$$\psi_n(x)=A\sin k_n x+B\cos k_n x \tag{4-8}$$

当 $x=0$ 时，$\psi_n(0)=B=0$。

当 $x=L$ 时，$\psi_n(L)=A\sin k_nL=0$，则有 $k_nL=n\pi$，$k_n=\frac{n\pi}{L}$，$\psi_n(x)=A\sin\frac{n\pi}{L}x$。电子波函数的归一化条件为：

$$\int_0^L|\psi_n(x)|^2\mathrm{d}x=\int_0^L A^2\sin^2\frac{n\pi}{L}x\,\mathrm{d}x=\frac{A^2}{2}L=1 \tag{4-9}$$

则归一化系数 $A=\sqrt{\frac{2}{L}}$，因此，一维自由电子波函数为 $\psi_n(x)=\sqrt{\frac{2}{L}}\sin\frac{n\pi}{L}x$。此驻波解不存在传播方向问题，当 n 由正值变为负值时，对电子在空间的概率分布无影响，此处规定 n 取正整数。

(2) 电子轨道和轨道能量

电子轨道用来表示单电子系统波动方程的解，表示单电子的可能运动状态。在单电子近似下，一个轨道对应一个能量状态。其轨道能量为 $E_n=\frac{\hbar^2k^2}{2m}=\frac{\hbar^2}{2m}\left(\frac{n\pi}{L}\right)^2$，其中量子数为 $n=1,2,3,\cdots$。很显然，一维自由电子气体的轨道能量是量子化的，与主量子数的平方成正比，如图 4-4 所示。

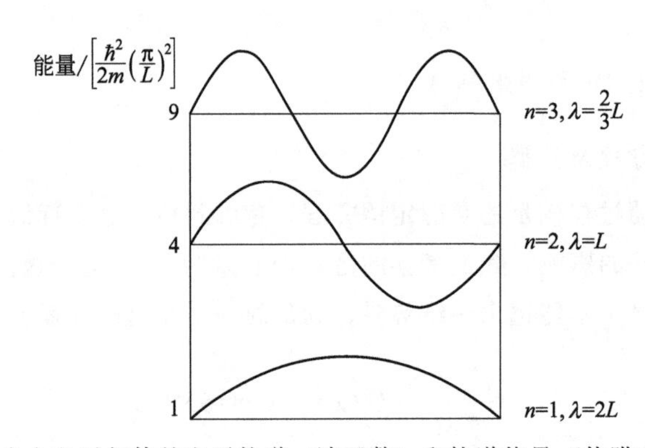

图 4-4　一维自由电子气体的电子轨道（波函数）和轨道能量（势阱中粒子的能级）

(3) 基态电子填充的原则

处于基态的电子在填充能级时，应满足能量最低原则和泡利不相容原理，具体如下：

① 能量最低原则，即电子填充能级时，先填充能量低的状态，再依次填充能量高的状态。

② 泡利不相容原理，即两个电子不能有完全相同的量子数组，或者说由一组量子数构成的量子数组所描写的一个量子态最多只能有一个电子填充，当该状态已被电子填充时，其他电子填充时要受到排斥。

对于一维晶体而言，存在着两个量子数，主量子数 n 和自旋量子数 m_s。主量子数取正整数，自旋量子数可以取 $+\frac{1}{2}$ 和 $-\frac{1}{2}$，分别表示自旋向上和自旋向下两种状态。对于一对给定的主量子数和自旋量子数描写的量子态，最多只能有一个电子占据。譬如，对于包含有 6 个自由电子的一维体系来说，首先，填充主量子数 $n=1$ 的两个状态，再填充主量子数 $n=2$ 的两个状态，最后填充主量子数为 $n=3$ 的两个状态，$n=4$ 的两个状态全部是空的，如表 4-1 所示。

表 4-1 基态电子填充量子态情况

N	m_s	电子占据数	N	m_s	电子占据数
1	↑	1	3	↑	1
1	↓	1	3	↓	1
2	↑	1	4	↑	0
2	↓	1	4	↓	0

从电子轨道能量分布来看，具有相同能量的轨道可以不止一个，当两个量子态具有相同能量时称之为能级的简并，能量相等的能级数目即为简并度，对于一维自由电子气体来说每个能级的简并度为 2。

（4）费米能级

在基态时，电子可以填充的最高能级即为费米能级。对于包含有 N 个自由电子的一维体系来说，假设 N 为偶数，在 $T=0\text{K}$ 时，最高可填充能级的量子数 $n_F=N/2$，对应能量为：$E_F=\frac{\hbar^2}{2m}\left(\frac{n_F\pi}{L}\right)^2=\frac{\hbar^2}{2m}\left(\frac{\pi}{2}\frac{N}{L}\right)^2$，其中 N/L 为一维自由电子气体的数密度。假设 N 为奇数，$T=0\text{K}$ 时最高可填充能级为：$E_F=\frac{\hbar^2}{2m}\left(\frac{n_F\pi}{L}\right)^2=\frac{\hbar^2}{2m}\left(\frac{\pi}{2}\frac{N+1}{L}\right)^2$。考虑到通常情况下自由电子数目 N 远远大于 1，因此，无论 N 是奇数还是偶数，电子填充的最高能级或费米能级均可以写成 $E_F=\frac{\hbar^2}{2m}\left(\frac{\pi}{2}\frac{N}{L}\right)^2$。

4.2.2 三维自由电子费米气体

（1）单电子本征态和本征能量

与一维情况类似，根据独立电子近似，我们考察一个质量为 m 的被囚禁在边长为 L 的立方体内的自由电子。单电子状态用波函数 $\psi(\vec{r})$ 描述，电子运动满足的三维薛定谔方程为：

$$\left[-\frac{\hbar^2}{2m}\nabla^2+U(\vec{r})\right]\psi(\vec{r})=E\psi(\vec{r}) \tag{4-10}$$

式中，$-\frac{\hbar^2}{2m}\nabla^2$ 为动能算符；$U(\vec{r})$ 为势能算符。根据自由电子近似，忽略电子与离子实之间的相互作用，在晶体内取 $U(\vec{r})=0$，则方程变为：

$$-\frac{\hbar^2}{2m}\nabla^2\psi(\vec{r})=E\psi(\vec{r}) \tag{4-11}$$

式中，$\nabla^2=\frac{\partial^2}{\partial x^2}+\frac{\partial^2}{\partial y^2}+\frac{\partial^2}{\partial z^2}$为拉普拉斯算符。

令 $E=\frac{\hbar^2k^2}{2m}=\frac{\hbar^2}{2m}(k_x^2+k_y^2+k_z^2)$，假定电子沿 x、y、z 方向上的运动互不相关，则可以分离变量，令 $\psi(\vec{r})=\varphi_1(x)\varphi_2(y)\varphi_3(z)$，方程式(4-11) 变为：

$$\frac{\mathrm{d}^2\varphi_1(x)}{\mathrm{d}x^2}\varphi_2(y)\varphi_3(z)+\frac{\mathrm{d}^2\varphi_2(y)}{\mathrm{d}y^2}\varphi_1(x)\varphi_3(z)+\frac{\mathrm{d}^2\varphi_3(z)}{\mathrm{d}z^2}\varphi_1(x)\varphi_2(y)+$$

$$(k_x^2+k_y^2+k_z^2)\varphi_1(x)\varphi_2(y)\varphi_3(z)=0$$

方程两边同除以 $\varphi_1(x)\varphi_2(y)\varphi_3(z)$，可得：

$$\frac{\dfrac{d^2\varphi_1(x)}{dx^2}}{\varphi_1(x)}+\frac{\dfrac{d^2\varphi_2(y)}{dy^2}}{\varphi_2(y)}+\frac{\dfrac{d^2\varphi_3(z)}{dz^2}}{\varphi_3(z)}+(k_x^2+k_y^2+k_z^2)=0$$

进行分离变量后有：

$$\begin{cases}\dfrac{d^2\varphi_1(x)}{dx^2}+k_x^2\varphi_1(x)=0\\ \dfrac{d^2\varphi_2(y)}{dy^2}+k_y^2\varphi_2(y)=0\\ \dfrac{d^2\varphi_3(z)}{dz^2}+k_z^2\varphi_3(z)=0\end{cases}\tag{4-12}$$

由此以来，就把一个三维自由电子运动的方程变成三个一维自由电子气体的情形，其驻波解：$\psi=A\sin(k_xx)\sin(k_yy)\sin(k_zz)$。

电子能量为：$E=\dfrac{\hbar^2}{2m}(k_x^2+k_y^2+k_z^2)$

$$k_x=\frac{n_x\pi}{L},k_y=\frac{n_y\pi}{L},k_z=\frac{n_z\pi}{L}\ (n_x,n_y,n_z=1,2,3,4,\cdots)\tag{4-13}$$

方程式(4-11) 还存在平面波解： $\psi(\vec{r})=C\,e^{i\vec{k}\cdot\vec{r}}$ (4-14)

归一化条件 $\int_V|\psi(\vec{r})|\,dV=C^2V=1\Rightarrow C=\dfrac{1}{\sqrt{V}}$，则波函数可写为：

$$\psi(\vec{r})=\frac{1}{\sqrt{V}}e^{i\vec{k}\cdot\vec{r}}\tag{4-15}$$

式中，$\vec{k}$ 为平面波波矢，方向为其传播方向，大小为 $k=2\pi/\lambda$。

如图 4-5 所示，考虑到周期性边界条件：

$$\begin{cases}\psi(x+L,y,z)=\psi(x,y,z)\\ \psi(x,y+L,z)=\psi(x,y,z)\\ \psi(x,y,z+L)=\psi(x,y,z)\end{cases}\tag{4-16}$$

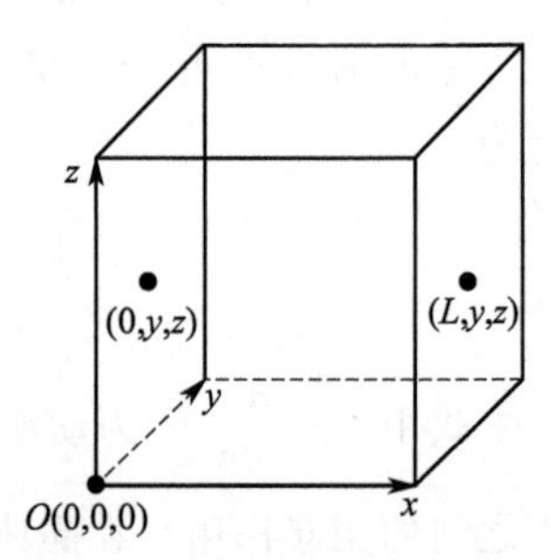

图 4-5 周期性边界条件

将 $\psi(\vec{r})=Ce^{i\vec{k}\cdot\vec{r}}=Ce^{i(k_xx+k_yy+k_zz)}$ 代入式(4-16)有：

$$\begin{cases}e^{ik_xx}=e^{ik_x(x+L)}\\ e^{ik_yy}=e^{ik_y(y+L)}\\ e^{ik_zz}=e^{ik_z(z+L)}\end{cases}，由此有\begin{cases}k_x=\dfrac{2\pi n_x}{L}\\ k_y=\dfrac{2\pi n_y}{L}\\ k_z=\dfrac{2\pi n_z}{L}\end{cases}\tag{4-17}$$

n_x、n_y、n_z 为任意整数，可正可负，原因在于利用周期性边界条件后，行波解的波矢具有方向性，n_x、n_y、n_z 的正、负号代表了波矢沿不同方向，具有物理意义。因此，在三维波矢空间（k 空间）中，可以用离散的点来表示许可的 k 值，每一个这样的点在 k 空间中所占据的体积为 $\Delta k=\Delta k_x\Delta k_y\Delta k_z=(2\pi/L)^3$，如图 4-6 所示。

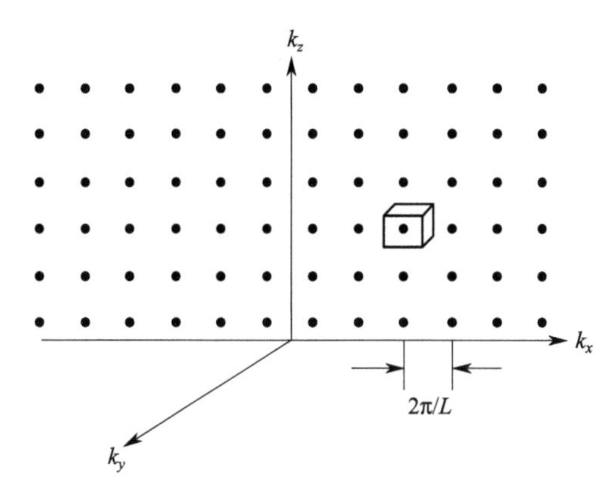

图 4-6　k 空间中单电子的许可态示意图

电子的本征能量为：

$$E=\frac{\hbar^2}{2m}(k_x^2+k_y^2+k_z^2)=\frac{\hbar^2}{2m}\left(\frac{2\pi}{L}\right)^2(n_x^2+n_y^2+n_z^2) \tag{4-18}$$

其本征能量取决于 n_x、n_y、n_z，且能量是量子化的。金属晶体中自由电子的能量是量子化的，各分立的能级组成不连续的能谱。由于能级间的能量差很小，又称为准连续能谱。

(2) 量子数（表示一个量子状态）

在直角坐标系中，决定自由电子在三维空间的一个运动状态需要用 n_x、n_y、n_z、m_s 四个量子数表示；在球坐标系中用主量子数 n、角量子数 l、磁量子数 m、自旋量子数 m_s 四个量子数表示一个状态。对于三维自由电子气体，无论在哪种坐标系中均可用四个量子数描写一个电子态，称为一个量子数组。

(3) 费米参数

首先我们学习关于费米参数的几个重要概念。

自由电子等能面是指在 k 空间能量相等的状态构成的曲面。对于各向同性的晶体而言，自由电子等能面为球面。

费米面是指当温度 $T=0$K 时，电子能填充的最高等能面，也就是填充状态与非填充状态的分界线，其附近的电子决定了金属的热、电性质。对于各向同性的晶体来说，费米面实质上是一个球面。

费米能可表达为 $E_F=\frac{\hbar^2}{2m}k_F^2$，是指温度 $T=0$K 时电子可以填充的最高等能面对应的能量，其中 k_F 为费米波矢。

下面我们具体计算三维的费米参数。在三维波矢空间每个允许的 k 点占据的三维波矢空间的大小为 $\left(\frac{2\pi}{L}\right)^3=\frac{8\pi^3}{V}$，因此，在三维波矢空间 k 点取值密度为 $\frac{V}{8\pi^3}$。对于由 N 个自由电子组成的体系，费米面包围的费米球内的所有状态在 $T=0$K 时都 100% 被填充，因此，包含的总电子态数即为总自由电子数 $2\times\frac{V}{8\pi^3}\frac{4}{3}\pi k_F{}^3=N$，其中 2 是由于在每个允许的 k 点又存在自旋相反的两个状态，由此得到费米波矢 $k_F=\left(\frac{3\pi^2 N}{V}\right)^{\frac{1}{3}}$，令 $n=\frac{N}{V}$ 为三维自由电子的体密度。费米能为

$E_F=\frac{\hbar^2 k_F^2}{2m}=\frac{\hbar^2}{2m}\left(\frac{3\pi N}{V}\right)^{\frac{2}{3}}$，显然，与一维自由电子气类似，费米能量仅与自由电子密度有关。

费米速度 $\vec{v}_F$ 是指费米面上填充电子的运动速度，电子具有波粒二象性，其动量可以用两种方式表示。

$$\vec{p}=\hbar\vec{k}=m\vec{v}_F \tag{4-19}$$

则费米速率为：

$$v_F=\frac{\hbar k}{m}=\frac{\hbar}{m}\left(\frac{3\pi^2 N}{V}\right)^{\frac{1}{3}} \tag{4-20}$$

对于一个给定的 $\vec{k}$，可得到电子的能量、动量、速度和波函数。

(4) 基态电子能量

考虑到 $T=0\text{K}$ 时电子 100%填充费米球里面的所有状态，而费米球外的所有状态均为空态，未被电子占据，即体系总能量为费米球内所填充电子能量的总和。在费米球内，能量从 E 到 $E+\mathrm{d}E$ 包含的电子态对应三维波矢空间波矢大小 $k\rightarrow k+\mathrm{d}k$ 对应的球壳内的电子态，该球壳体积为 $4\pi k^2\mathrm{d}k$，在三维波矢空间 k 点的取值密度为$\frac{V}{8\pi^3}$，考虑到每个分立的 k 点又存在自旋相反的两个状态，故该球壳内的总电子状态数目为 $2\times\frac{V}{8\pi^3}\times 4\pi k^2\mathrm{d}k$，且均 100%被填充，其中每一个电子对能量的贡献为$\frac{h^2k^2}{2m}$，故费米球内所有量子态上填充的电子对体系能量的贡献为：

$$U=\int_0^{k_F}\frac{h^2k^2}{2m}\times 2\times\frac{V}{8\pi^3}\times 4\pi k^2\mathrm{d}k=\frac{h^2Vk_F^5}{10m\pi^2}$$

由费米波矢 $k_F=\left(\frac{3\pi^2 N}{V}\right)^{\frac{1}{3}}$，可以得到 $N=\frac{k_F^3V}{3\pi^2}$。即每个电子在基态的能量为：

$$\frac{U}{N}=\frac{h^2Vk_F^5}{10m\pi^2}\times\frac{3\pi^2}{k_F^3V}=\frac{3h^2k_F^2}{10m}=\frac{3}{5}E_F$$

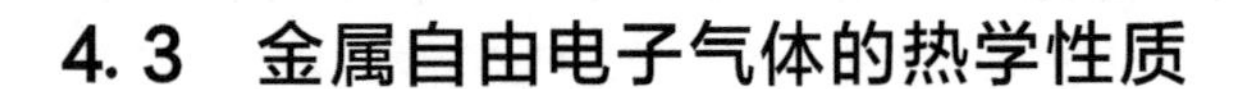

4.3 金属自由电子气体的热学性质

4.3.1 电子能态密度

求解孤立原子的薛定谔方程，能够得到描述孤立原子中电子运动状态的波函数，及一系列分立的能量本征值，并可通过标明各能级的能量，来说明电子的分布情况。但对于金属晶体来说，由于传导电子的浓度非常大，电子的能态非常密集，能级之间的差值极小，可视为准连续的分布状态。在这种情况下，讨论单个能级是没有意义的。为了阐明固体中电子能态的分布情况，引入能态密度的概念。能态密度是指单位体积、单位能量间隔包含自旋在内的电子态数 $g(\varepsilon)$。下面介绍两种计算电子能态密度 $g(\varepsilon)$ 的方法。

① 能量在 $\varepsilon\rightarrow\varepsilon+\mathrm{d}\varepsilon$ 之间的电子状态数可表示为：

$$\mathrm{d}N=Vg(\varepsilon)\mathrm{d}\varepsilon \tag{4-23}$$

式中，V 为晶体体积。假定晶体为各向同性，则电子状态能量只和波矢大小有关，电子等能面实质为球面，将对应着 k 空间波矢大小 $k\rightarrow k+\mathrm{d}k$ 之间的球壳中包含的电子状态数：

$$\mathrm{d}N=2\times\frac{V}{8\pi^3}\times 4\pi k^2\mathrm{d}k \tag{4-24}$$

由 $\varepsilon=\frac{\hbar^2k^2}{2m}$ 可得出 $k=\left(\frac{2m\varepsilon}{\hbar^2}\right)^{\frac{1}{2}}$，所以 $\mathrm{d}k=\left(\frac{2m}{\hbar^2}\right)^{\frac{1}{2}}\times\frac{1}{2}\varepsilon^{-\frac{1}{2}}\mathrm{d}\varepsilon$。将 k 和 $\mathrm{d}k$ 代入式(4-24) 得到：

$$\mathrm{d}N=2\times\frac{V}{8\pi^3}\times4\pi\left(\frac{2m\varepsilon}{\hbar^2}\right)\left(\frac{2m}{\hbar^2}\right)^{\frac{1}{2}}\times\frac{1}{2}\varepsilon^{-\frac{1}{2}}\mathrm{d}\varepsilon=\frac{V}{\pi^2\hbar^3}(2m^3\varepsilon)^{\frac{1}{2}}\mathrm{d}\varepsilon \tag{4-25}$$

与式(4-23) 进行比较可以得到电子能态密度为：

$$g(\varepsilon)=\frac{\mathrm{d}N}{V\mathrm{d}\varepsilon}=\frac{1}{\pi^2\hbar^3}(2m^3\varepsilon)^{\frac{1}{2}} \tag{4-26}$$

② 对于各向同性的晶体，能量小于 ε 的所有电子状态数实质上为三维波矢空间波矢大小为 k 对应等能球面所包围球体内包含的电子状态数。

$$N'=2\times\frac{V}{8\pi^3}\times\frac{4\pi}{3}k^3=\frac{V}{3\pi^2}k^3=\frac{V}{3\pi^2}\left(\frac{2m\varepsilon}{\hbar^2}\right)^{\frac{3}{2}} \tag{4-27}$$

对式(4-27) 两边同时取自然对数，有：

$$\ln N'=\frac{3}{2}\ln\varepsilon+C' \tag{4-28}$$

对式(4-28) 两边同时求微分，$\frac{\mathrm{d}N'}{N'}=\frac{3}{2}\times\frac{\mathrm{d}\varepsilon}{\varepsilon}$，则有：

$$g(\varepsilon)=\frac{\mathrm{d}N'}{V\mathrm{d}\varepsilon}=\frac{3}{2}\frac{N'}{\varepsilon V}=\frac{1}{\pi^2\hbar^3}(2m^3\varepsilon)^{\frac{1}{2}} \tag{4-29}$$

单位体积材料中自由电子的能态密度 $g(\varepsilon)$ 随 ε 的变化关系见图 4-7。从图中可以看出，ε 越大，$g(\varepsilon)$ 也越大，能级也就越密。

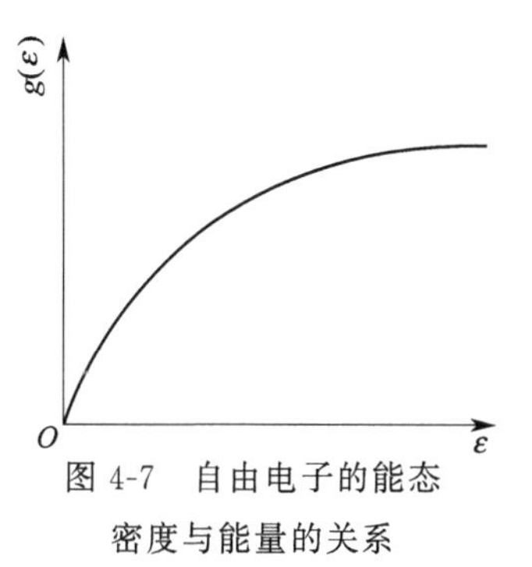

图 4-7 自由电子的能态密度与能量的关系

4.3.2 电子气体热容的定性解释

对于一个包含有 N 个自由电子的体系，考虑到泡利不相容原理以及费米-狄拉克分布函数，如图 4-8 所示，当温度 $T>0$ 时，能够被激发的电子仅为费米能级附近填充的电子，其数目大致为：

$$N'=\frac{k_BT}{E_F}N \tag{4-30}$$

每一个自由电子对能量的贡献为 $\frac{3}{2}k_BT$，则对能量变化有贡献的电子对体系总能量的贡献为：

$$U=\frac{k_BT}{E_F}N\ \frac{3}{2}k_BT=\frac{3}{2}N\left(\frac{T}{T_F}\right)k_BT \tag{4-31}$$

式中，$E_F=k_BT_F$；T_F 为费米温度。则电子对热容的贡献为：$C_e=\left(\frac{\partial U}{\partial T}\right)_V=3N\left(\frac{T}{T_F}\right)k_B$，通常 $\frac{T}{T_F}\approx0.01$。因此，在通常情况下，金属中电子的热容仅为自由粒子热容的百分之几。原因在于，在常温下，费米球内远离费米面的状态完全被电子占据，这些电子从晶格振动获取的能量不足以使其跃迁至费米面附近的空状态，能发生跃迁的只是靠近费米面附近的状态上填充的少数电子，只有它们的能量随温度变化，对热容有贡献。这就导致在常温下，电子对热容的贡献很小。

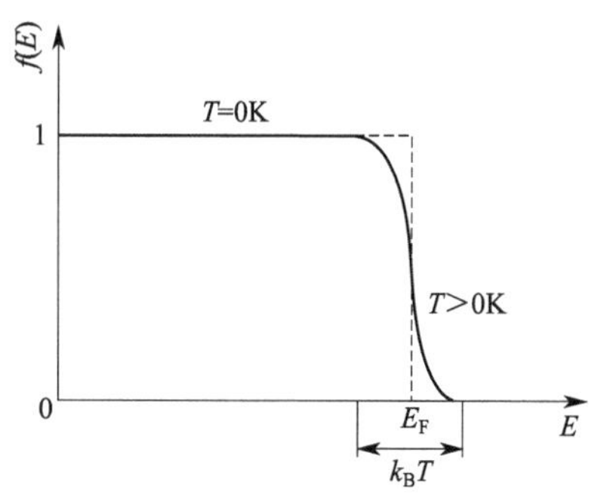

图 4-8 填充在费米能级附近的电子被激发示意

4.3.3 电子气体热容的定量解释

基于电子遵循的费米-狄拉克统计分布与电子能态密度，我们来定量计算电子气体对热容的贡献。当 $T=0\text{K}$ 时，电子填充费米能级以下的所有量子态，而费米能级以上所有状态都是空的，费米-狄拉克分布函数可表示为：

$$f(E)=\begin{cases}1, E\leqslant E_F\\0, E>E_F\end{cases}$$

当 $T\neq 0\text{K}$ 时，能量小于费米能级但在费米能级附近的一部分电子存在着一定的概率跃迁至费米能级以上能级，系统能量随之增加，温度越高，发生跃迁的电子数越多，体系能量就越高。

引入 $D(E)=g(E)V$ 为单位能量间隔内的状态数，则体系能量变化量可表示为：

$$\Delta U=U_2-U_1=\int_0^\infty D(E)f(E,T)E\mathrm{d}E-\int_0^{E_F}D(E)E\mathrm{d}E \tag{4-32}$$

其中等式右边第一项为温度 $T\neq 0\text{K}$ 时体系的能量，而第二项为 $T=0\text{K}$ 时体系的能量。则电子热容可表达为：

$$C_e=\frac{\partial(\Delta U)}{\partial T}=\int_0^\infty D(E)E\frac{\partial f}{\partial T}\mathrm{d}E \tag{4-33}$$

电子是费米子，遵循费米-狄拉克统计规律，粒子数守恒。当温度发生变化过程中，体系包含的总电子数守恒，即 N 为常数。

$$N=\int_0^\infty D(E)f(E,T)\mathrm{d}E\rightarrow\frac{\partial N}{\partial T}=\int_0^\infty D(E)\frac{\partial f}{\partial T}\mathrm{d}E=0 \tag{4-34}$$

式(4-34) 两边同时乘以 E_F，则有：

$$E_F\frac{\partial N}{\partial T}=\int_0^\infty D(E)E_F\frac{\partial f}{\partial T}\mathrm{d}E \tag{4-35}$$

式(4-33) 减去式(4-35) 可以得到：

$$C_e=\int_0^\infty(E-E_F)D(E)\frac{\partial f}{\partial T}\mathrm{d}E \tag{4-36}$$

考虑电子主要在低温条件下对热容的贡献不可忽略，$T\ll T_F$，$\partial f/\partial T$ 仅在 E_F 附近有贡献，具有 δ 函数的性质，式(4-36) 近似可写成：

$$C_e=D(E_F)\int_0^\infty(E-E_F)\frac{\partial f}{\partial T}\mathrm{d}E \tag{4-37}$$

根据费米-狄拉克分布函数，可得：

$$\frac{\partial f}{\partial T}=\frac{E-E_F}{k_B T^2}\frac{e^{\frac{E-E_F}{k_B T}}}{\left(e^{\frac{E-E_F}{k_B T}}+1\right)^2} \tag{4-38}$$

令 $x=\dfrac{E-E_F}{k_B T}$，则有：

$$C_e=D(E_F)k_B^2 T\int_{-\infty}^\infty\frac{x^2 e^x}{(e^x+1)^2}\mathrm{d}x \tag{4-39}$$

其中积分$\displaystyle\int_{-\infty}^\infty\frac{x^2 e^x}{(e^x+1)^2}\mathrm{d}x=\frac{\pi^2}{3}$，利用式(4-29)，那么：

$$C_e=D(E_F)k_B^2T\frac{\pi^2}{3}=\frac{3}{2}\frac{N}{E_F}k_B^2T\frac{\pi^2}{3}=\frac{\pi^2}{2}Nk_B\left(\frac{T}{T_F}\right) \tag{4-40}$$

由此可见，在低温区间电子对热容的贡献 $C_e \propto T$。

4.3.4 金属的实验热容

对于金属晶体来说，自由电子和晶格振动均对热容有贡献。当 $T \ll \theta_D$，$T \ll T_F$ 时，晶格热容与 T^3 成正比，且随温度的降低而迅速减小，而电子热容与 T 成正比，且随温度的降低减小相对较慢。在低温区间，电子热容达到不可忽略的程度，金属热容应由两者共同贡献。

$$C_V=C_V^e+C_V^l=\gamma T+bT^3 \tag{4-41}$$

式(4-41) 可改写成 $\frac{C_V}{T}=\gamma+bT^2$。对于一个给定的温度 T，测量出热容 C_V，即可得到 $\frac{C_V}{T}$，以 $\frac{C_V}{T}$ 为纵坐标，以 T^2 为横坐标，即可作出 $\frac{C_V}{T}\sim T^2$ 曲线，如图 4-9 所示。其斜率即为 b 值，纵轴截距即为 $\gamma=\frac{\pi^2}{2}Nk_B\frac{1}{T_F}$。由此可以得到 T_F、E_F 等参量。晶格对热容的贡献为：

$$C_V^l=\frac{12\pi^4}{5}Nk_B\left(\frac{T}{\Theta_D}\right)^3 \tag{4-42}$$

通过测量的 b 值，可计算德拜温度 Θ_D 为：

$$\Theta_D=\left(\frac{1}{b}\frac{12\pi^4}{5}Nk_B\right)^{\frac{1}{3}} \tag{4-43}$$

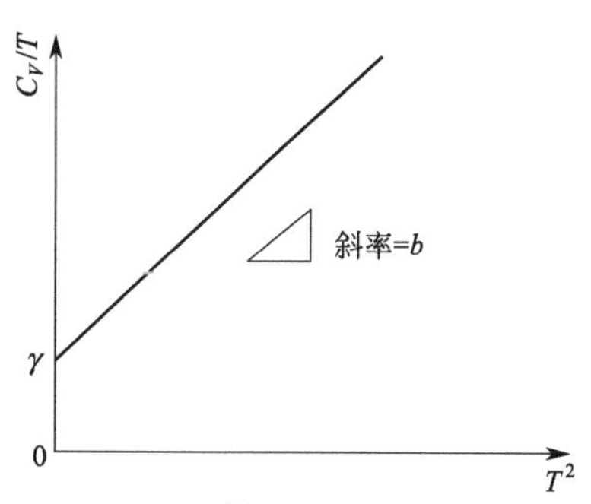

图 4-9 $\frac{C_V}{T}$ 与 T^2 关系曲线

进而可以得到声速 v_p 为：

$$v_p=\frac{\Theta_D k_B}{\hbar}\left(6\pi^2\frac{N}{V}\right)^{-\frac{1}{3}}=b^{-\frac{1}{3}}\left(\frac{2\pi^2}{5}\right)^{\frac{1}{3}}k_B^{\frac{4}{3}}\hbar^{-1}V^{\frac{1}{3}} \tag{4-44}$$

对于大部分金属来说，其电子比热系数 γ 的实验值和自由电子气模型的理论值非常接近。但对多价金属和过渡金属而言，两者差距较大，这与过渡金属中核外电子排布有关。另外，自由电子模型没有考虑电子与电子之间的相互作用，以及周期性排列的原子实对电子运动的影响。因此，电子比热系数 γ 的理论值与实验值的差异，可以简单归纳为电子惯性质量 m_e 和有效质量 m^* 的差异。关于有效质量的详细论述在下一章固体能带理论中给出。

4.4 电导率和欧姆定律

4.4.1 基本理论

(1) 电场与费米球的平移

在电场作用下，金属内的自由电子会发生运动，且运动速度会发生变化，对应 k 空间的状态变化。自由电子的动量与波矢之间满足关系式：$\vec{P}=m\vec{v}=\hbar\vec{k}_0$。在电场 $\vec{E}$ 和磁场 $\vec{B}$ 的作用下，作用于电子上的力为：

$$\vec{F}=m\frac{\mathrm{d}\vec{v}}{\mathrm{d}t}=\hbar\frac{\mathrm{d}\vec{k}}{\mathrm{d}t}=-e\left(\vec{E}+\frac{1}{c}\vec{v}\times\vec{B}\right) \tag{4-45}$$

若无碰撞，不考虑磁场的作用，在恒定的外加电场作用下，费米球内所有电子感受到的作用力相等且恒定，$\mathrm{d}\vec{k}/\mathrm{d}t$ 为常数。意味着每个电子在 k 空间以相同的速度做匀速运动，也可以说费米球在 k 空间匀速平移。但在实空间中，电子的加速度 $\mathrm{d}\vec{v}/\mathrm{d}t$ 恒定，即电子做匀加速运动。

仅考虑电场作用时，$\vec{B}=0$，式(4-45) 对时间积分有：

$$\vec{k}(t)-\vec{k}(0)=-\frac{e\vec{E}t}{\hbar} \tag{4-46}$$

若在 $t=0$ 时刻，电子气填充以 k 空间原点为中心的费米球，则在 t 时刻，费米球的中心将平移至 $\vec{k}=-\dfrac{e\vec{E}t}{\hbar}$ 的位置，如图 4-10 所示。此处需要指出的是，在 k 空间费米球作为整体平移，每个量子态上填充的电子都将发生相应的位移。

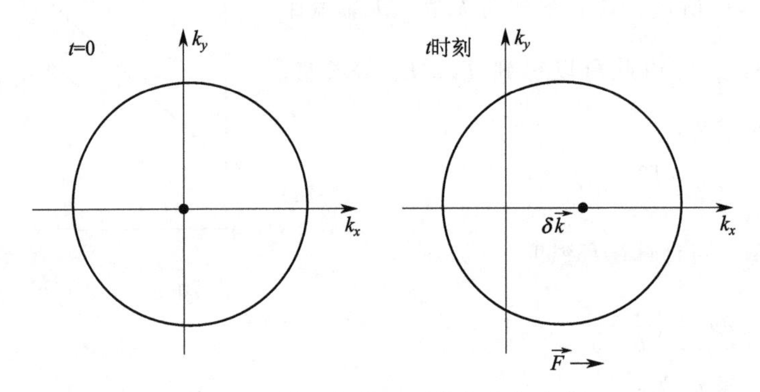

图 4-10　在电场作用下费米球的移动

（2）电导率与欧姆定律

若无任何碰撞，则电子将无限加速下去，费米球将不断地发生平移，电子在实空间也将无限加速。这种情况显然不成立。实际上，在晶体内部，电子在运动过程中会不停地与声子、杂质、缺陷发生碰撞，最终使费米球在电场中稳定下来。若发生两次碰撞的时间间隔为 τ，则其间费米球平移量 $\delta\vec{k}=-\dfrac{e\vec{E}\tau}{\hbar}$，假定费米球最终稳定在这一状态，则电子的平均速度 $\vec{v}=\dfrac{\hbar\delta\vec{k}}{m}=-\dfrac{e\vec{E}\tau}{m}$。若晶体单位体积含有 n 个电荷 $q=-e$ 的电子，则电流密度 $\vec{j}=nq\vec{v}=\dfrac{ne^2\tau\vec{E}}{m}$，结合欧姆定律的微分形式 $\vec{j}=\sigma\vec{E}$，可得电导率为：

$$\sigma=\frac{ne^2\tau}{m} \tag{4-47}$$

相应地，电阻率为：

$$\rho=\frac{1}{\sigma}=\frac{m}{ne^2\tau} \tag{4-48}$$

电子体密度 n 越大，弛豫时间 τ 越长，则电阻率越低。

4.4.2 散射机制与电阻率

1864 年马蒂森通过实验发现，金属的电阻率主要由电子与声子碰撞及电子与杂质缺陷碰撞而产生，是两种碰撞过程引起的电阻率之和。马蒂森定律可表述为：

$$\rho=\rho_L+\rho_i \tag{4-49}$$

式中，ρ 是金属的电阻率；ρ_L 是电子与声子（晶格）碰撞引起的电阻率，称为本征电阻率；ρ_i 是自由电子同缺陷或杂质碰撞而引起的电阻率，称为剩余电阻率。根据式(4-48) 和式(4-49) 可推出，弛豫时间满足$\frac{1}{\tau}=\frac{1}{\tau_i}+\frac{1}{\tau_L}$，其中 τ_i、τ_L 分别是由缺陷或杂质散射和声子决定的弛豫时间。

当 $T>0$K，且缺陷及杂质浓度很小时，由声子对电子散射引起的 ρ_L 与缺陷及杂质浓度无关。因为不同温度下激发的声子数不同，因此，ρ_L 与晶体结构和温度有关。在室温以及较高的温度区间，大多数金属的 ρ_L 与温度 T 成正比；在低温下，ρ_L 则与 T^5 成正比。当 $T\rightarrow 0$K 时，由于激发的声子数趋于 0，声子散射所产生的本征电阻率趋于 0，仅有缺陷及杂质对电子有散射作用，称之为剩余电阻率，而剩余电阻率与材料的纯度有关，因此，通过对剩余电阻率的测量，可以估计材料的纯度或掺杂浓度。

4.5 功函数和接触势差

4.5.1 功函数的产生

一般来说，金属中的电子均被约束在体内。如果电子从外界获得足够高的能量，就有可能脱离金属表面成为自由电子。电子吸收外界能量而逸出金属表面的现象称为热电子发射。发射电流 j 与温度 T 相关，温度越高，发射电流越大，存在以下关系。

$$j\propto e^{-\frac{W}{k_B T}} \tag{4-50}$$

式中，W 为金属的功函数，即电子溢出表面所需吸收的能量。

对于上述现象，经典自由电子论和自由电子量子理论均作出了解释。如图 4-11(a) 所示，经典自由电子论假设金属中的电子处于深度为 X 的势阱中，电子全部处于基态，电子摆脱金属束缚必须克服的势垒为 X。

根据玻耳兹曼统计，势阱中电子的速度分布为：

$$dn=-n\left(\frac{m_e}{2\pi k_B T}\right)^{\frac{3}{2}} e^{\frac{-m_e v^2}{2k_B T}} dv_x dv_y dv_z \tag{4-51}$$

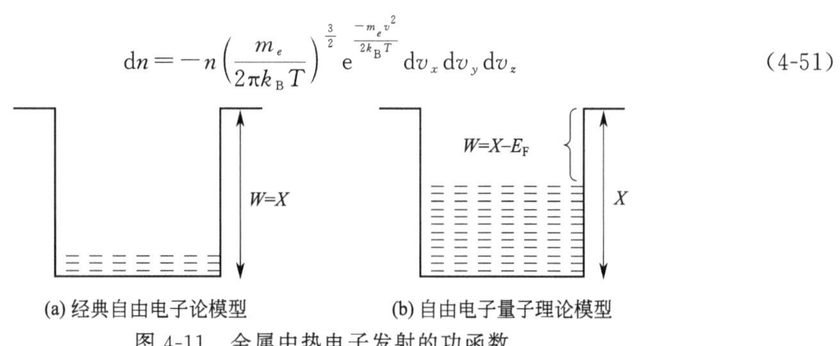

(a) 经典自由电子论模型 (b) 自由电子量子理论模型

图 4-11 金属中热电子发射的功函数

式中，n 为电子数密度；v_x、v_y、v_z 为电子运动速度的三个分量。由电流密度的计算公式 $j=nev$ 可得，沿金属表面法线 x 轴方向发射的电流密度为：

$$j_x=-ne\left(\frac{m_e}{2\pi k_B T}\right)^{\frac{3}{2}}\int_{-\infty}^{+\infty}\mathrm{d}v_z\int_{-\infty}^{+\infty}\mathrm{d}v_y\int_{\sqrt{\frac{2X}{m_e}}}^{+\infty}\mathrm{e}^{\frac{-m_e v^2}{2k_B T}}\mathrm{d}v_x \tag{4-52}$$

上式的积分区间表明：只有当 x 方向上的电子动能大于势阱高度时，即 $\frac{1}{2}m_e v_x^2 \geqslant X$，电子才能逸出。由此，发射电流的计算结果如下：

$$j_x=-ne\left(\frac{k_B T}{2\pi m_e}\right)^{\frac{1}{2}}\mathrm{e}^{\frac{-X}{k_B T}} \tag{4-53}$$

经典电子论可以成功地解释发射电流对温度的依赖关系，且 $W=X$。即根据经典电子论，热电子发射的功函数就是势阱的深度。

根据自由电子量子理论，金属中的电子遵从费米-狄拉克统计分布，电子的分布如图 4-11(b) 所示。电子占据 $0\sim E_F$ 间的能级。热电子发射时有 $\frac{1}{2}m_e v_x^2 \geqslant X-E_F$，则电子数密度表达式(4-51) 可改写为：

$$\mathrm{d}n=2\left(\frac{m_e}{2\pi h}\right)^3\mathrm{e}^{\frac{E_F}{k_B T}}\mathrm{e}^{\frac{-m_e v^2}{2k_B T}}\mathrm{d}v_x\mathrm{d}v_y\mathrm{d}v_z \tag{4-54}$$

仿照式(4-52)，对上式积分可得发射电流密度：

$$j_x=-\frac{4\pi m_e(k_B T)^2}{(2\pi h)^3}\mathrm{e}^{-\frac{X-E_F}{k_B T}} \tag{4-55}$$

由式(4-55) 可见，从自由电子量子理论出发，同样可得发射电流对温度的依赖关系，但对功函数给出了不同于经典理论的解释，即

$$W=X-E_F \tag{4-56}$$

这是因为金属中的电子并非像经典粒子那样占据势阱中的最低能级，对热电子发射起主要贡献的却是 E_F 附近的电子。

4.5.2 金属间的接触势差

当两块不同的金属Ⅰ和Ⅱ相接触，或用导线连接起来时，两块金属之间就会发生电子的流动并产生不同的电势 V_{I} 和 V_{II}，称为接触电势，如图 4-12 所示。

假设两块金属的温度同为 T，当它们接触时，单位时间内从金属Ⅰ和金属Ⅱ表面逸出的电子数分别为：

$$N_{\mathrm{I}}=4\pi\frac{m_e(k_B T)^2}{h^3}\mathrm{e}^{-\frac{W_{\mathrm{I}}}{k_B T}} \tag{4-57}$$

$$N_{\mathrm{II}}=4\pi\frac{m_e(k_B T)^2}{h^3}\mathrm{e}^{-\frac{W_{\mathrm{II}}}{k_B T}} \tag{4-58}$$

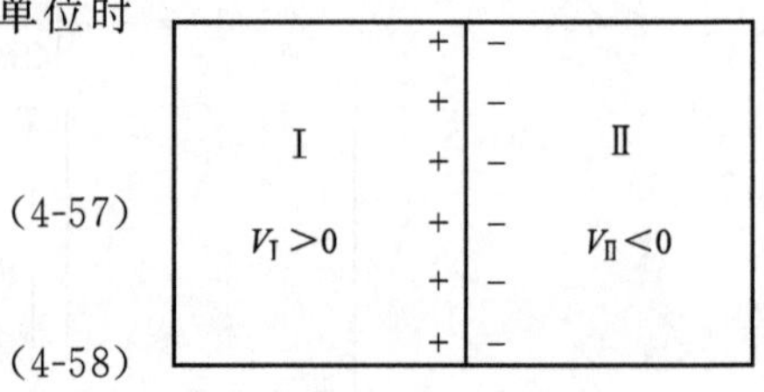

图 4-12　两金属接触时产生的电势（$W_{\mathrm{II}}>W_{\mathrm{I}}$）

若 $W_{\mathrm{II}}>W_{\mathrm{I}}$，则 $N_{\mathrm{I}}>N_{\mathrm{II}}$，金属Ⅰ和Ⅱ接触时，金属Ⅰ中的电子流向金属Ⅱ，金属Ⅰ带正电、金属Ⅱ带负电，

产生的静电势分别为 $V_{\mathrm{I}}>0$ 和 $V_{\mathrm{II}}<0$；两块金属中的电子具有不同的附加静电势能 $-eV_{\mathrm{I}}$ 和 $-eV_{\mathrm{II}}$，这时，从两块金属表面逸出的电子数分别为：

$$N'_{\mathrm{I}}=4\pi\frac{m_e(k_{\mathrm{B}}T)^2}{h^3}\mathrm{e}^{-\frac{W_{\mathrm{I}}+eV_{\mathrm{I}}}{k_{\mathrm{B}}T}} \tag{4-59}$$

$$N'_{\mathrm{II}}=4\pi\frac{m_e(k_{\mathrm{B}}T)^2}{h^3}\mathrm{e}^{-\frac{W_{\mathrm{II}}+eV_{\mathrm{II}}}{k_{\mathrm{B}}T}} \tag{4-60}$$

当两金属电势平衡时，从两块金属逸出的电子数相等，即

$$N'_{\mathrm{I}}=N'_{\mathrm{II}} \tag{4-61}$$

将式(4-59)和式(4-60)同时代入后有：

$$W_{\mathrm{I}}+eV_{\mathrm{I}}=W_{\mathrm{II}}+eV_{\mathrm{II}} \tag{4-62}$$

因此，两金属的接触势差为：

$$V_{\mathrm{I}}-V_{\mathrm{II}}=\frac{1}{e}(W_{\mathrm{II}}-W_{\mathrm{I}}) \tag{4-63}$$

式(4-63)说明，接触势差是由于两块金属的功函数不同而产生的。由于功函数表示真空能级和金属费米能级之差，如图4-13所示，接触势差源自两块金属的费米能级的差异，电子从费米能级较高的金属Ⅰ流到费米能级较低的金属Ⅱ，产生的接触势差正好补偿了费米能级的差异（$E_{\mathrm{FI}}-E_{\mathrm{FII}}$），达到平衡时，两块金属的费米能级达到同一高度，即 $V_{\mathrm{I}}-V_{\mathrm{II}}=\frac{1}{e}(W_{\mathrm{II}}-W_{\mathrm{I}})=\frac{1}{e}[(E_0-E_{\mathrm{FII}})-(E_0-E_{\mathrm{FI}})]=\frac{1}{e}(E_{\mathrm{FI}}-E_{\mathrm{FII}})$。

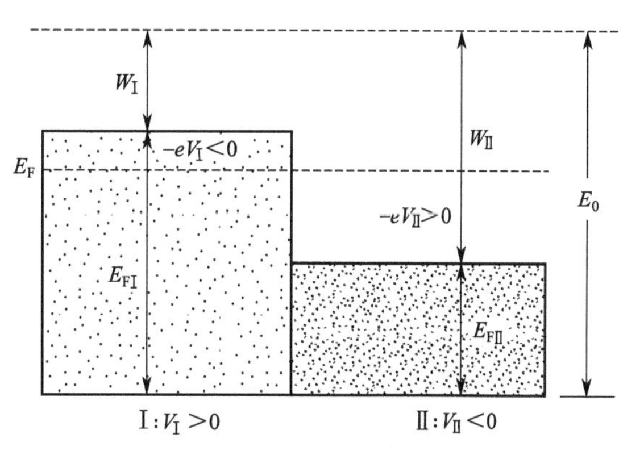

图4-13　两金属接触达到平衡时功函数和费米能级之差

习题

参考答案

1. 已知银是单价金属，费米面近似球面，银的密度 $\rho_m=10.5\times10^3\mathrm{kg\cdot m^{-3}}$，原子量 $A=107.87$，在295K时电阻率为 $1.61\times10^{-3}\Omega\cdot\mathrm{m}$，在20K时为 $0.0038\times10^{-3}\Omega\cdot\mathrm{m}$。试计算：

(1) 费米能级和费米温度；

(2) 费米球半径；

(3) 费米速度；

(4) 费米球的最大截面积；

(5) 室温下和绝对零度附近电子的平均自由程。

2. 已知一维金属晶体共含有 N 个电子，晶体的长度为 L，设 $T=0\mathrm{K}$。试求：

(1) 电子的状态密度；

(2) 电子的费米能级；

(3) 晶体中自由电子的平均能量。

3. 证明 0K 时含 N 个自由电子的三维自由电子气体的平均动能是 $E=3/5E_F$，式中，E_F 是基态费米能。

4. 金属电子气服从费米-狄拉克统计 $f(E)=\frac{1}{e^{\frac{E-E_F}{k_B T}}+1}$，函数 $\partial f/\partial E$ 有什么特性？它对 $T\neq 0$K 时电子态在 k 空间的分布有何影响？

5. 为什么仅费米面附近的电子才对比热、电导和热导有贡献？

6. 金属锂是体心立方晶格，晶格常数为 $a=3.5\times10^{-10}$m。试计算绝对零度时电子气的费米能量 E_F^0（以 eV 表示）。

7. 为什么温度升高，费米能反而降低？

8. 为什么价电子的浓度越高，电导率越高？

【拓展阅读】

亨德里克·安东·洛伦兹
(Hendrik Antoon Lorentz，1853—1928)

近代卓越的理论物理学家、数学家，经典电子论的创立者。他与同胞塞曼共享了 1902 年度诺贝尔物理学奖。洛伦兹在物理学上最重要的贡献是他的电子论，他曾在博士论文的结尾提到把光磁理论与物质的分子理论结合起来的前景，这就是他后来创立电子论的根源。他还导出了爱因斯坦的狭义相对论基础的变换方程，即现在为人熟知的洛伦兹变换。他是经典物理和近代物理之间的一位承上启下的科学巨擘，是第一代理论物理学家的领袖。1928 年，爱因斯坦在洛伦兹墓前致辞说：洛伦兹的成就“对我产生了最伟大的影响”，他是“我们时代最伟大、最高尚的人”。

阿诺德·索末菲
(Arnold Sommerfeld，1868—1951)

德国物理学家，量子力学与原子物理学的开山鼻祖人物。他对原子结构及原子光谱理论有巨大贡献。对陀螺的运动、电磁波的传播特别是在衍射理论以及金属的电子论方面也有一定成就。对玻尔原子理论的扩充树立了他作为量子理论大师的地位，他所著的《原子结构和光谱线》一书影响深远，被誉为“原子物理学的圣经”。同时，他也是一位杰出的老师，他在教学中能够将数学与物理、理论物理和实验物理完美融合，教导和培养了很多优秀的理论物理学家，其中包括泡利、海森堡、德拜和贝特等诺贝尔奖得主，因此他也被誉为教导过最多诺贝尔物理学奖得主的人。

第5章

固体电子能带理论

本章导读：本章以一维晶格为例介绍近自由电子模型和能隙的起源、布里渊区与能带结构的关系；介绍了布洛赫定理；介绍了紧束缚近似模型与微扰计算方法，讨论了周期场中电子运动的本征态和本征能量，运用原子轨道线性组合法分别计算了简单立方晶格中由原子 s 态和 p 态形成的能带；介绍了波包的概念和电子速度，在外力作用下电子的准动量、加速度和有效质量；在恒定电场作用下电子的运动速度和有效质量；用能带理论成功解释了固体是导体、绝缘体还是半导体的原因。

金属的自由电子气体模型使人们对金属的比热、热导率和电导率等物理现象有了很好的了解和认识，但该模型过于简单，未考虑周期性势场的存在，仍存在一定的局限性，例如：①未能解释金属、半导体、绝缘体之间的本质区别；②无法解释霍尔系数为正值的现象；③金属内传导电子与自由态原子的价电子之间的关系不明确。

我们知道，实际晶体是由大量电子与原子核组成的多粒子体系，电子既不能完全自由地运动，也不再束缚于个别原子，而是在周期性晶格势场中作共有化运动。若想得到严格的固体电子理论，需求解多粒子体系的薛定谔方程，这在数学上非常困难，必须采用近似的模型和方法。布洛赫和布里渊在解决金属的导电性问题时提出的能带理论，是讨论金属、绝缘体和半导体晶体中电子的状态及其运动的一种重要的近似理论。能带理论的出发点基于以下三个近似假设：①绝热近似，即认为原子核的质量远大于电子的质量，原子核的运动速度小，在考虑电子问题时可认为原子核是固定在瞬时位置上，这就把多粒子问题简化成多电子问题；②单电子近似，即认为每个电子是在固定的原子核和核外其他电子形成的平均势场（原子核平均势场和电子平均势场）中运动，这就把多电子问题简化成单电子问题；③周期性势场近似，即平均势场为周期性势场，这样就把晶体中电子的运动简化成周期性势场中的单电子问题。通过能带理论求解出来的晶体中电子状态区别于自由电子在无限空间分布的准连续能级，也区别于孤立原子的分立能级，而是在一定能量范围内由准连续能级所组成的能带。利用能带理论能够解释晶体中电子的平均自由程为什么远大于原子间距等，解决了经典理论所遇到的困难，并极大地推动了半导体技术的发展。能带理论是现代固体电子技术的理论基础，虽然能带理论在阐明电子在晶格中的运动规律、固体的导电机制、合金的某些性质和金属的结合能等方面取得了重大成就，但它毕竟是一种近似理论，仍存在一定的局限性。例如某些晶体的导电性不能用能带理论解释，即电子共有化模型和单电子近似不适用于这些晶体。

常用的能带计算方法有自由电子近似法、紧束缚近似法、正交化平面波法和原胞法等。前两种方法基于量子力学的微扰理论，分别适用于原子实对电子的束缚很弱和很强的两种极端情况；后两种方法则适用于较一般的情形。随着大型高速电子计算机的发展与应用，结构复杂的材料的能带结构计算也成为可能，这为设计新材料并深入认识其晶格内部的电子变化规律提供了可行性。

5.1 近自由电子气体模型和能隙的起源

由于实际晶体中的周期性势场 $V(\vec{r})$ 的形式一般都比较复杂，为了简单起见，本节以一维晶格为例，假定周期性势场的起伏较小，晶体中的价电子受离子实的弱周期势场的作用可视为自由电子情形的微扰，称为近自由电子气体模型。利用量子力学的非简并微扰理论，可求出近自由电子近似下，电子波函数是波矢为 $\vec{k}$ 的前进平面波和受周期性势场作用产生的散射波的叠加。一般情况下，各原子间产生的散射波的位相之间没有什么关系，彼此相互抵消，周期场对前进的平面波影响不大，散射波中各成分的振幅较小。对于某些特定波矢描述的电子态，在周期性势场中将发生布拉格反射，导致能隙（带隙）的产生，这对于确定一个固体究竟是绝缘体还是导体具有决定性意义，下面进行具体讨论。

晶体中产生布拉格反射或者说衍射的条件为反射方向的波矢 $\vec{k}$ 与入射方向的波矢 $\vec{k}_0$ 相差一个倒格矢 $\vec{K}_h$：

$$\vec{k}-\vec{k}_0=\vec{K}_h \tag{5-1}$$

对上式变形并两边平方展开后有：

$$(\vec{k}-\vec{K}_h)^2=(\vec{k}_0)^2 \tag{5-2}$$

$$(\vec{k})^2-2\vec{k}\cdot\vec{K}_h+(\vec{K}_h)^2=(\vec{k}_0)^2 \tag{5-3}$$

考虑到反射过程动量守恒，入射波矢和反射波矢的模相同，故有：

$$-2\vec{k}\cdot\vec{K}_h+(\vec{K}_h)^2=0 \tag{5-4}$$

$$\vec{K}_h\cdot\left(\vec{k}-\frac{\vec{K}_h}{2}\right)=0 \quad 或 \quad \vec{K}_h\cdot\left(\frac{\vec{K}_h}{2}-\vec{k}\right)=0 \tag{5-5}$$

图 5-1 展示了满足式(5-5) 的波矢和倒格矢之间的关系。对于一维晶体而言，倒格矢 $K_h=2n\pi/a$，其中 n 为整数，a 为一维晶体的晶格常数。可见，当 $k=\pm n\pi/a$ 时，恰好满足布拉格反射条件，一个向右行进的电子波受到晶格的布拉格反射后，将变成向左行进的电子波，反之亦然。每次相继的布拉格反射使电子波的行进方向重新逆转一次。整体上，电子波既不向右行进也不向左行进，在晶体内部形成了驻波。例如由 $k=\pm\pi/a$ 的两列行波 $e^{\pm i\frac{\pi x}{a}}$ 可以构造出两个不同的驻波：

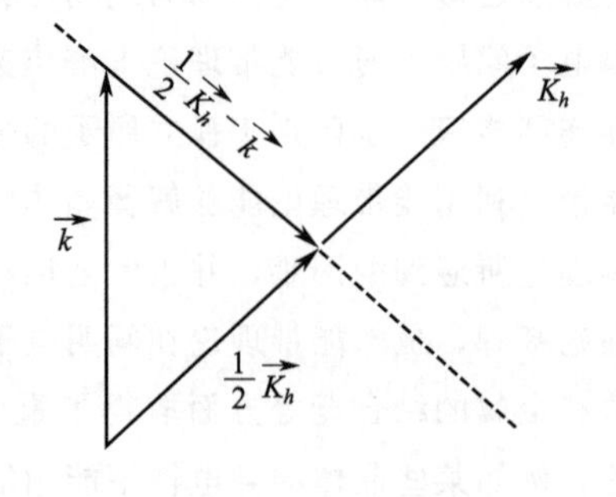

图 5-1　晶体中电子波的布拉格反射

$$\psi(+)=\mathrm{e}^{+i\frac{\pi x}{a}}+\mathrm{e}^{-i\frac{\pi x}{a}}=2\cos\left(\frac{\pi x}{a}\right) \tag{5-6}$$

$$\psi(-)=\mathrm{e}^{+i\frac{\pi x}{a}}-\mathrm{e}^{-i\frac{\pi x}{a}}=2i\sin\left(\frac{\pi x}{a}\right) \tag{5-7}$$

两列驻波描述的电子运动状态的概率密度分别为：

(1) $\rho(+)=|\psi(+)|^2\propto\cos^2\dfrac{\pi x}{a}$

$\psi(+)$ 代表的运动状态为电子聚集在中心位于 $x=0, a, 2a, \cdots$ 的正离子附近，离子实带有正电荷，因为在金属中每个原子已经贡献出其价电子以形成导带。电子在正离子场中的势能是负值，所以它们之间的相互作用是吸引力。如图 5-2(a) 所示，越靠近正离子，自由电子存在的概率越大，此电子分布状态的势能最低。

(2) $\rho(-)=|\psi(-)|^2\propto\sin^2\dfrac{\pi x}{a}$

$\psi(-)$ 代表的运动状态为电子分布偏离离子实，这种电子分布的势能较高。图 5-2(b) 给出了驻波 $\psi(+)$ 和 $\psi(-)$ 以及行波引起的电子聚集情况。针对上面两种电荷分布计算势能的平均值或期望值时，$\rho(+)$ 的势能低于行波的，而 $\rho(-)$ 的势能高于行波的。$\rho(+)$ 和 $\rho(-)$ 的能量差值 E_g 就是能带间隙，如图 5-2 所示。

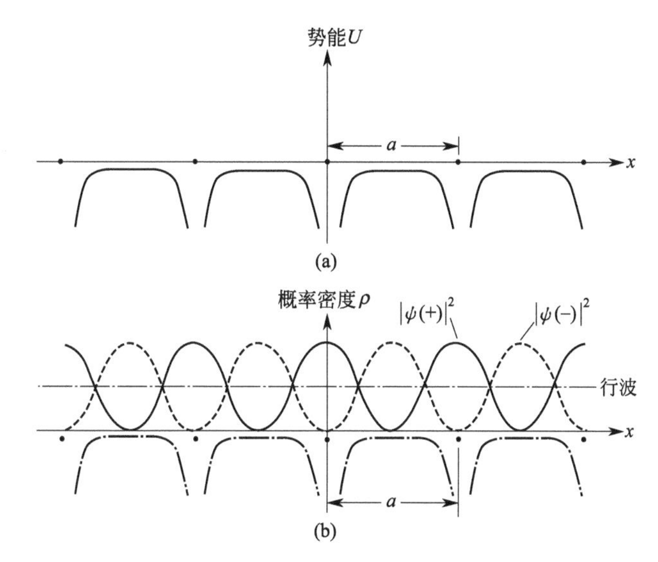

图 5-2 驻波的势能与概率密度

(a) 在晶格的离子实场内传导电子的势能变化；(b) 晶格内 $\psi(+)$、$\psi(-)$ 波的几率密度分布

带隙大小计算如下。当 $k=\pi/a$ 时，电子的波函数对原子线单位长度归一化后有 $\psi(+)=\sqrt{2/a}\cos(\pi x/a)$ 和 $\psi(-)=\sqrt{2/a}\sin(\pi x/a)$。设电子势能为 $U(x)=U\cos(2\pi x/a)$，则两个驻波态的能级差一级近似为：

$$\begin{aligned}E_g&=\int_0^a[|\psi(+)|^2-|\psi(-)|^2]U(x)\mathrm{d}x\\&=\frac{2}{a}\int_0^a\left(\cos^2\frac{\pi x}{a}-\sin^2\frac{\pi x}{a}\right)U\cos\frac{2\pi x}{a}\mathrm{d}x=U\end{aligned} \tag{5-8}$$

自由电子的能量 ε 与波矢 k 之间满足关系式 $\varepsilon=(\hbar k^2)/2m$，$\varepsilon$ 随 k 的变化曲线如图 5-3(a) 所示。对于晶格常数为 a 的单原子线型晶体，电子波在晶体中的布拉格反射是能隙产生的起因。如果相邻原子所产生的散射波成分有相同的位相，或者说当入射波和散射波的波矢都为 $k=\pm n\pi/a$ 时，结合 $k=2\pi/\lambda$ 可推导出 $2a=n\lambda$，此时两个相邻原子的反射波将相互加强，这种情况对应布拉格定律 $2d\sin\theta=n\lambda$ 中 $\theta=90°$的全反射情形。如图 5-3(b) 所示，能隙 E_g 与 $\pm\pi/a$ 处的一级布拉格反射有关，其他能隙在 $\pm n\pi/a$ 处，n 取整数。

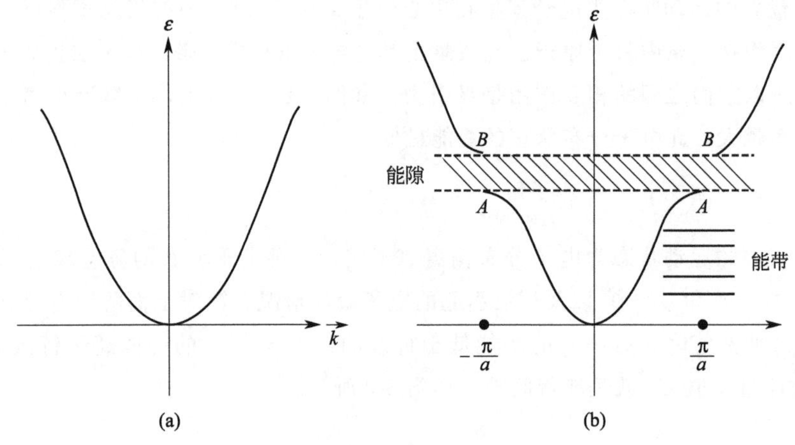

图 5-3　能量与波矢关系曲线

(a) 自由电子的能量 ε 与波矢$\vec{k}$ 的关系曲线；(b) 晶格常数为 a 的单原子线型晶格中电子能量 ε 与波矢$\vec{k}$ 的关系曲线

5.2 布里渊区与电子能带结构

5.1 节中对于一维晶体当 $k=\pm n\pi/a$ 时产生了能带带隙，$k=\pm n\pi/a$ 实质上为一维布里渊区的边界。认识布里渊 (Brillouin) 区及其边界的性质，对进一步理解能带结构以及掌握能带上填充电子的规律有很大的帮助。正如式(5-5) 所描述，如果在 $\vec{k}$ 空间中把原点和所有倒格点之间的连线 $\vec{K}_h$ 的垂直平分面都画出来，$\vec{k}$ 空间将被分割成许多区域，在每个区域内 $E(\vec{k})$ 对 $\vec{k}$ 连续变化，而在这些区域边界处 $E(\vec{k})$ 会发生突变，这些区域常称为布里渊区。

5.2.1 二维简单正方晶格的布里渊区

图 5-4 为二维简单正方晶格的倒格点在 $\vec{k}$ 空间的示意图。设正方晶格的原胞基矢为 $\vec{a}_1=a\vec{i}$ 和 $\vec{a}_2=a\vec{j}$，则倒格矢的原胞基矢为 $\vec{b}_1=2\pi/a\vec{i}$ 和 $\vec{b}_2=2\pi/a\vec{j}$。离原点最近的倒格点对应的倒格矢为 $\vec{b}_1$、$-\vec{b}_1$、 $\vec{b}_2$ 和$-\vec{b}_2$，它们的垂直平分线围成的中心区域称为第一布里渊区。离原点次近邻的四个倒格点对应的倒格矢分别为 $\vec{b}_1+\vec{b}_2$、$-(\vec{b}_1+\vec{b}_2)$、 $\vec{b}_1-\vec{b}_2$ 和 $-(\vec{b}_1-\vec{b}_2)$，它们的垂直平分线与第一布里渊区边界所围成的区域称为第二布里渊区。从图 5-4 可知，该区域由四个分离的区域合起来构成。离原点再远一点的倒格点对应的倒格矢为 $2\vec{b}_1$、$-2\vec{b}_1$、$2\vec{b}_2$ 和$-2\vec{b}_2$，它们的垂直平分线与第一和第二布里渊区的边界线所围成的

区域称为第三布里渊区。从图中可知，第三布里渊区由八个分离的区域合起来构成。其他布里渊区可以用类似的方法画出。布里渊区的序号越大，分离的区域数目就越多，但实际上能量是连续的。不论分离的区域数目是多少，各布里渊区的面积都等于 $(2\pi/a)^2$。高序号布里渊区的各部分可通过平移倒格矢的整数倍而移入第一布里渊区。需要注意的是，属于同一个布里渊区的能级构成一个准连续的“能带”。

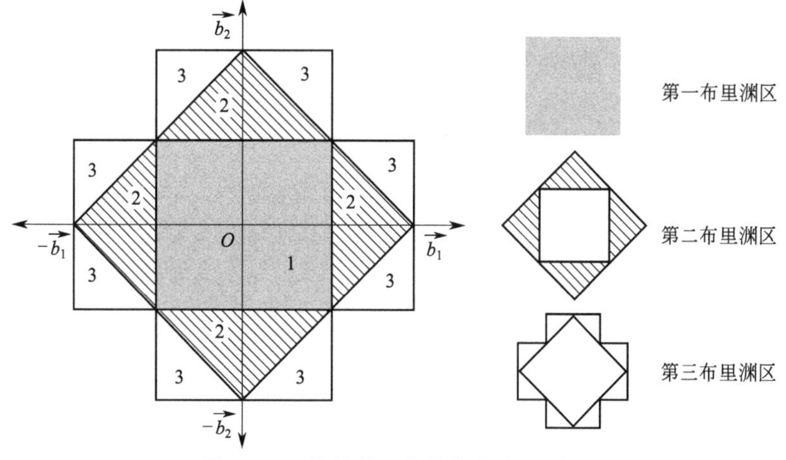

图 5-4　二维简单正方晶格的布里渊区

5.2.2　布里渊区与能带结构的关系

下面简单分析第一布里渊区内所包含的量子态和能带上填充电子的关系，布里渊区内沿不同 $\vec{k}$ 路径上的电子能量以及布里渊区边界上的电子能量特点。

以三维简单立方晶格为例，从图 5-4 中可以推测，三维简单立方晶体每个布里渊区的体积 $(2\pi/a)^3$，恰好等于倒格子的原胞体积 $\Omega^*=(2\pi)^3/\Omega$，其中 a 为晶格常数。给每个布里渊区的体积乘上波矢空间中 $\vec{k}$ 点分布的密度 $V/8\pi^3$，得到一个布里渊区所包含的 $\vec{k}$ 点数目：$(2\pi/a)^3\times\dfrac{V}{8\pi^3}=N$，这正好等于晶体内原胞的数目，其中 V 为实空间中晶体的体积。考虑到每个 $\vec{k}$ 点又包含自旋相反的两个状态。因此，每个布里渊区包含的量子态数目为 $2N$，也是一个能带上最多可以填充的电子数目。

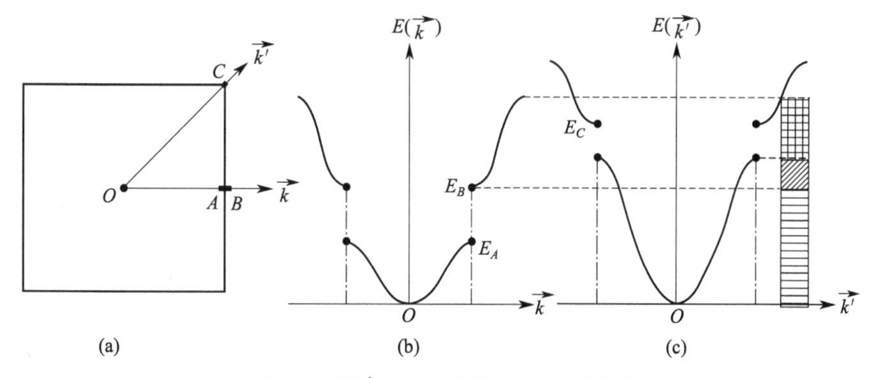

图 5-5　沿 $\vec{k}$ 空间不同路径的电子能量

然而，三维晶体的不同布里渊区对应的能带在能量上不一定分开，有可能发生能带之间的交叠。在图 5-5(a) 中，B 点为第二布里渊区能量最低点，A 是与 B 相邻的第一布里渊区的点，A 点的能量与 B 点的能量是断开的。图 5-5(b) 表示沿 O 到 A、B 路径上各点的能量，在 A 和 B 间能量是断开的，即产生了能隙。C 点表示第一布里渊区能量最高的点，图 5-5(c) 表示沿 OC 路径上各点的能量。当 $E_B>E_C>E_A$ 时，两能带不发生交叠，禁带宽度 $E_g=E_B-E_C$；当 $E_C>E_B$ 时，两能带将发生交叠。也就是说沿各个路径（如 OA、OC）在布里渊区边界 $E(\vec{k})$ 函数是间断的，但不同方向断开的能量不同，因而可能发生能带交叠。

5.2.3 立方晶格的第一布里渊区

三维晶体的倒格子及布里渊区的空间分布和构型相对复杂，不易于直观地理解，且相关计算工作量较大。因此，本节以一些简单的布拉菲晶格为例，选取前一节所讲的第一布里渊区作为简约波矢 $\vec{k}$ 的范围，称为简约布里渊区。下面介绍几种立方晶格的简约布里渊区。

(1) 简单立方晶格

简单立方晶格的基矢为：

$$\vec{a}_1=a\vec{i},\vec{a}_2=a\vec{j},\vec{a}_3=a\vec{k} \tag{5-9}$$

式中，$\vec{i}$、$\vec{j}$、$\vec{k}$ 是相互正交的单位矢量；a 为晶格常数。晶胞的体积为 $\vec{a}_1\cdot(\vec{a}_2\times\vec{a}_3)=a^3$。倒格子空间的基矢为：

$$\vec{b}_1=\frac{2\pi}{a}\vec{i},\vec{b}_2=\frac{2\pi}{a}\vec{j},\vec{b}_3=\frac{2\pi}{a}\vec{k} \tag{5-10}$$

因此，倒格子本身也是一个简单立方晶格，其晶格常数为 $2\pi/a$。

第一布里渊区边界是过六个倒格矢 $\pm\vec{b}_1$、$\pm\vec{b}_2$ 和 $\pm\vec{b}_3$ 的中点，并与之正交的平面：

$$\pm\frac{1}{2}\vec{b}_1=\pm\frac{\pi}{a}\vec{i},\pm\frac{1}{2}\vec{b}_2=\pm\frac{\pi}{a}\vec{j},\pm\frac{1}{2}\vec{b}_3=\pm\frac{\pi}{a}\vec{k} \tag{5-11}$$

由这六个平面围成一个边长为 $2\pi/a$、体积为 $(2\pi/a)^3$ 的立方体，这个立方体就是简单立方晶格的第一布里渊区。

(2) 体心立方晶格

体心立方晶格固体物理学原胞的基矢为：

$$\vec{a}_1=\frac{1}{2}a(-\vec{i}+\vec{j}+\vec{k}),\vec{a}_2=\frac{1}{2}a(\vec{i}-\vec{j}+\vec{k}),\vec{a}_3=\frac{1}{2}a(\vec{i}+\vec{j}-\vec{k}) \tag{5-12}$$

式中，a 是体心立方体的边长；$\vec{i}$、$\vec{j}$、$\vec{k}$ 是平行于立方体边的正交单位矢量。其固体物理学原胞体积为：

$$V=\vec{a}_1\cdot(\vec{a}_2\times\vec{a}_3)=\frac{1}{2}a^3 \tag{5-13}$$

倒格子空间的基矢为：

$$\vec{b}_1=\frac{2\pi}{a}(\vec{j}+\vec{k}),\vec{b}_2=\frac{2\pi}{a}(\vec{i}+\vec{k}),\vec{b}_3=\frac{2\pi}{a}(\vec{i}+\vec{j}) \tag{5-14}$$

很显然，体心立方晶格的倒格子是一个面心立方晶格。距离原点最近的倒格点对应的倒格矢有 12 个，其中所有符号的选取都是独立的。

$$\frac{2\pi}{a}(\pm\vec{j}\pm\vec{k}),\frac{2\pi}{a}(\pm\vec{i}\pm\vec{k}),\frac{2\pi}{a}(\pm\vec{i}\pm\vec{j}) \tag{5-15}$$

体心立方晶格的第一布里渊区为原点与12个最近邻倒格点连线中垂面构成的正十二面体，其体积等于倒格子原胞体积。倒格子空间的原胞是由 $\vec{b}_1$、$\vec{b}_2$、$\vec{b}_3$ 所围成的平行六面体，其体积为 $\vec{b}_1\cdot(\vec{b}_2\times\vec{b}_3)=16\pi^3/a^3$。

(3) 面心立方晶格

面心立方晶格固体物理学原胞的基矢为：

$$\vec{a}_1=\frac{1}{2}a(\vec{j}+\vec{k}),\vec{a}_2=\frac{1}{2}a(\vec{i}+\vec{k}),\vec{a}_3=\frac{1}{2}a(\vec{i}+\vec{j}) \tag{5-16}$$

其原胞体积为：

$$V=\vec{a}_1\cdot(\vec{a}_2\times\vec{a}_3)=\frac{1}{4}a^3 \tag{5-17}$$

面心立方晶格倒格子空间的基矢为：

$$\vec{b}_1=\frac{2\pi}{a}(-\vec{i}+\vec{j}+\vec{k}),\vec{b}_2=\frac{2\pi}{a}(\vec{i}-\vec{j}+\vec{k}),\vec{b}_3=\frac{2\pi}{a}(\vec{i}+\vec{j}-\vec{k}) \tag{5-18}$$

显然，面心立方晶格的倒格子属于体心立方晶格。倒格子的原胞体积为 $32\pi^3/a^3$。最短的倒格子矢量有8个，即

$$\frac{2\pi}{a}(\pm\vec{i}\pm\vec{j}\pm\vec{k}) \tag{5-19}$$

第一布里渊区的边界主要是由垂直平分这些矢量的八个面确定。但是，由此所围成的八面体的角隅被如下6个次近邻倒格子点对应的倒格矢的中垂面切割。

$$\frac{2\pi}{a}(\pm\vec{i}),\frac{2\pi}{a}(\pm\vec{j}),\frac{2\pi}{a}(\pm\vec{k}) \tag{5-20}$$

因此，其第一布里渊区是沿立方轴的6个次近邻的中垂面以及8个最近邻格点的连线的中垂面所围成的十四面体，其体积为 $32\pi^3/a^3$。

5.2.4 三维晶体的能带结构图

由上述讨论可知，每个波矢 $\vec{k}$ 对应两个量子态，当晶体中原胞的数目趋于无限大时，波矢 $\vec{k}$ 变得非常密集，能级的准连续分布形成了一系列的能带，各能带之间是禁带，存在带隙。在完整的晶体中，禁带内没有允许的能级。通常可以用3种不同的方式来表示能带，这3种方式代表同样的物理现象，可根据所讨论问题的侧重点不同，选择一种直观而方便的表示方法即可。下面简单介绍能带的3种表示图。

(1) 扩展能区图

在5.1节中我们看到，电子波在一维单原子晶格中传播时，当波矢 $k=\pm\pi/a$ 时，出现能隙（禁带）。通过能带理论计算可知，电子的能量允许值形成一系列能带，第一能带 $k\in\left(-\frac{\pi}{a},\frac{\pi}{a}\right)$、第二能带 $k\in\left(-\frac{2\pi}{a},-\frac{\pi}{a}\right)$ 和 $\left(\frac{\pi}{a},\frac{2\pi}{a}\right)$、第三能带 $k\in\left(-\frac{3\pi}{a},\ -\frac{2\pi}{a}\right)$ 和 $\left(\frac{2\pi}{a},\ \frac{3\pi}{a}\right)$，其他能带以此类推。图5-6所示的能带表示方式称为扩展能区图，从图中可以看出，每条能带所对应的 k 的取值范围的大小恰好为 $2\pi/a$，以原点为中心的第一、第二、

第三能带…分别处于第一、第二、第三…布里渊区。在扩展能区图式中，$E(k)$ 是 k 的单值函数。

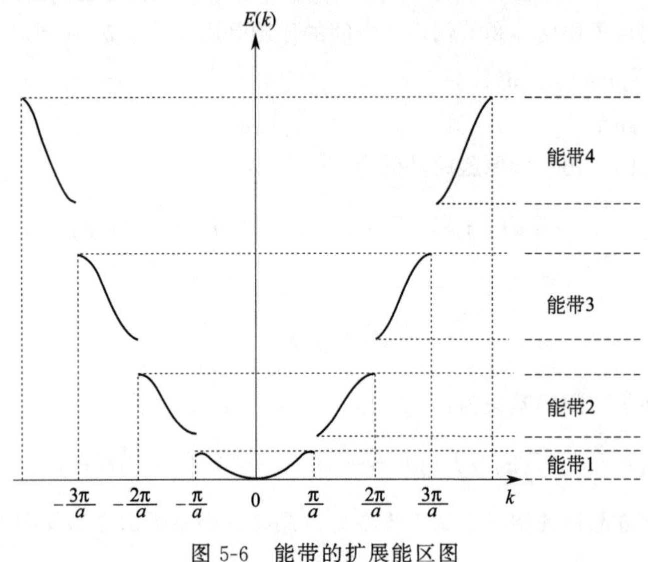

图 5-6　能带的扩展能区图

(2) 简约能区图

假设某一波矢 k' 处在第一布里渊区之外，我们总可以找到一个倒格矢 $2\pi n/a$，使得 $k=k'+2\pi n/a$ 处于第一布里渊区内。这就相当于把第一布里渊区之外的各能带通过平移一个适当的倒格矢移到第一布里渊区之内。我们把如图 5-7 所示的能带表示方式称作简约能区图，把第一布里渊区中的 k 值称作简约波矢。从图中可以看出，任何一个简约波矢都对应着一系列能量值，即 $E(k)$ 是 k 的多值函数。因此，要在简约能区中标示一个状态时，必须说明它属于哪一条能带（用能带指数 n 表示），也必须知道它的简约波矢。如图 5-8 所示，对于远离布里渊边界的简约波矢 k 而言，这些状态间的能量相差较大，在近自由电子近似中，采用非简并微扰理论进行计算。对处于 $k=0$ 及 $k=\pm n\pi/a$ 附近的简约波矢，存在两个能量相同或能量相近的态，需要用简并微扰理论来计算，结果表明在 $k=0$ 及 $k=\pm n\pi/a$ 处，不同能带之间出现带隙。

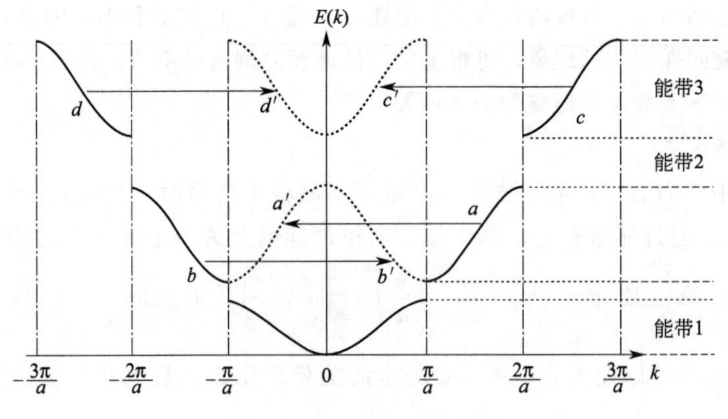

图 5-7　能带的简约能区图

(3) 周期能区图

对于同一条能带而言，能量是波矢的周期性函数。将任意一条能量曲线通过倒格子矢量从一个布里渊区平移到其他布里渊区，在每一个布里渊区画出所有能带，构成 k 空间中能量分布的完整图像，由此得到图 5-9 所示的周期能区图。

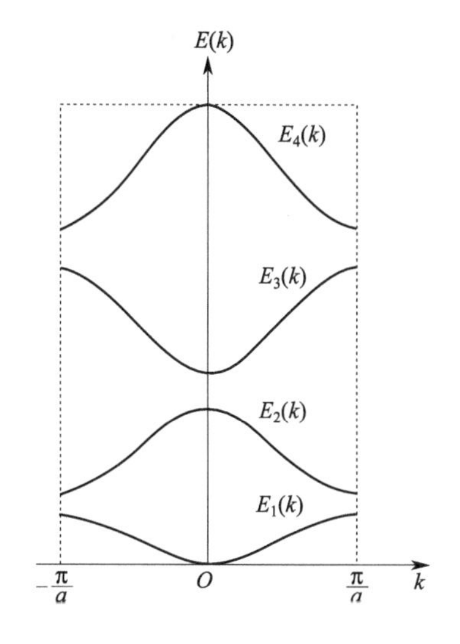

图 5-8 能带的简约布里渊区表示

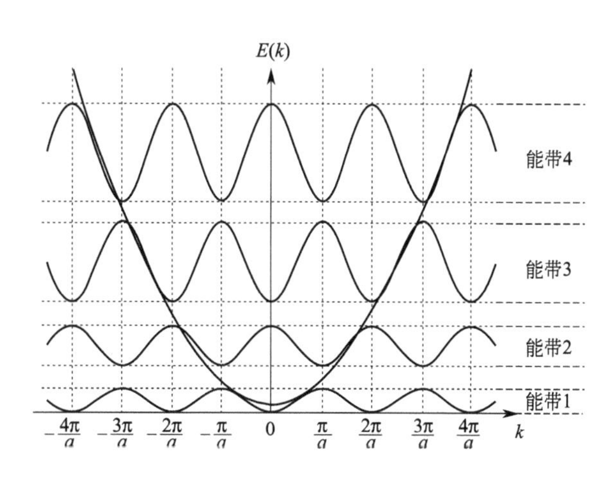

图 5-9 能带的周期能区图

5.3 布洛赫定理

本节我们来讨论描述在周期势场中运动电子的波函数的特征。能带理论是单电子近似的理论，就是把每个电子看成是独立地在一个等效势场中运动。原子结合成固体的过程中，价电子的运动状态发生了很大的变化，而内层电子的变化比较小，因此，可以把内层电子和原子核近似看成一个离子实。这样价电子的等效势场包括周期性排列的离子实产生的势场、其他价电子产生的平均势场以及考虑电子波函数的反对称性而带来的交换作用。能带理论的出发点是固体中的电子不再束缚于个别的原子而是在整个固体内运动，称为共有化电子。在讨论共有化电子的运动状态时，假定原子实处于其平衡位置，而把原子实偏离平衡位置的影响看成微扰。

晶格具有周期性，因而等效势场 $V(\vec{r})$ 也应具有周期性。晶格中的电子就是在一个具有周期性的等效势场中运动，其波动方程为：

$$\left[-\frac{\hbar^2}{2m}\nabla^2+V(\vec{r})\right]\psi(\vec{r})=E\psi(\vec{r}) \tag{5-21}$$

式中，$V(\vec{r})=V(\vec{r}+\vec{R}_n)$，$\vec{R}_n$ 为任意的晶格矢量。

1928 年，布洛赫首先证明了这样一条定理，即在晶体周期性势场中运动的单电子，其定态薛定谔方程的解（波函数）有如下性质：

$$\psi(\vec{r}+\vec{R}_n)=\mathrm{e}^{i\vec{k}\cdot\vec{R}_n}\cdot\psi(\vec{r}) \tag{5-22}$$

表明当电子的位置矢量平移一个正格矢 $\vec{R}_n$ 时，描述电子运动状态的波函数只增加了位相因子 $e^{i\vec{k}\cdot\vec{R}_n}$。因此，可将波函数写成 $\psi(\vec{r})=e^{i\vec{k}\cdot\vec{r}}\cdot u_{\vec{k}}(\vec{r})$，其中 $u_{\vec{k}}(\vec{r})$ 为与晶格具有相同周期性的周期函数，即 $u_{\vec{k}}(\vec{r}+\vec{R}_n)=u_{\vec{k}}(\vec{r})$。该波函数称为布洛赫波函数，实质上是平面波与周期函数的乘积，或者说布洛赫波函数是以晶格为周期调幅的平面波。

现用一个简单的例子来说明布洛赫定理，它适用于非简并的 $\psi(x)$，也就是说没有别的波函数与 $\psi(x)$ 具有同样的能量和波矢。例如，长度为 Na 的环上有 N 个全同格点。势场的周期为 a，即 $\psi(x)=\psi(x+na)$，其中 n 为整数。考虑到环的对称性，波函数要有解，则必须满足：

$$\psi(x+a)=C\psi(x) \tag{5-23}$$

式中，C 为常数。由于波函数 $\psi(x)$ 只有唯一的解，则绕环一周后，有：

$$\psi(x+Na)=C^N\psi(x)=\psi(x) \tag{5-24}$$

由此可知，C 可写成：

$$C=e^{i\times 2n\pi/N}\quad (n=0,1,2,\cdots,N-1) \tag{5-25}$$

可见，只要 $u(x)$ 是周期性函数，且其周期为 a，即 $u(x)=u(x+a)$ 成立，则有：

$$\psi(x)=e^{i\times 2n\pi x/Na}u(x) \tag{5-26}$$

便可满足式(5-22)，这就是布洛赫函数的形式。

5.4 克龙尼克-潘纳模型

布洛赫定理说明了晶体中的电子波均为调幅平面波，但当周期势场 $V(x)$ 的具体形式未知时，是无法知道调幅因子 $u_{\vec{k}}(\vec{r})$ 及电子能量 E 的具体形式的。如图 5-10 所示，克龙尼克-潘纳模型是一维方形势阱的一个周期性势场的特例，含有这种势场的波动方程可以借助简单的解析函数解出。将波函数 $\psi(x)=U(x)e^{ikx}$ 代入薛定谔方程，则有：

$$\frac{d^2U(x)}{dx^2}+2ik\frac{dU(x)}{dx}+\left[\frac{2m}{\hbar^2}(E-V)-k^2\right]U(x)=0 \tag{5-27}$$

式中，V 是势场；E 是能量本征值。在 $0<x<c$ 区域内，$V=0$。令 $\frac{2mE}{\hbar^2}=\alpha^2$，代入薛定谔方程，可得：

$$\frac{d^2U(x)}{dx^2}+2ik\frac{dU(x)}{dx}+(\alpha^2-k^2)U(x)=0 \tag{5-28}$$

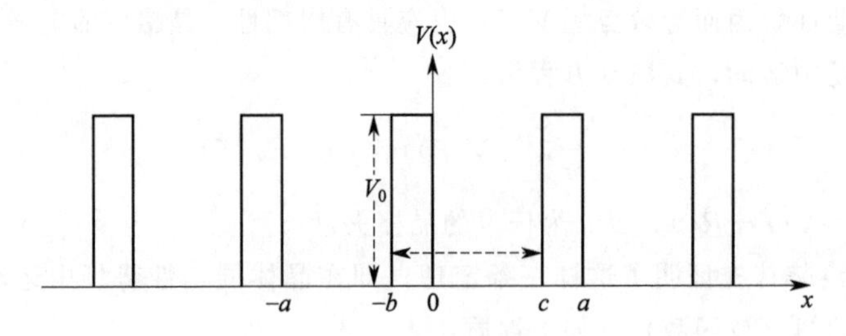

图 5-10　一维周期性方形势阱

这个区域内的本征函数是向右和向左行进的平面波的线性组合，则解的形式为 $U(x)=Ae^{i(\alpha-k)x}+Be^{-i(\alpha+k)x}$，$A$ 和 B 为任意常数。而在 $-b<x<0$ 区间内，$V=V_0$，且 $E<V_0$。令 $\beta^2=\frac{2m}{\hbar^2}(V_0-E)=\frac{2mV_0}{\hbar^2}-\alpha^2$，则薛定谔方程可化为：

$$\frac{d^2U(x)}{dx}+2ik\frac{dU(x)}{dx}-(\beta^2+k^2)U(x)=0 \tag{5-29}$$

解的形式为 $U(x)=Ce^{(\beta-ik)x}+De^{-(\beta+ik)x}$，$C$ 和 D 为任意常数。

$U(x)$ 和 $dU(x)/dx$ 在 $x=0$ 和 $x=c$ 处均连续，这是处理包括方形势阱在内的所有量子力学问题时的边界条件。对于 $x=0$，则有：

$$A+B=C+D \tag{5-30}$$

$$i(\alpha-k)A-i(\alpha+k)B=(\beta-ik)C-(\beta+ik)D \tag{5-31}$$

对于 $x=c$ 时（c 点和 $-b$ 点的性质相同），则有：

$$Ae^{i(\alpha-k)c}+Be^{-i(\alpha+k)c}=Ce^{-(\beta-ik)b}+De^{(\beta+ik)b} \tag{5-32}$$

$$i(\alpha-k)Ae^{i(\alpha-k)c}-i(\alpha+k)Be^{-i(\alpha+k)c}=(\beta-ik)Ce^{-(\beta-ik)b}-(\beta+ik)De^{(\beta+ik)b} \tag{5-33}$$

只有当 A、B、C 和 D 的系数行列式为零时，才有非零解，即有：

$$\frac{\beta^2-\alpha^2}{2\alpha\beta}\sinh\beta b\sin\alpha c+\cosh\beta b\cos\alpha c=\cos ka \tag{5-34}$$

式中，sinh 和 cosh 表示双曲正弦和双曲余弦。为了简化上式，取极限 $b\to0$，$c\to a$，$V_0\to\infty$，使得 $\beta^2ab/2=P$ 这个量保持有限。从而得到一个周期性函数，这里就用它表示周期势场。而双曲正弦函数和双曲余弦函数可化简为：

$$\sinh\beta b=\frac{e^{\beta b}-e^{-\beta b}}{2}\approx\frac{1}{2}[(1+\beta b)-(1-\beta b)]=\beta b \tag{5-35}$$

$$\cosh\beta b=\frac{e^{\beta b}+e^{-\beta b}}{2}\approx\frac{1}{2}[(1+\beta b)+(1-\beta b)]=1 \tag{5-36}$$

于是，式(5-34) 可简化为：

$$\frac{P}{\alpha a}\sin\alpha a+\cos\alpha a=\cos ka \tag{5-37}$$

令 $f(\alpha a)=(P/\alpha a)\sin\alpha a+\cos\alpha a$，对于 $P=3\pi/2$ 的情况，方程有解的 αa 值范围如图 5-11 所示。由于 $-1\leqslant\cos ka\leqslant+1$，即函数 $\frac{P}{\alpha a}\sin\alpha a+\cos\alpha a$ 取值在 ±1 之间的范围。因此，只

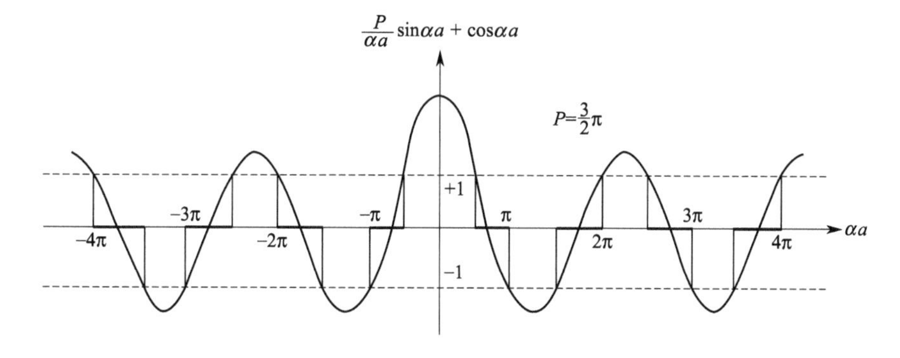

图 5-11　函数 $f(\alpha a)$ 在 $P=3\pi/2$ 时的图像及方程有解的取值范围

有图中加粗线段部分的 αa 值才能满足要求，即 α 的取值是不连续的。α 所对应的能量 E 的分布也是不连续的，出现能量间隔。根据 α 的值，利用 $2mE/\hbar^2=\alpha^2$ 求出所对应的能量 E，再根据 $f(\alpha a)=\cos ka$，可求出对应的 k 值，这样便可得出 $E \sim k$ 的关系，如图 5-12 所示，在 $ka=\pi, 2\pi, 3\pi, \cdots$ 处出现能隙，在这些情况下电子没有允许的能级，这些能量范围也称为禁带。

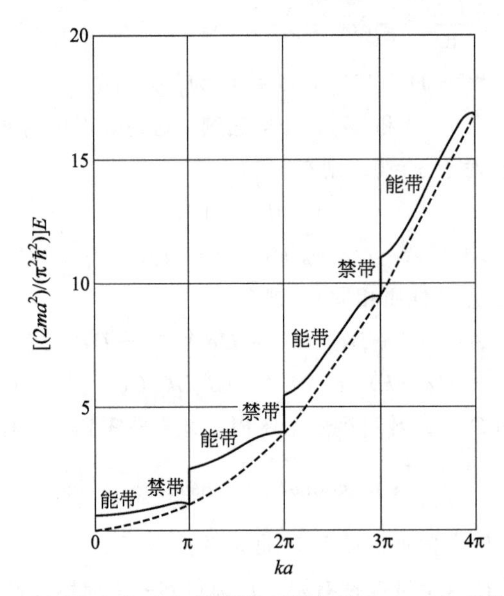

图 5-12　由克龙尼克-潘纳模型得出的 $E \sim ka$ 关系曲线

5.5　紧束缚近似——原子轨道线性组合法

当原子结合成晶体时，电子状态发生了根本性的变化。然而，在原子的束缚态和电子在晶体中的共有化态之间存在着一定的联系。特别是，当晶体中原子间距离较大时，电子在一个原子附近，将主要受到该原子场的作用，把其他原子场的作用看成是微扰作用。在这种情况下，原子态和电子的共有化运动状态之间存在着直接的联系。所谓“紧束缚近似”便是适用于描述这种情况的一种能带计算的近似方法。

5.5.1　紧束缚近似模型与微扰理论计算

如图 5-13 所示，若不考虑原子之间的相互作用，在某格点 $\vec{R}_m=m_1\vec{a}_1+m_2\vec{a}_2+m_3\vec{a}_3$ 附近的电子将以原子束缚态的形式环绕格点 $\vec{R}_m$ 处的原子核运动，用 $\varphi_i(\vec{r}-\vec{R}_m)$ 表示孤立原子周围电子的波动方程的本征态，所满足的运动方程为：

$$\left[-\frac{\hbar^2}{2m}\nabla^2+V(\vec{r}-\vec{R}_m)\right]\varphi_i(\vec{r}-\vec{R}_m)=E_i\varphi_i(\vec{r}-\vec{R}_m) \tag{5-38}$$

式中，$V(\vec{r}-\vec{R}_m)$ 为位置矢量 $\vec{R}_m$ 所对应格点附近的原子势场；E_i 为某原子能级。

环绕不同格点，将有 N 个这样的类似波函数，它们具有相同的能量 E_i，紧束缚近似的

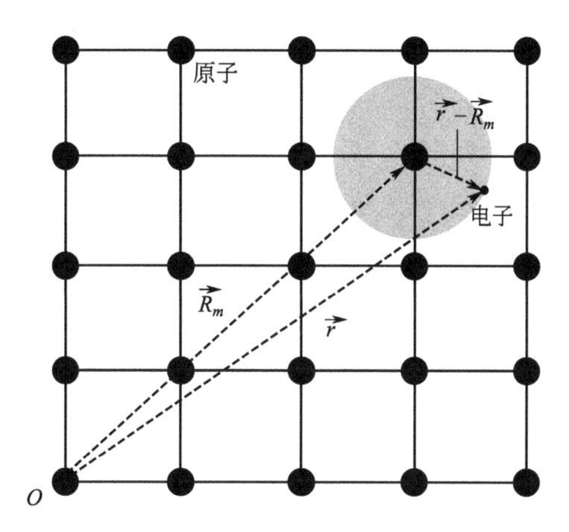

图 5-13　紧束缚近似下原子和电子的位置矢量之间的关系

出发点便是取这样 N 个简并的电子状态进行线性组合，构成晶体中电子的共有化运动轨道。

$$\psi(\vec{r})=\sum_{\vec{R}_m} a_m \varphi_i(\vec{r}-\vec{R}_m) \tag{5-39}$$

把上式代入晶体中电子运动的波动方程有：

$$\left[-\frac{\hbar^2}{2m}\nabla^2+U(\vec{r})\right]\psi(\vec{r})=E\psi(\vec{r}) \tag{5-40}$$

式中，$U(\vec{r})$ 表示晶体内的周期势场，为各格点原子势场之和；$\psi(\vec{r})$ 为晶体中电子的波函数；E 为晶体中电子的本征能量。将式(5-39) 代入式(5-40)，并应用式(5-38) 有：

$$\sum_{\vec{R}_m} a_m\left[(E_i-E)+U(\vec{r})-V(\vec{r}-\vec{R}_m)\right]\varphi_i(\vec{r}-\vec{R}_m)=0 \tag{5-41}$$

当原子间距比电子轨道半径大时，不同格点周围的电子轨道的重叠很小，φ_i 近似满足如下关系条件。

$$\int \varphi_i^*(\vec{r}-\vec{R}_m)\varphi_i(\vec{r}-\vec{R}_n)\,\mathrm{d}\vec{r}=\delta_{mn}=\begin{cases}1 & m=n\\0 & m\neq n\end{cases} \tag{5-42}$$

式中，$\varphi_i^*(\vec{r}-\vec{R}_m)$ 为 $\varphi_i(\vec{r}-\vec{R}_m)$ 的共轭函数。以 $\varphi_i^*(\vec{r}-\vec{R}_n)$ 左乘式(5-41) 并积分得：

$$(E_i-E)a_n+\sum_{\vec{R}_m} a_m\left\{\int \varphi_i^*(\vec{r}-\vec{R}_n)\left[U(\vec{r})-V(\vec{r}-\vec{R}_m)\right]\varphi_i(\vec{r}-\vec{R}_m)\,\mathrm{d}\vec{r}\right\}=0 \tag{5-43}$$

实际上 $\varphi_i^*(\vec{r}-\vec{R}_n)$ 有 N 种可能的选取方法，式(5-43) 实际上为 N 个联立方程组。若令 $\vec{\xi}=\vec{r}-\vec{R}_m$，并考虑到 $U(\vec{r})$ 的周期性，式(5-43) 中的积分可重新写为：

$$\int \varphi_i^*\left[\vec{\xi}-(\vec{R}_n-\vec{R}_m)\right]\left[U(\vec{\xi})-V(\vec{\xi})\right]\varphi_i(\vec{\xi})\,\mathrm{d}\vec{\xi}=-J(\vec{R}_n-\vec{R}_m) \tag{5-44}$$

式(5-44) 表明，积分只取决于两个格点的相对位置 $(\vec{R}_n-\vec{R}_m)$。式中等号右边引入负号的原因在于 $U(\vec{\xi})-V(\vec{\xi})$ 为周期势场减去原子势场，这个差值为负值，如图 5-14 所示。

将式(5-44) 代入式(5-43) 得到：

$$(E_i-E)a_n=\sum_m a_m J(\vec{R}_n-\vec{R}_m) \tag{5-45}$$

表示以 a_m 为未知数的线性齐次方程组。考虑到方程组系数由 $(\vec{R}_n-\vec{R}_m)$ 决定，该方程组有如下简单形式的解：

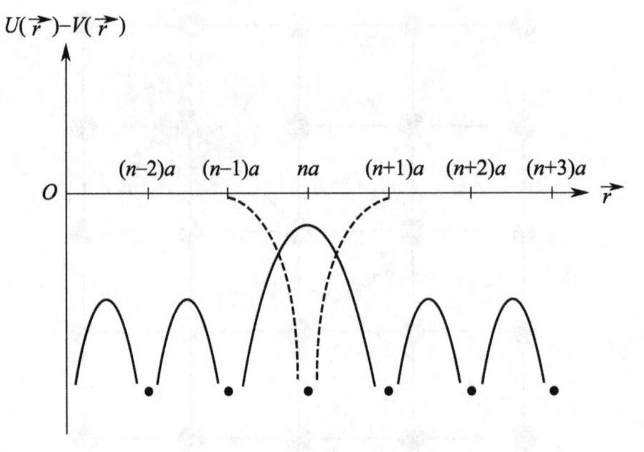

图 5-14 周期势场与原子场之差

（黑色虚线表示原点的原子场）

$$a_m=\frac{1}{\sqrt{N}}e^{i\vec{k}\cdot\vec{R}_m} \tag{5-46}$$

代入式(5-45) 可以得到：

$$E-E_i=-\sum_m J(\vec{R}_n-\vec{R}_m)e^{i\vec{k}\cdot(\vec{R}_m-\vec{R}_n)}=-\sum_s J(\vec{R}_s)e^{-i\vec{k}\cdot\vec{R}_s} \tag{5-47}$$

其中 $\vec{R}_s=\vec{R}_n-\vec{R}_m$。方程右边不依赖于 m 或 n，说明所有联立方程都化为同一条件，它实际上确定了上述对应的能量本征值 E。

5.5.2 周期场中电子运动的本征态和本征能量

对于确定的 $\vec{k}$ 值，由式(5-46) 和式(5-47) 可得到周期场中运动的电子的本征态和本征能量，分别为：

$$\psi_{\vec{k}}(\vec{r})=\frac{1}{\sqrt{N}}\sum_m e^{i\vec{k}\cdot\vec{R}_m}\varphi_i(\vec{r}-\vec{R}_m) \tag{5-48}$$

$$E(\vec{k})=E_i-\sum_s J(\vec{R}_s)e^{-i\vec{k}\cdot\vec{R}_s} \tag{5-49}$$

在式(5-48) 中，$\frac{1}{\sqrt{N}}$为归一化因子；N 表示晶体内原胞的总数。很显然，如果对波矢 $\vec{k}$ 增加一个倒格子矢量，完全不影响本征态和本征能量。因此，与讨论简约波矢一样，可以把 $\vec{k}$ 限制于简约布里渊区。式(5-48) 实际上为布洛赫函数，具体理解为将式(5-48) 改写成：

$$\psi_{\vec{k}}(\vec{r})=\frac{1}{\sqrt{N}}e^{i\vec{k}\cdot\vec{r}}\left[\sum_m e^{-i\vec{k}\cdot(\vec{r}-\vec{R}_m)}\varphi_i(\vec{r}-\vec{R}_m)\right] \tag{5-50}$$

式(5-50) 中，若 $\vec{r}$ 增加正格矢量 $\vec{R}_n=n_1\vec{a}_1+n_2\vec{a}_2+n_3\vec{a}_3$，它直接并入 $\vec{R}_m$，由于求和遍及所有格点，结果并不改变原始值，故括号内为一周期函数。每一个 $\vec{k}$ 对应一个能量本征值，对应于准连续的 N 个 $\vec{k}$ 值，$E(\vec{k})$ 将形成连续的能带。可见，形成固体时原子能级将扩展成相应的能带，其布洛赫函数是各格点上的原子波函数 $\varphi_i(\vec{r}-\vec{R}_m)$ 的线性组合。

式(5-49) 本征能量中的 $J(\vec{R}_s)$ 表示为：

$$-J(\vec{R}_s)=\int\varphi_i^*(\vec{\xi}-\vec{R}_s)[U(\vec{\xi})-V(\vec{\xi})]\varphi_i(\vec{\xi})\mathrm{d}\vec{\xi} \tag{5-51}$$

式中，$\varphi_i^*(\vec{\xi}-\vec{R}_s)$ 和 $\varphi_i(\vec{\xi})$ 表示相距为 $\vec{R}_s$ 的两格点上的电子波函数。显然，只有当它们之间存在一定的相互重叠时，积分才不为 0，重叠最完全的是 $\vec{R}_s=0$，常用 $J_0=-\int|\varphi_i(\vec{\xi})|^2[U(\vec{\xi})-V(\vec{\xi})]\mathrm{d}\vec{\xi}$ 表示，一般只保留到最近邻，而略去其他项，则 $E(\vec{k})=E_i-J_0-\sum_s J(\vec{R}_s)\mathrm{e}^{-i\vec{k}\cdot\vec{R}_s}$。其中 $\vec{R}_s$ 为近邻格点的格矢量。

5.5.3 紧束缚近似计算的两个简单例子

(1) 简单立方晶格中由原子 s 态 $\varphi_s(\vec{r})$ 形成的能带

s 态波函数为球对称的，在各个方向重叠积分相同，因此，$J(\vec{R}_s)$ 具有相同值，可记为 J_1。s 态波函数为偶宇称，近邻重叠积分 $J_1>0$。通常，沿着 $\vec{k}$ 空间高对称点形成的封闭路径上的能量分布构成能带结构。简单立方晶体第一布里渊区及高对称点如图 5-15 所示。

简单立方晶格中每个原子有六个最近邻，对应位置矢量为：$(a,0,0)$、$(0,a,0)$、$(0,0,a)$、$(-a,0,0)$、$(0,-a,0)$、$(0,0,-a)$。根据式(5-49) 可以计算出 s 态电子形成的能带为：

$$E(\vec{k})=E_s-J_0-2J_1(\cos k_x a+\cos k_y a+\cos k_z a) \tag{5-52}$$

能量最小值为 $E^{\Gamma}=E_s-J_0-6J_1$，极值点在 $\Gamma(0,0,0)$ 处。在第一布里渊区的顶点 $R\left(\frac{\pi}{a},\frac{\pi}{a},\frac{\pi}{a}\right)$处，能量具有最大值 $E^R=E_s-J_0+6J_1$。

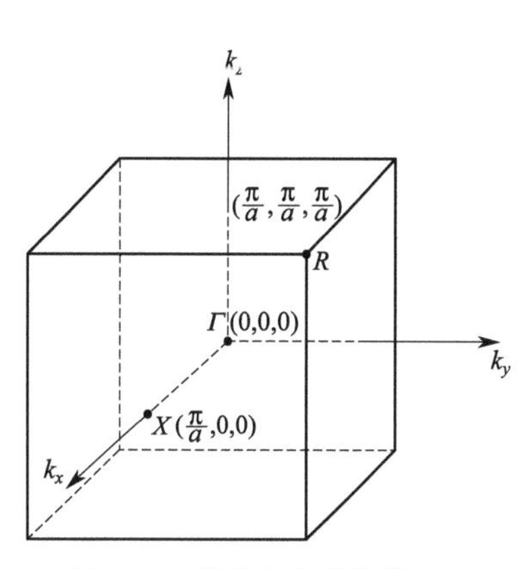

图 5-15 简单立方晶体第一布里渊区及高对称点

简单立方晶体 s 态电子对应的能级和固体电子能带如图 5-16 所示。能带宽度决定于 J_1，而 J_1 决定于近邻原子波函数之间的相互重叠程度。由于 $J_1>0$，Γ 点和 R 点分别对应能带的带底和带顶，能带宽度 $\Delta E=12J_1$。

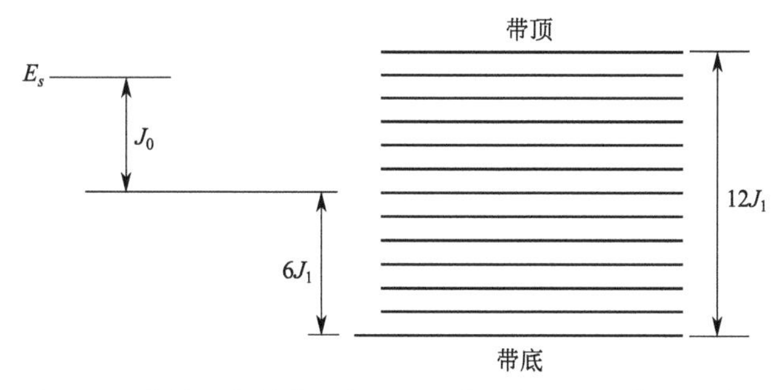

图 5-16 简单立方晶体 s 态电子对应的能级和固体电子能带

(2) 简单立方晶格的原子 p 态形成的能带

原子的 p 电子轨道包含三个，其波函数可以表达成：

$$\varphi_{p_x}=xf(\vec{r}),\varphi_{p_y}=yf(\vec{r}),\varphi_{p_z}=zf(\vec{r}) \tag{5-53}$$

其各自原子轨道的布洛赫积为：

$$\psi_{\vec{k}}^{p_x}=C\sum_n e^{i\vec{k}\cdot\vec{R}_n}\varphi_{p_x}(\vec{r}-\vec{R}_n) \tag{5-54}$$

$$\psi_{\vec{k}}^{p_y}=C\sum_n e^{i\vec{k}\cdot\vec{R}_n}\varphi_{p_y}(\vec{r}-\vec{R}_n) \tag{5-55}$$

$$\psi_{\vec{k}}^{p_z}=C\sum_n e^{i\vec{k}\cdot\vec{R}_n}\varphi_{p_z}(\vec{r}-\vec{R}_n) \tag{5-56}$$

φ_{p_x} 的电子云主要集中在 x 轴方向，沿 x 轴上坐标原点与 $(a,0,0)$、$(-a,0,0)$ 格点周围的电子轨道重叠积分较大，用 J_1 表示，而坐标原点与 y、z 轴上 $(0,a,0)$、$(0,-a,0)$、$(0,0,a)$、$(0,0,-a)$ 其他四个近邻的电子轨道重叠积分较小，用 J_2 表示，则根据式(5-49)可以计算出 p 态电子形成的能带为：

$$E^{p_x}(\vec{k})=E_p-J_0-2J_1\cos k_xa-2J_2(\cos k_ya+\cos k_za) \tag{5-57}$$

同理有：

$$E^{p_y}(\vec{k})=E_p-J_0-2J_1\cos k_ya-2J_2(\cos k_xa+\cos k_za) \tag{5-58}$$

$$E^{p_z}(\vec{k})=E_p-J_0-2J_1\cos k_za-2J_2(\cos k_xa+\cos k_ya) \tag{5-59}$$

原子周围 p 态电子波函数具有奇宇称，以 φ_{p_x} 为例，x 点与 $-x$ 点的波函数异号，则：$J_1<0$，$J_2>0$。对于 φ_{p_y} 和 φ_{p_z} 也有相对应的结果。

图 5-17 给出了简单立方晶格原子周围 s 和 p 态电子轨道形成的能带沿 Γ-X 轴（也称 Δ 轴）$E(k)$ 函数的变化。图中最下面的曲线为 s 态形成的能带；中间的曲线是 p_x 态形成的能带；而最上面的曲线则是 p_y 和 p_z 态形成的能带，沿 Δ 轴这两个能带是简并的。

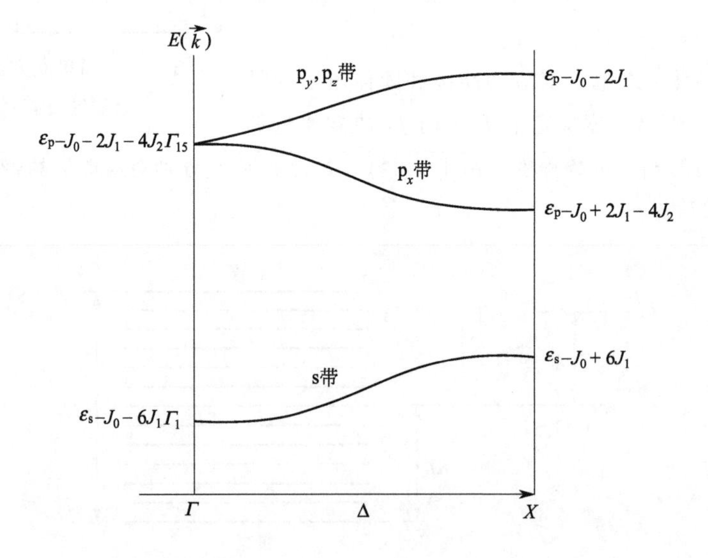

图 5-17　简单立方晶格 s 能带、p 能带沿 Δ 轴 $E(k)$ 函数的变化

5.6 晶体中电子的准经典运动

前面章节主要讨论了电子在晶体周期势场中运动的本征态和本征能量。对本征态和本征能量的了解是研究有关电子运动问题的基础，金属的热容、半导体电子的热激发、电子的量子跃迁等问题均需要。还有一类问题是讨论晶体中的电子在外场作用下的运动，这个外场可以是电场、磁场、掺入晶体的杂质势场等。

5.6.1 波包和电子速度

经典粒子同时有确定的位置和动量，这在量子力学中不可能。波包是指微观粒子（例如，电子）分布在 $\vec{r}_0$ 附近的 $\Delta\vec{r}$ 空间范围内，动量取值为 $\hbar\vec{k}_0$ 附近 $\hbar\Delta\vec{k}$ 范围内。$\Delta\vec{r}$ 与 $\Delta\vec{k}$ 之间满足测不准关系。把波包中心 $\vec{r}_0$ 称为该粒子的位置，把中心 $\hbar\vec{k}_0$ 称为粒子的动量。在晶体内，用布洛赫波组成波包，并考虑时间因子则有：

$$\psi_{\vec{k}'}(\vec{r},t)=e^{i\left[\vec{k}'\cdot\vec{r}-\frac{E(\vec{k}')}{\hbar}t\right]}u_{\vec{k}'}(\vec{r}) \tag{5-60}$$

把与 $\vec{k}_0$ 邻近的各 $\vec{k}'$态叠加起来就可以组成与量子态 $\vec{k}_0$ 对应的波包，为了得到稳定的波包，$\vec{k}'$必须非常接近 $\vec{k}_0$。将 $\vec{k}'$写成 $\vec{k}'=\vec{k}_0+\vec{k}$，则有：

$$E(\vec{k}')=E(\vec{k}_0)+\vec{k}\cdot(\nabla_{\vec{k}}E)_{\vec{k}_0} \tag{5-61}$$

$\vec{k}$ 限制在 $\left[-\frac{\Delta}{2},\ \frac{\Delta}{2}\right]$，即 $-\frac{\Delta}{2}\leqslant k_x\leqslant\frac{\Delta}{2}$、$-\frac{\Delta}{2}\leqslant k_y\leqslant\frac{\Delta}{2}$、$-\frac{\Delta}{2}\leqslant k_z\leqslant\frac{\Delta}{2}$。

波包函数可以写成：

$$\begin{aligned}\psi_{\vec{k}'}(\vec{r},t)&=\int_{-\Delta/2}^{\Delta/2}\mathrm{d}k_x\int_{-\Delta/2}^{\Delta/2}\mathrm{d}k_y\int_{-\Delta/2}^{\Delta/2}\mathrm{d}k_z\psi_{\vec{k}_0+\vec{k}}(\vec{r},t)\\&=u_{\vec{k}_0}(\vec{r})e^{i\left[\vec{k}_0\cdot\vec{r}-\frac{E(\vec{k}_0)}{\hbar}t\right]}\int_{-\Delta/2}^{\Delta/2}\mathrm{d}k_x\int_{-\Delta/2}^{\Delta/2}\mathrm{d}k_y\int_{-\Delta/2}^{\Delta/2}\mathrm{d}k_z e^{i\left[\vec{k}\cdot\vec{r}-\frac{(\nabla_{\vec{k}}E)_{\vec{k}_0}}{\hbar}t\right]}\end{aligned} \tag{5-62}$$

在上式中忽略了 $u_{\vec{k}}(\vec{r})$ 随 $\vec{k}$ 的变化，把它写成 $u_{\vec{k}_0}(\vec{r})$ 提到积分之外。为了分析波包运动只需分析 $|\psi|^2$，完成式(5-62) 中的积分得到：

$$|\psi|^2=|u_{\vec{k}_0}(\vec{r})|^2\cdot\left|\frac{\sin\pi\Delta u}{\pi\Delta u}\right|^2\cdot\left|\frac{\sin\pi\Delta v}{\pi\Delta v}\right|^2\cdot\left|\frac{\sin\pi\Delta\omega}{\pi\Delta\omega}\right|^2\cdot\Delta^6 \tag{5-63}$$

上式中的 $\left|\frac{\sin\pi\Delta u}{\pi\Delta u}\right|^2$、$\left|\frac{\sin\pi\Delta v}{\pi\Delta v}\right|^2$ 和 $\left|\frac{\sin\pi\Delta\omega}{\pi\Delta\omega}\right|^2$ 均为复变函数的模方，即某函数的共轭与该函数的乘积，都具有如图 5-18 所示形式，其中 $u=x-\frac{1}{\hbar}\left(\frac{\partial E}{\partial k_x}\right)_{\vec{k}_0}t$、$v=y-\frac{1}{\hbar}\left(\frac{\partial E}{\partial k_y}\right)_{\vec{k}_0}t$、$\omega=z-\frac{1}{\hbar}\left(\frac{\partial E}{\partial k_z}\right)_{\vec{k}_0}t$。波函数主要集中在宽度为 $\frac{1}{\Delta}$ 范围内，中心在 $u=v=\omega=0$，即：波包中心 $\vec{r}_0=\frac{1}{\hbar}(\nabla_{\vec{k}}E)_{\vec{k}_0}t$。将波包看成一准粒子，其速度为：

$$\vec{v}_{\vec{k}_0}=\frac{1}{\hbar}(\nabla_{\vec{k}}E)_{\vec{k}_0} \tag{5-64}$$

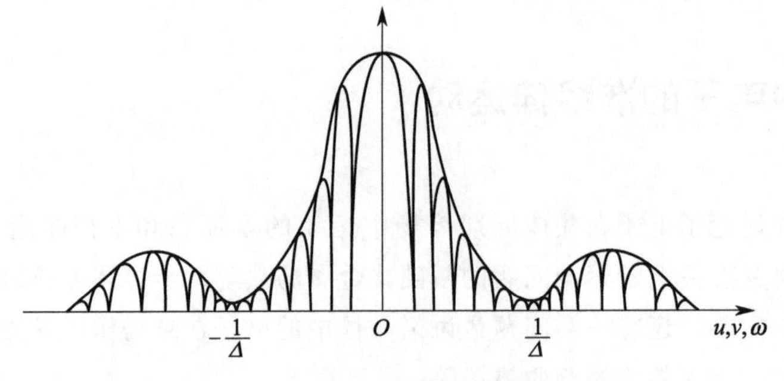

图 5-18　波函数的布洛赫波包组成

考虑到 $E(\vec{k})$ 在布里渊区中的变化，Δ 必须很小，应是相对于布里渊区的线度 $1/a$，所以一般要求 $\Delta \ll \frac{1}{a}$，则 $a \ll \frac{1}{\Delta}$，即波包必须远大于原胞。因此，在实际问题中，只能在这个限度内把电子看成准经典粒子。例如，在输运过程中，只有当电子的平均自由程远远大于原胞的情况下，才可以把电子看作一个准经典粒子。

5.6.2　外力作用下电子状态的变化和准动量

在外力 $\vec{F}$ 作用下，$\mathrm{d}t$ 时间内，外力对电子做的功为：$\vec{F} \cdot \vec{v}_{\vec{k}} \mathrm{d}t$。相应地，电子能量 $E(\vec{k})$ 发生变化，其变化取决于 $\vec{k}$ 的变化 $\mathrm{d}\vec{k}$，对应着电子在能量空间、状态空间的变化，因此有：

$$\mathrm{d}\vec{k} \cdot \nabla_{\vec{k}} E = \vec{F} \cdot \vec{v}_{\vec{k}} \mathrm{d}t \tag{5-65}$$

将 $\nabla_{\vec{k}} E = \hbar \vec{v}_{\vec{k}}$ 代入上式有，$\left(\hbar \frac{\mathrm{d}\vec{k}}{\mathrm{d}t} - \vec{F}\right) \cdot \vec{v}_{\vec{k}} = 0$，因此，在平行于 $\vec{v}_{\vec{k}}$ 方向，$\hbar \frac{\mathrm{d}\vec{k}}{\mathrm{d}t}$与 $\vec{F}$ 的分量相等。垂直于速度方向不能用功能原理来讨论电子状态的变化，但同样有 $\hbar \frac{\mathrm{d}\vec{k}}{\mathrm{d}t} = \vec{F}$。很显然，$\hbar\vec{k}$ 具有类似于准经典运动中动量的性质，因此，常称为准动量。应当注意的是，布洛赫波并不对应于确定的动量（即不是动量的本征态），且 $\hbar\vec{k}$ 也不等于动量算符的平均值。

5.6.3　电子的加速度和有效质量

在晶体中电子准经典运动的两个基本关系式为：

$$\vec{v} = \frac{1}{\hbar} \nabla_{\vec{k}} E(\vec{k}) = \frac{1}{\hbar}\left(\frac{\partial E}{\partial k_x}\vec{i} + \frac{\partial E}{\partial k_y}\vec{j} + \frac{\partial E}{\partial k_z}\vec{k}\right) \tag{5-66}$$

$$\hbar \frac{\partial \vec{k}}{\partial t} = \vec{F} \tag{5-67}$$

外力作用引起 $\vec{k}$ 随时间的变化，在实空间也使得速度随时间发生变化，即产生了加速度$\frac{\mathrm{d}\vec{v}}{\mathrm{d}t}$。将其写成分量形式并利用式(5-67) 的分量，则有：

$$\begin{aligned} \frac{\mathrm{d}v_\alpha}{\mathrm{d}t} &= \frac{\mathrm{d}}{\mathrm{d}t}\left[\frac{1}{\hbar} \frac{\partial E(\vec{k})}{\partial k_\alpha}\right] = \frac{1}{\hbar} \sum_\beta \frac{\mathrm{d}k_\beta}{\mathrm{d}t} \frac{\partial}{\partial k_\beta}\left[\frac{\partial E(\vec{k})}{\partial k_\alpha}\right] \\ &= \frac{1}{\hbar^2} \Sigma_\beta F_\beta \frac{\partial^2}{\partial k_\beta \partial k_\alpha} E(\vec{k}) \end{aligned} \tag{5-68}$$

可进一步用矩阵形式表示为：

$$\begin{pmatrix}\dot{v}_x\\ \dot{v}_y\\ \dot{v}_z\end{pmatrix}=\frac{1}{\hbar^2}\begin{pmatrix}\frac{\partial^2 E}{\partial k_x^2} & \frac{\partial^2 E}{\partial k_x \partial k_y} & \frac{\partial^2 E}{\partial k_x \partial k_z}\\ \frac{\partial^2 E}{\partial k_y \partial k_x} & \frac{\partial^2 E}{\partial k_y^2} & \frac{\partial^2 E}{\partial k_y \partial k_z}\\ \frac{\partial^2 E}{\partial k_z \partial k_x} & \frac{\partial^2 E}{\partial k_z \partial k_y} & \frac{\partial^2 E}{\partial k_z^2}\end{pmatrix}\begin{pmatrix}F_x\\ F_y\\ F_z\end{pmatrix} \tag{5-69}$$

该方程具有类似牛顿定律的形式：$\frac{\mathrm{d}\vec{v}}{\mathrm{d}t}=\frac{1}{m}\vec{F}$。只是用一个二阶张量替代了$\frac{1}{m}$，称其为倒有效质量张量$\frac{1}{m^*}$，其分量为$\frac{1}{\hbar^2}\frac{\partial^2 E}{\partial k_\alpha \partial k_\beta}$，若选 k_x、k_y、k_z 轴沿能量主轴方向，则有：

$$\frac{\partial^2 E}{\partial k_\alpha \partial k_\beta}=\begin{cases}\neq 0 & (\alpha=\beta)\\ =0 & (\alpha\neq\beta)\end{cases} \tag{5-70}$$

此时倒有效质量张量是对角化的，为：

$$\frac{1}{m^*}=\frac{1}{\hbar^2}\begin{pmatrix}\frac{\partial^2 E}{\partial k_x^2} & 0 & 0\\ 0 & \frac{\partial^2 E}{\partial k_y^2} & 0\\ 0 & 0 & \frac{\partial^2 E}{\partial k_z^2}\end{pmatrix} \tag{5-71}$$

以 k_x、k_y、k_z 沿能量主轴的情况下，有效质量张量可表示为：

$$\begin{pmatrix}m_{xx}^* & 0 & 0\\ 0 & m_{yy}^* & 0\\ 0 & 0 & m_{zz}^*\end{pmatrix}=\begin{pmatrix}\hbar^2\Big/\frac{\partial^2 E}{\partial k_x^2} & 0 & 0\\ 0 & \hbar^2\Big/\frac{\partial^2 E}{\partial k_y^2} & 0\\ 0 & 0 & \hbar^2\Big/\frac{\partial^2 E}{\partial k_z^2}\end{pmatrix} \tag{5-72}$$

其中有效质量分量为：

$$m_\alpha^*=\hbar^2\Big/\frac{\partial^2 E}{\partial k_\alpha^2} \tag{5-73}$$

一般来说，m_x^*、m_y^*、m_z^* 不一定相等，加速度和外力方向也可以不同，有效质量把晶体中电子准经典运动的加速度与外力直接联系起来。有效质量包含了周期势场的作用，与电子质量之间存在很大差别。下面以简单立方晶体 s 态电子为例，采用紧束近似计算的能带，讨论有效质量的特点。其能量为：

$$E^s(\vec{k})=E_s-J_0-2J_1(\cos k_x a+\cos k_y a+\cos k_z a) \tag{5-74}$$

可以验证：

$$\frac{\partial^2 E}{\partial k_\alpha \partial k_\beta}=\begin{cases}\neq 0 & (\alpha=\beta)\\ =0 & (\alpha\neq\beta)\end{cases} \tag{5-75}$$

即 k_x、k_y、k_z 正好沿能量主轴方向。在 $\vec{k}$ 空间任何点，其有效质量可表示为：

$$m_x^* = \frac{\hbar^2}{2a^2 J_1}(\cos k_x a)^{-1} \tag{5-76}$$

$$m_y^* = \frac{\hbar^2}{2a^2 J_1}(\cos k_y a)^{-1} \tag{5-77}$$

$$m_z^* = \frac{\hbar^2}{2a^2 J_1}(\cos k_z a)^{-1} \tag{5-78}$$

原子相距越远，J_1 越小，有效质量越大。且有效质量是 $\vec{k}$ 的函数，在（0，0，0）处，即能带底的有效质量为：

$$m_x^* = m_y^* = m_z^* = \frac{\hbar^2}{2a^2 J_1} \tag{5-79}$$

此时有效质量可简写为标量 $m^* = \frac{\hbar^2}{2a^2 J_1}$。再如 $\left(\pm\frac{\pi}{a}, \pm\frac{\pi}{a}, \pm\frac{\pi}{a}\right)$ 处，即能带顶的有效质量为：

$$m_x^* = m_y^* = m_z^* = m^* = -\frac{\hbar^2}{2a^2 J_1} < 0 \tag{5-80}$$

表明能带顶和能带底有效质量都是各向同性的，可以归结为一个单一的有效质量，这是立方晶格对称性的结果。但在 $\left(\frac{\pi}{a}, 0, 0\right)$ 点，即布里渊区侧面中心的 X 点，有效质量为：

$$m_x^* = -\frac{\hbar^2}{2a^2 J_1} \tag{5-81}$$

$$m_y^* = m_z^* = \frac{\hbar^2}{2a^2 J_1} \tag{5-82}$$

总之，有效质量并非一个常数，而是 $\vec{k}$ 的函数，一般情况下为张量，特殊情况下可能约化为标量。有效质量既可以取正值，也可以取负值，能带底有效质量总为正，能带顶有效质量总为负。有效质量表示在周期性势场中运动的电子的加速度与所受外力的关系。

5.7 恒定电场作用下电子的运动

5.7.1 电子运动速度和有效质量

这一节以一维紧束缚近似为例，讨论晶体中电子在恒定电场作用下的运动规律。对于一维紧束缚近似，电子能量 $E(k)$ 与波矢的关系为：

$$E(k) = E_i - J_0 - 2J_1 \cos ka \tag{5-83}$$

式中，i 表示不同的原子能级；J_0、J_1 对于不同能级有区别。如图 5-19 所示，若 $J_1 > 0$，$k=0$ 点为能带底，$k=\pm\pi/a$ 点为能带顶，电子运动速度为：

$$v(k) = \frac{1}{\hbar}\frac{\mathrm{d}E}{\mathrm{d}k} = \frac{2J_1 a}{\hbar}\sin ka \tag{5-84}$$

电子有效质量为：

$$m_k^* = \hbar^2\left(\frac{\mathrm{d}^2 E}{\mathrm{d}k^2}\right)^{-1} = \hbar^2(2J_1 a^2 \cos ka)^{-1} \tag{5-85}$$

若用延展型布里渊区表示，它们均为 k 的函数，其周期为 $2\pi/a$。带底（$k=0$）和带顶（$k=\pm\pi/a$）处电子速度为 0，中间有极值；带底 $m^*>0$，带顶 $m^*<0$。

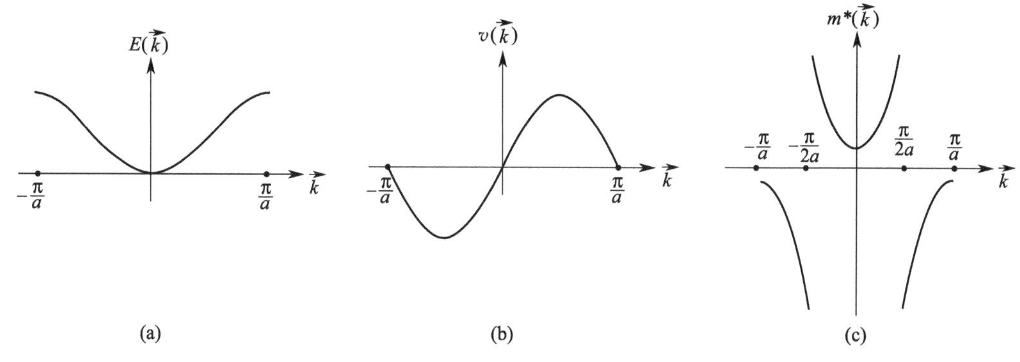

图 5-19　能量、速度和有效质量与波矢的关系

5.7.2　恒定电场作用下电子的运动特性

设电场力 $\vec{F}$ 沿 $\vec{k}$ 轴正方向，则根据 $\vec{F}=-q\vec{E}=\hbar\,\mathrm{d}\vec{k}/\mathrm{d}t$ 可知，在外加电场一定的情况下，$\mathrm{d}\vec{k}/\mathrm{d}t$ 是一个常数，这说明电子在 k 空间中做匀速运动，但是作为准经典运动，电子永远保持在同一能带内。如图 5-20 所示，用扩展型布里渊区表示 $E(\vec{k})$ 函数，意味着电子的本征能量沿 $E(\vec{k})$ 函数曲线周期性变化。

若用简约布里渊区表示，当电子运动到布里渊区边界（$k=\pm\pi/a$），由于 $k=-\pi/a$ 与 $k=\pi/a$ 正好相差一个倒格矢 $2\pi/a$，实际代表同一状态，电子从 $k=\pi/a$ 移动出去实际上同时从 $k=-\pi/a$ 移动进来，电子在 k 空间做循环运动。表现在电子速度上是随时间振荡变化。假定 $t=0$ 时，电子处于 $k=0$ 的状态，$m^*>0$，在外力作用下，电子加速，$\vec{v}$ 增大；趋近 $k=\pi/2a$ 时，$m^*\to\infty$，速度达到极大值；当 k 超过 $\pi/2a$ 时，$m^*<0$，电子开始减速，趋近 $k=\pi/a$ 时，$\vec{v}=0$，电子处于带顶，$m^*<0$，外力使 $\vec{v}<0$；当 k 从 $-\pi/a$ 增加到 $-\pi/2a$ 时，$|\vec{v}|$ 不断增大，在 $k=-\pi/2a$ 时，速度达到极小值；当 k 超过 $-\pi/2a$ 时，$m^*>0$ 电子开始减速运动，使 $|\vec{v}|$ 减小，直至 $k=0$ 时，$\vec{v}=0$。电子速度的振荡意味着电子在实空间的振荡。

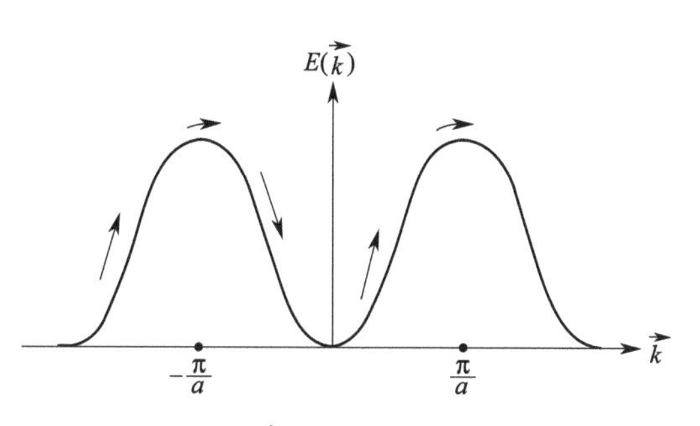

图 5-20　$\vec{k}$ 空间电子运动示意图

5.8　导体、绝缘体和半导体的能带论解释

虽然所有固体都包含有大量的电子，但有的具有很好的电子导电性能，有的则基本上观察不到任何电子导电性。当施加一个电场时，导体会有较大的电流流过，然而，流过半导体

的电流很弱，绝缘体却根本没有电流流过。这些问题曾长期得不到本质的解释，一直困扰着人们。能带理论的建立首先对为什么有导体、半导体和绝缘体的区分提供了理论根据。能带理论解释固体导电的基本观点是：满带中的电子不导电；不满能带中的电子才对导电有贡献。

5.8.1 满带电子不导电

如果取布洛赫函数 $\psi_{\vec{k}}=\mathrm{e}^{i\vec{k}\cdot\vec{r}}u(\vec{r})$ 所满足的波动方程 $H\psi_{\vec{k}}=E(\vec{k})\psi_{\vec{k}}$ 的复共轭，就得到具有相同本征值的 $\psi_{\vec{k}}^*$，而

$$H\psi_{\vec{k}}^*=E(k)\psi_{\vec{k}}^*,\psi_{\vec{k}}^*=\mathrm{e}^{-i\vec{k}\cdot\vec{r}}u_{\vec{k}}^*(\vec{r}) \tag{5-86}$$

它正是 $-\vec{k}$ 态的布洛赫函数。因此 $\vec{k}$ 和 $-\vec{k}$ 态具有相同的能量，即 $E(\vec{k})=E(-\vec{k})$，这是时间反演对称性的反映。在同一能带上，$\vec{k}$ 和 $-\vec{k}$ 态的速度却相反，即 $v(\vec{k})=-v(-\vec{k})$。对于满带，$\vec{k}$ 态填充的电子对电流的贡献为 $-ev(\vec{k})$，但 $\vec{k}$ 和 $-\vec{k}$ 态的电子电流正好相抵。当不加电场时，电子在波矢空间内对称分布，总电流始终为零。当存在外电/磁场时也是如此。如图 5-21 所示，横轴上的点表示均匀分布于 $\vec{k}$ 轴上的各量子态为电子所充满，在 $\vec{F}=-q\vec{E}$ 作用下，所有电子的状态均按 $\frac{\mathrm{d}\vec{k}}{\mathrm{d}t}=\frac{\vec{F}}{\hbar}$ 变化，即

$$\frac{\mathrm{d}\vec{k}}{\mathrm{d}t}=-\frac{e\vec{E}}{\hbar} \tag{5-87}$$

式(5-87) 表明，$\vec{k}$ 轴上各点以完全相同的速度移动，并不改变均匀填充各 $\vec{k}$ 态的情况。在布里渊区边界 A 和 A'处，由于 A 和 A'实际代表同一状态，所以从 A 点移动出去的电子实际上同时就从 A'移进来，保持整个能带处于均匀填满的状况，并不产生电流，满带电子流抵消，如图 5-21 所示。

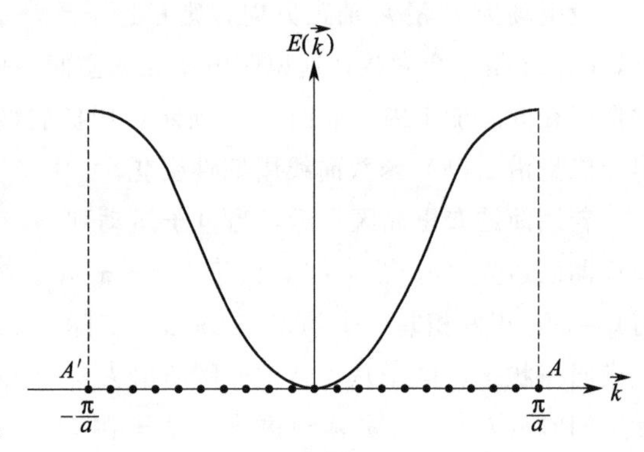

图 5-21　满带电子电流抵消

5.8.2 导体和非导体的模型

图 5-22 为一部分能级被电子占据的能带和相应的 $E(\vec{k})$ 图，电子将填充最低的各能级，由 $E(\vec{k})$ 图中虚线以下部分可看出，$\vec{k}$ 和 $-\vec{k}$ 对称地被电子所占据，无电场作用下总电流为 0。当有外场施力 $\vec{F}$ 时，不满带中的每个电子都以同样的速度在 $\vec{k}$ 空间运动。由于电子还受到晶格振动、杂质和缺陷等散射作用，从而使得不满带中电子状态的改变达到一个稳定的非对称分布，非对称部分填充的电子对电流就有贡献。这说明，不满能带中的电子才导电。

对导体和非导体，能带模型如图 5-23 所示。在非导体中，电子恰好填满低的一系列能带，最上面的满带称为“价带”；再高的各能带全部都是空的，称为“空带”。由于能带被电子完全占满，所以晶体中虽有很多电子，却不能导电。在导体中，除去完全占据的一系列能带形成的满带和空带以外，还存在不满带，被电子部分占据的能带，称为“导带”。在外电场作用下，不满带中的电子可以导电。

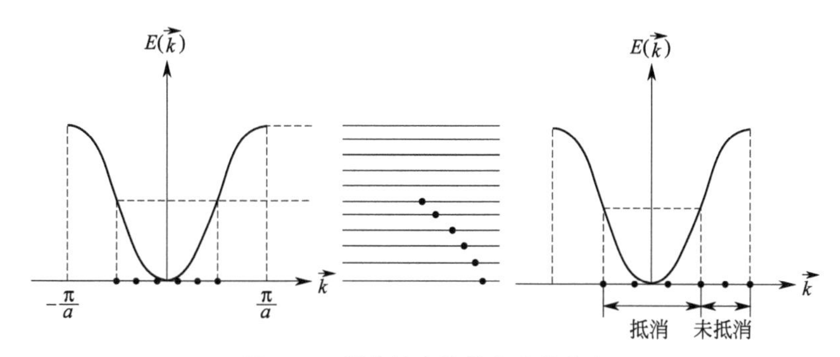

图 5-22 部分填充能带电流的产生

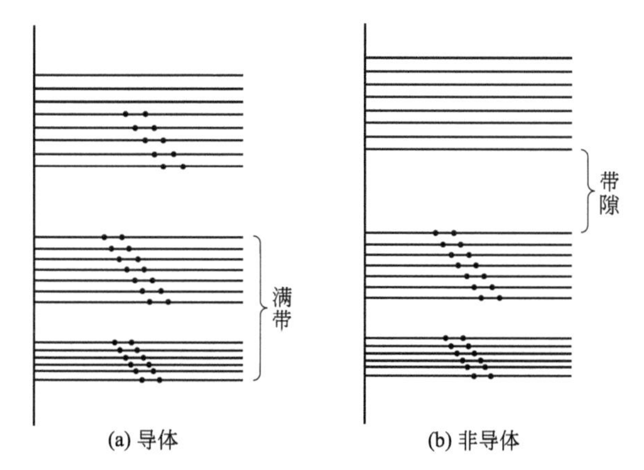

图 5-23 导体和非导体的能带模型

除去良好的金属导体外，还有具有一定导电能力的半导体。根据能带理论，半导体和绝缘体都属于上述的非导体。在半导体中，当 $T=0\text{K}$ 时，能带中电子填充情况和绝缘体的情况相同。区别在于带隙宽度的不同：半导体带隙宽度一般在 2eV 以下，而绝缘体带隙宽度在 4.5eV 以上。当 $T\neq 0\text{K}$ 时，依靠热激发，半导体的价带（满带）电子可以达到上面的空带，形成不满带（导带），因而具有导电能力。而对于绝缘体，在通常情况下很难实现电子从价带到导带的激发，故不具有导电性。

在金属和半导体之间存在一种中间态情况：导带底和价带顶或发生交叠或具有相同的能量；通常同时在导带中存在一定数量的电子，在价带中存在一定数量的空状态，导带电子密度比普通金属小几个量级，这种情形称为半金属。ⅤA 族 Bi、Sb、As 属半金属。

5.8.3 空穴

半导体的近满带中未被电子占据的量子态称为空穴。对于半导体，由于热激发使满带顶部的电子跃迁到空带底部，结果不仅使原来的空带成为一个导带，也使原来的满带成为导带，也称这种满带顶部电子跃迁后的能带为近满带。设想满带中某个状态 $\vec{k}$ 未被电子占据，这一近满带在外场作用下产生电流 $I_{\vec{k}}$。如果引入一个电子填充在 $\vec{k}$ 状态，该电子对电流的贡献为 $-ev(\vec{k})$，此时恢复到满带，总电流变为零，则有：

$$I_{\vec{k}}+[-ev(\vec{k})]=0 \tag{5-88}$$

即 $I_{\vec{k}}=ev(\vec{k})$。

式(5-88) 说明，空穴对电流的贡献如同速度为 $v(\vec{k})$ 而带正电的电荷对导电的贡献。

由加速度 $\vec{a}=\dfrac{\vec{F}}{m^*}$ 可得：

$$\frac{\mathrm{d}v(\vec{k})}{\mathrm{d}t}=\frac{-e\vec{E}}{m_e^*(\vec{k})} \tag{5-89}$$

$m_e^*(\vec{k})$ 是 $\vec{k}$ 状态填充电子的有效质量，由于满带顶部的电子易受热激发，进入空带，而这里的电子的有效质量为负值。令 $m_h^*(\vec{k})=-m_e^*(\vec{k})$，则空穴加速度为：

$$\frac{\mathrm{d}v(\vec{k})}{\mathrm{d}t}=\frac{e\vec{E}}{m_h^*(\vec{k})} \tag{5-90}$$

上式表明，空穴在外电场作用下相当于一个带正电荷 e 且具有正的有效质量 $m_h^*(\vec{k})$ 的粒子。通过霍尔效应实验，可以证明空穴载流子的存在。

习题

参考答案

1. 假设二维金属晶格的晶胞为简单矩形，晶格常数 $a=2\text{Å}$，$b=4\text{Å}$，原子为单价的，试画出第一、第二布里渊区。

2. 一维周期场中电子的波函数 $\psi_{\vec{k}}(x)$ 应当满足布洛赫定理，若晶格常量为 a，电子波函数为 $\begin{cases}\psi_{\vec{k}}(x)=i\cos\dfrac{3\pi}{a}\\ \psi_{\vec{k}}(x)=\sum\limits_{m=-\infty}^{\infty}(-i)^m f(x-ma)\end{cases}$，$f(x)$ 为某一确定函数，试求电子在这些状态的波矢。

3. 证明如下关系

$$\frac{1}{N}\sum_{\vec{k}}\mathrm{e}^{i\vec{k}\cdot(\vec{R}_m-\vec{R}_l)}=\delta_{m,l}$$

4. 一维单原子链中，原子间距为 a，总长度 $L=Na$。(1) 用紧束缚近似方法求原子 s 态形成的能带 $E_s(k)$；(2) 求其能态密度；(3) 如果每个原子 s 态只有一个电子，求 $T=0\text{K}$ 时费米能级 E_F^0 及相应的能态密度。

5. 用紧束缚近似求出体心立方晶格 s 态形成的能带。

6. 已知一维晶格中电子的能带可写成如下形式：

$$E(k)=\frac{\hbar^2}{ma^2}\left(\frac{7}{8}-\cos ka+\frac{1}{8}\cos 2ka\right)$$

式中，a 是晶格常数；m 是电子的质量。求 (1) 电子的平均速度；(2) 在价带顶和导带底的电子有效质量。

7. 求一维、二维晶格中自由电子的能态密度。

8. 请用能带理论解释：(1) 为什么有些固体是导体，有些固体是非导体；(2) 半导体和绝缘体有什么区别；(3) 半金属与金属之间的本质差别。

【拓展阅读】

布洛赫

(Felix Bloch, 1905—1983)

1905 年 10 月生于瑞士苏黎世，从小对数学和天文学有浓厚的兴趣，1924 年进入苏黎世联邦工学院（ETH），最初学习工程学，一年后改学物理。布洛赫最初跟随薛定谔（Schrödinger E，1887—1961）从事物理学研究，薛定谔把布洛赫带进了当时的量子力学新领域。作为海森堡（Heisenberg W，1901—1976）的第一位研究生，布洛赫于 1928 年在德国莱比锡获得博士学位。他的学位论文用量子力学理论研究晶体内的电子，建立了金属导电理论，他认为电子在晶体中的运动可以看成是自由电子在原子周期势场中的运动，提出了著名的布洛赫定理。1934 年，布洛赫移居美国，在斯坦福大学任教。二战后，布洛赫主要致力于有关原子核磁场的研究。1946 年，布洛赫提出了高精度测量核磁矩的方法——“核感应”，所提出的公式被称为“布洛赫方程”。布洛赫设想，在共振条件下，原子核的总磁矩与交变磁场成一有限的角度并绕恒定磁场进动，他把观察到的信号看作是感应电动势。这样，原子核就变成了微型无线电发报机。由示波器屏幕上条纹的方向便可得知原子核的旋转与磁场方向的关系，进而推算出核的磁矩。虽然布洛赫的实验方法与珀塞尔的不一样，但从物理意义上讲是一致的。因此，布洛赫与珀塞尔分享了 1952 年的诺贝尔物理学奖。

莱昂·布里渊

(Léon Nicolas Brillouin, 1889—1969)

1889 年 8 月出生于法国巴黎近郊的德赛夫勒省，著名的物理学家，其父亲马塞尔·布里渊（Marcel Brillouin）也是物理学家。1908—1912 年，布里渊在巴黎学习物理；1911 年开始，师从著名物理学家让·佩林（Jean Perrin）。1912 年，布里渊前往慕尼黑大学师从阿诺德·索末菲学习理论物理。第一次世界大战后，布里渊来到巴黎大学，师从保罗·朗之万（Paul Langevin），并于 1920 年被授予博士学位。他的博士论文以“固体的量子理论”为题，主要基于原子的振动（声子）来求解状态方程。获得博士学位后，布里渊成为重组后的《物理学报》和《镭》的科学秘书。1923 年，他成为法兰西学院物理实验室的副主任。1928 年，亨利·庞加莱研究院（Institut Henri Poincaré）成立后，布里渊被任命为理论物理教授。他在研究电子波在晶格中的传播时，引入了布里渊区的概念，为现代固体物理学的发展奠定了基础。此外，他将信息理论应用于物理学和计算机设计，引入了负熵的概念来证明熵和信息之间的相似性。

第6章

晶体的缺陷理论

本章导读：前面几章的学习是建立在理想晶体模型的基础上，然而，实际晶体中的原子往往可能偏离周期性，存在结构不完整性。通常把实际晶体点阵结构中周期性势场的畸变称为晶体缺陷，可分为点缺陷、线缺陷、面缺陷和体缺陷。缺陷结构对晶体的许多物理特性影响很大甚至具有决定性。本章在学习理想晶体的基础上，进一步讨论缺陷的结构、运动和影响。首先，讲述晶体缺陷的基本类型与结构特征；其次，讲述缺陷的运动与平衡浓度统计规律，以及缺陷的扩散行为；最后，重点讨论与点缺陷相关的电子局域态特征。

前面几章的讨论是建立在理想晶体物理模型的基础上，假设晶体中原子严格按照晶格周期规则排列，保持长程有序性。然而，实际晶体不同于理想模型。在20世纪20年代，人们已发现晶体的许多性质很难用理想晶体结构来解释，由此提出晶体中有许多原子可能偏离周期性、规则性排列，即存在结构不完整性，并试图以此来解释用理想晶体结构无法理解的许多晶体性质。通常把实际晶体点阵结构中周期性结构的畸变称为晶体缺陷。按照其畸变物理范围，可分为点缺陷、线缺陷、面缺陷和体缺陷，可以近似地分别看成零维、一维、二维和三维缺陷。点缺陷在晶体中可以呈热平衡状态存在，而其他缺陷则是热力学不稳定缺陷。不论哪种晶体缺陷，其尺度和浓度（缺陷总体积与晶体体积之比）相对都是小量，但却导致晶体性质发生可观的变化，许多重要的晶体性质既取决于晶体本身也有赖于缺陷结构。例如，力学性质和塑性变形通常由缺陷决定；半导体的导电性完全由缺陷所决定；许多晶体的发光特性和颜色因杂质和缺陷而产生；原子的各种扩散现象也是通过晶体缺陷实现的。

6.1 晶体缺陷的基本类型

6.1.1 点缺陷

1926年弗伦克尔（Frenkel）为了解释离子晶体导电的实验事实而提出了点缺陷的概念。1942年塞兹（Seitg）等人为了阐明扩散机制，研究了金属中点缺陷的基本性质。20世纪50～60年代，由于原子反应堆技术的快速发展，高能粒子对固体的辐照效应引起人们的高度重视，推动了对晶体缺陷的深入研究。70年代，因点缺陷及其与位错的交互作用对半导体的性能有很大的影响，引起了人们对半导体材料中点缺陷性质的关注，并采用核磁共振等近代物理实验技术对点缺陷周围的状态，特别是电子结构进行了深入研究。近十年来的研究表明，点缺陷和低维晶体材料的出现为材料的热学、光学和电子学特性的设计以及电子和光电器件的发展提供了新机遇。

点缺陷是晶体中的零维缺陷，有三种类型，即空位、间隙原子和替位掺杂。空位是未被占据的晶格格点；间隙原子是进入晶格间隙中的原子，可以是基质原子，也可以是外来杂质原子。当杂质原子进入晶格，或取代正常格点中的原子，则被称为替位杂质原子；或处于间隙位置上，称为间隙杂质原子。图 6-1 展示了几种常见的点缺陷。

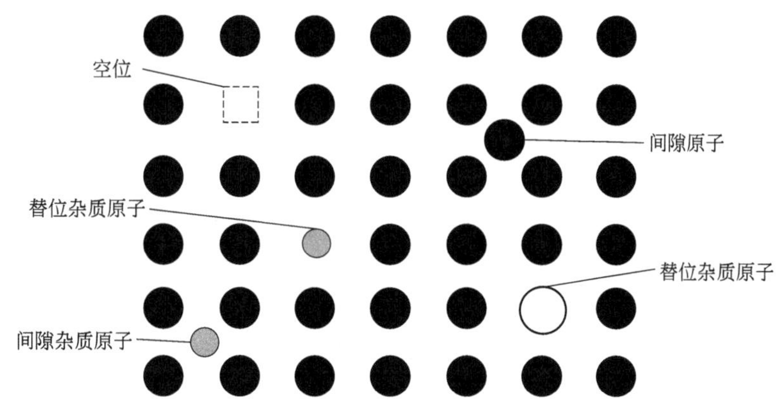

图 6-1 点缺陷

(1) 热缺陷

在第 3 章中，我们了解到晶体内的原子是围绕其平衡位置以格波的形式作热振动，空位和间隙原子的产生和湮灭亦是依靠热涨落（热振动在某一瞬时产生的较大动能或较大振幅）形成和运动。如图 6-2（a）所示，格点上的原子因热涨落跳进一个间隙位置，从而产生一个空位和一个间隙原子，这样的一对缺陷称为弗仑克尔缺陷（Frenkel disorder）。如图 6-2（b）所示，如果格点上的原子只形成空位，而不形成等量的间隙原子，这样的缺陷称为肖特基缺陷（Schottky disorder）。

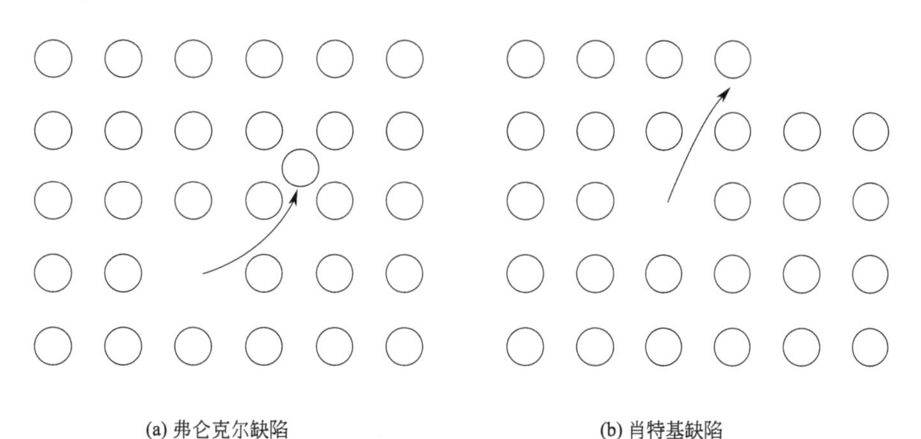

图 6-2 热缺陷形成过程

弗仑克尔缺陷和肖特基缺陷统称为热缺陷。在一定的温度下，热缺陷不断产生和消失。当温度升高时，热缺陷浓度增加；单位时间热缺陷产生和消失的数目相等时，系统达到平衡。通常，由于形成间隙原子时需使原子挤入晶格的间隙位置，所需能量大于形成空位的能量，因此，产生肖特基缺陷的可能性大于弗仑克尔缺陷。对单质晶体来说，肖特基缺陷就是空位，而弗仑克尔缺陷就是空位和间隙原子。对于离子晶体而言，情况稍微复杂一点，由于局部电中性的要求，离子晶体中的肖特基缺陷只能是等量的正离子空位和负离子空位。又由于离子晶体中负离子半径往往比正离子大得多，故弗仑克尔缺陷可能是等量的正离子空位和间隙正离子，主要出现在 AgCl 和 AgBr 中。

（2）杂质缺陷

在晶体生长、半导体材料及电子陶瓷材料制备过程中，往往有目的加入一定量杂质原子，或因材料的纯度、生长环境的洁净度等原因，杂质原子进入晶体，形成替位杂质。例如，在 $Pb(Zr_xTi_{1-x})O_3$ 铁电陶瓷中加入 La、Nd、Bi 等，占据原格点 Pb 的位置，能降低其机械品质因素 Q_m，提高介电常数；如果在纯净的半导体材料单晶 Si 中掺入百万分之一的杂质元素 B 或者 P，材料的纯度仍高达 99.9999%，但其室温电阻率却由原来的 214000Ω·cm 下降到 0.2Ω·cm。可见杂质的引入对材料的性能具有显著的影响。

替位杂质原子的半径与基质原子之间往往存在着差异，引起晶格畸变，如图 6-3 所示。杂质原子进入晶格后处于何种位置，会受到三个因素的影响：一是制备工艺等外界条件；二是杂质原子本身的性质，包括原子电负性、原子半径以及价态；三是基质材料的性质，包括密度、硬度、晶体结构和化学键态等。当杂质原子与基质原子半径大小相当，化学性质也接近时，就可能实现很高的掺杂浓度，甚至可以形成无限固溶体。例如，许多金属合金，以及 Ge_xSi_{1-x}、$GaAs_xP_{1-x}$ 等，其中 x 可以实现从 0 到 1 的连续变化。

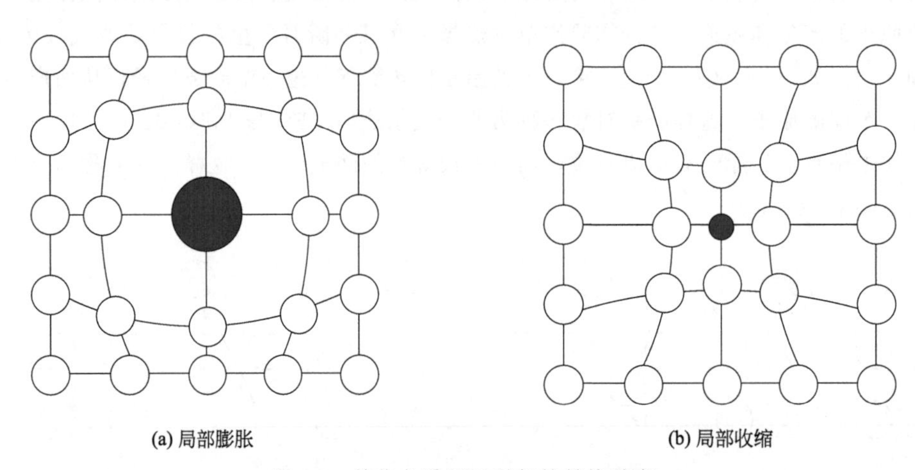

图 6-3　替位杂质原子引起的晶格畸变

6.1.2　线缺陷

线缺陷是晶体内部的一种一维缺陷结构，又称为位错。1934 年泰勒、欧罗万和波拉尼提出了位错模型，并将位错与晶体的滑移变形联系起来，奠定了位错的理论基础：即在某种外力的作用下，晶体中的一部分原子相对于另一部分原子发生滑移（形变），已滑移部分与未滑移部分发生错位时的交界线，呈现细长的管状区域，管内原子排列一定程度上是混乱的，破坏了晶格点阵的周期性。

位错最重要的理论起初体现在金属材料的塑性形变中。如图 6-4 所示，当单晶试棒所受拉伸应力超过弹性变形范围时，试棒除了变细变长外，其表面出现很多与拉伸方向呈 45°角的条纹。显微镜观察发现，每个条纹均由一组细小条纹组成。每个条纹形成一个“台阶”，称为滑移线。一组细小条纹构成一个滑移带。

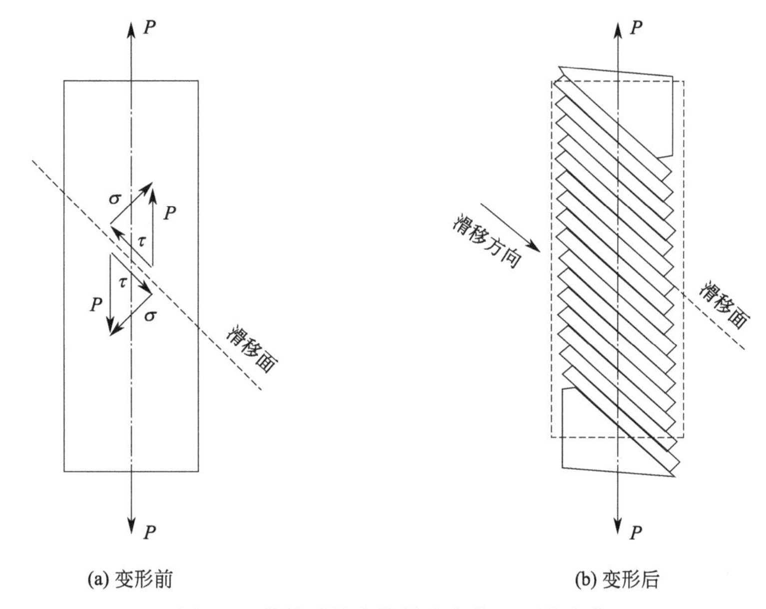

图 6-4　单晶试棒在拉伸应力作用下的变化

典型的位错有两种：刃位错和螺位错，如图 6-5 和图 6-6 所示。以简单立方晶体为例，假设晶体中某一部分发生了挤压，引起局部滑移，方向如图 6-5（a）中箭头所示，出现了图 6-5（a）中标出的滑移面（$ABCDA$ 面）和半原子面（$EFGHE$ 面），此处原子的化学键发生变化，且在一定范围内引起晶格畸变，而远离半原子面区域的晶格保持原有的周期结构，半原子面与滑移面的交线（线 EF）称为位错线。滑移面处的原子排列取决于位错线与滑移方向的相对位置，若滑移方向与位错线垂直则称为刃型位错，或者楔型位错，如图 6-5（b）所示；若滑移方向与位错线平行，便称为螺型位错，或螺位错，如图 6-6（a）所示；若两者既

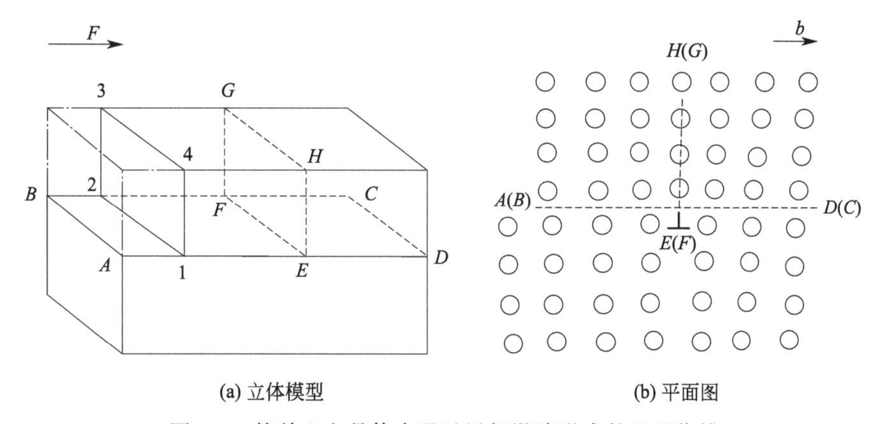

图 6-5　简单立方晶体中通过局部滑移形成的刃型位错

不平行也不垂直，可以将晶体的滑移（滑移面两边的相对位移 a）分解为平行和垂直位错线的位移分量 $a\cos\alpha$ 和 $a\cos\beta$，即此位错由螺位错和刃位错混合而成，称为混合型位错。

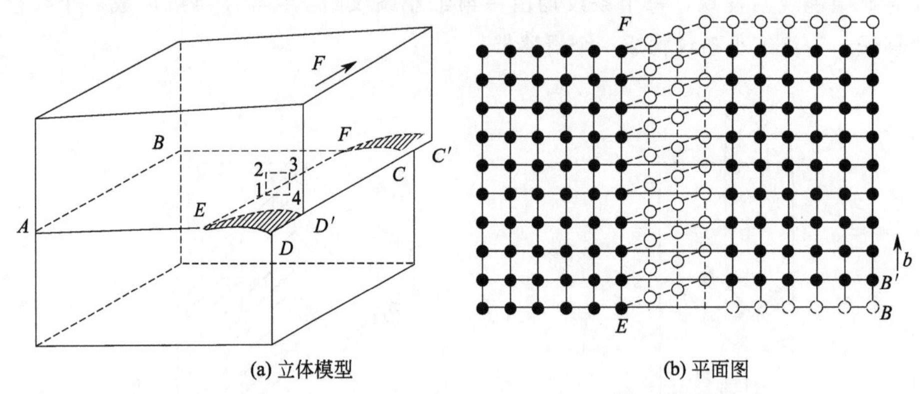

(a) 立体模型　　(b) 平面图

图 6-6　简单立方晶体中通过局部滑移形成的右旋螺型位错

位错理论始终与晶体的塑性、强度理论并行发展，对晶体质量和器件性能的提高有着举足轻重的作用。1949 年柯垂尔用碳原子钉扎位错成功解释了钢的屈服点现象，开创了位错理论的实际应用先例，首次用于解释金属的力学行为及塑性形变。位错行为决定着金属的力学性能，包括形变、强度、断裂、相变以及晶体生长。1950 年前后，研究人员利用显微镜观测到了从螺位错的位错源生长出来的晶体表面，据此提出了弗兰克-里德位错源，解释了位错在晶体中的增殖问题。1956 年门特尔用显微镜在铂钛花青晶体中第一次观察到位错，同年用电子显微镜观察金属晶体的位错实验也获得进展。1970 年我国物理学家冯端教授系统研究了晶体中的位错等多种缺陷类型、分布及起源，提出在晶体生长中避免和控制位错等缺陷的方案，提高了晶体质量和器件性能。近年来，由于电子显微镜技术的迅速发展以及计算机的应用，推动了位错理论和实践工作的深入发展，并取得了辉煌的成就。

6.1.3　柏氏矢量

1939 年，柏格斯提出了柏格斯矢量的概念，并将之与位错强度相联系，又提出了螺位错的概念，与刃位错的概念一起构成了位错的两种基本类型，并把位错概念加以普遍化，发展了位错应力场的一般理论，用来判断晶格中的缺陷是点缺陷还是位错，是刃位错还是螺位错。

下面以简单立方晶体结构为例，介绍判断晶格中缺陷类型的基本步骤：首先，在有缺陷的晶体中围绕缺陷区将原子逐个连接成一个封闭回路，称之为柏格斯回路（柏氏回路），如图 6-7（a）所示；其次，在理想晶体中依照同样顺序将原子逐个连接。若在理想晶体中对应的柏氏回路是封闭的（起点与终点重合），那么回路中的缺陷为点缺陷；若对应的回路不封闭（起点与终点不重合），则原柏氏回路中的缺陷为位错，这时需增加一个矢量 $\vec{b}$ 使回路闭合，如图 6-7（b）所示，$\vec{b}$ 被称为柏氏矢量。

对可滑移的位错，$\vec{b}$ 总是平行于滑移方向。当 $\vec{b}$ 垂直于位错线时为刃位错，当 $\vec{b}$ 平行于位错线时为螺位错，当 $\vec{b}$ 和位错线呈任意角度时为混合位错。若将位错线视为矢量 $\vec{l}$，确定 $\vec{b}$ 或 $\vec{l}$ 其中一个，即可以进一步表示刃位错的正负、螺位错的旋向，如图 6-8 所示。需要注意的是，位错线和柏氏矢量的正向并无实际意义，可以任意选定，并不影响位错的性质。

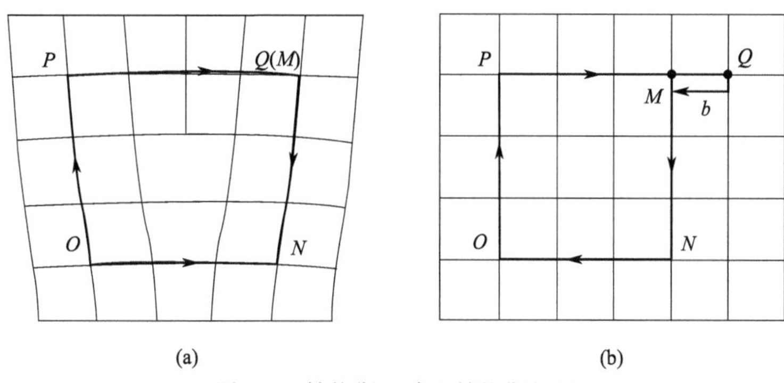

(a) (b)

图 6-7 柏格斯回路和柏格斯矢量

(a) 包含位错的柏氏回路；(b) 完整晶体的柏氏回路，不封闭段为 MQ，柏氏矢量 $|\vec{b}|=\overline{QM}$

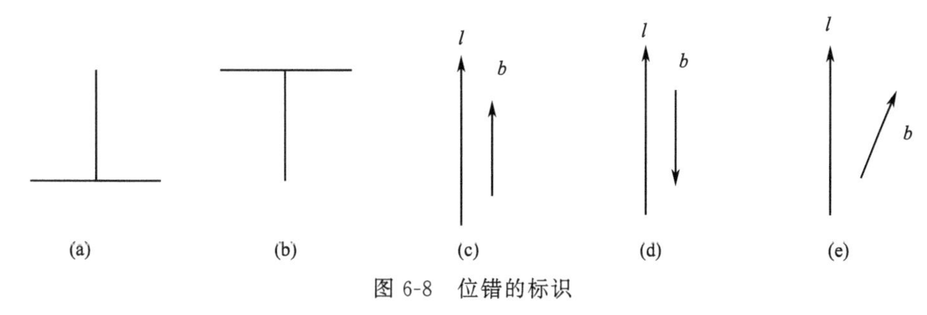

(a) (b) (c) (d) (e)

图 6-8 位错的标识

(a) 正刃型；(b) 负刃型；(c) 右旋；(d) 左旋；(e) 混合型

6.1.4 面缺陷和体缺陷

在晶体中，调控晶体面缺陷可以让材料更智能。面缺陷类似于将材料分成若干区域的边界，区域内具有相同的晶体结构，区域之间有不同的取向。区域边界原子偏离周期性排列，形成一个二维平面，此时的缺陷称为面缺陷，包括表面、堆垛层错、界面（晶界）等。当缺陷区域向三维空间发展，沿 x、y、z 方向均产生一定的影响范围时，称为体缺陷。西安交通大学研究团队通过面缺陷调控铁性智能材料序参量所产生的畴结构转变与可逆孪晶变形效应，阐明了 NiTi 合金体系的多步相变的起源和“纳米弹簧”新概念，发现了金属纳米线高达 30%的零滞后超弹性形变，为开发高性能微纳器件提供了新思路。

(1) 表面

晶体的表面原子排列不同于体内原子，主要是因为表面原子存在悬挂的化学键，出现能量处于体内价带与导带之间的表面束缚电子态。根据能量最低原理，表面原子需要经过重构或弛豫，使表面电子结构改变，达到稳定的能量状态。以 GaAs 晶体（110）表面为例，表面的 Ga-As 键相较于体内发生转动，电子由 Ga 转移至 As，填补了 As 上的悬挂键，又解决了 Ga 中电子的排出问题，称为重构。图 6-9 为金刚石（100）表面原子理想状态和重构后的原子结构示意图，顶层原子会发生一定的横向偏移，位移可达 0.5Å，与左右两侧原子形成共价键，改变原子之间的横向间距，降低晶体的表面能。

表面弛豫与表面重构截然不同。发生表面弛豫时，原子结构基本保持不变，只是纵向原子间距与体内略有差异。表面第一原子层与第二原子层之间的层间距缩小了，或可以将表面

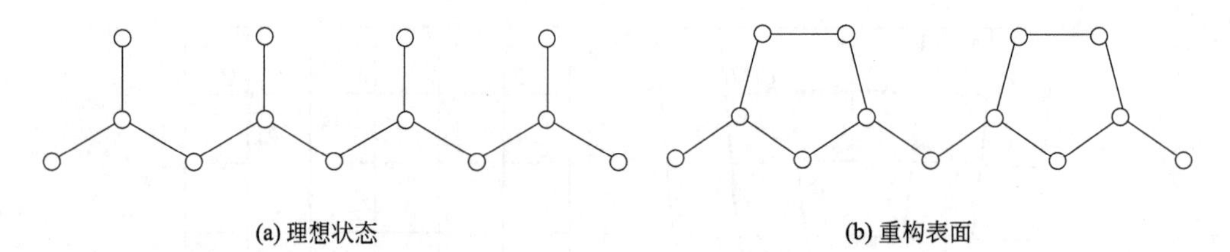

(a) 理想状态　　(b) 重构表面

图 6-9　金刚石（100）表面原子结构侧视图

看成双原子分子与体内结构的过渡区，如图 6-10 所示。

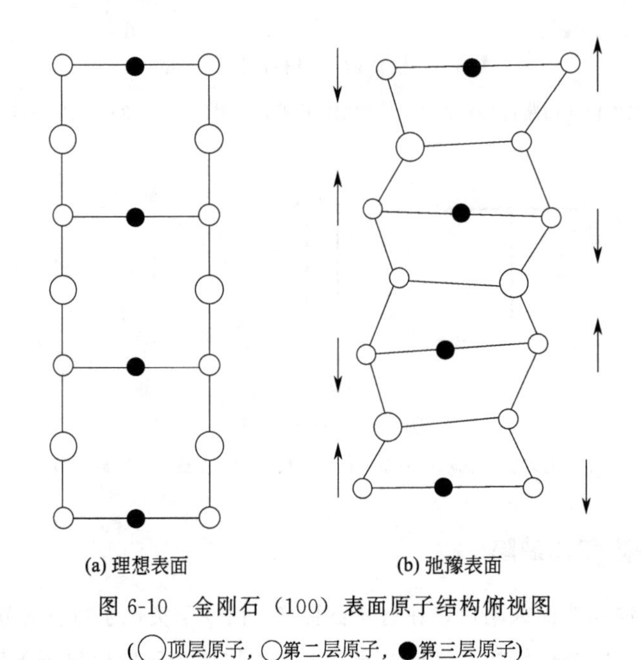

(a) 理想表面　　(b) 弛豫表面

图 6-10　金刚石（100）表面原子结构俯视图

（◯顶层原子，○第二层原子，●第三层原子）

（2）堆垛层错

在第 1 章中，我们知道任何晶体都可以看成是（hkl）原子面一层一层堆垛而成的。如六方密堆积（hcp）结构沿［0001］晶向为密排原子面，按照 ABABAB…的方式排列；面心立方密堆积（fcc）结构沿［111］晶向为密排原子面，按照 ABCABCABC…的方式排列。如果在晶体中原子面之间按照某种规律排列时，局部发生原子面错排或者紊乱，称为堆垛层错。以立方密堆积为例，如果原子面排列改变为…ABC ¦ BCABC…，在 ¦ 处的 A 层消失了，和 C 层相邻的变为 B 层，就不符合正常的原子面排列规则，即在 ¦ 处出现了堆垛层错。孪晶也是堆垛层错的一种典型结构，如图 6-11（a）所示，以 fcc 晶体为例。在某种外力作用下，孪生系统是（$1\bar{1}1$）［$\bar{1}12$］，那么切变面就是（110），将所有原子都投影到（110）面上就得到了图 6-11（b）。在（110）面上的堆垛次序是 ABABAB…，为了使图清晰，图 6-11（b）只画出了一层（110）面（A 层或 B 层）的原子投影。原子在运动时遵循两个原则：第一，孪生面两侧的原子必须对称于孪生面；第二，根据最小功原理，原子移动保持最小位移原则。根据这两个原则，可画出各原子的运动方向和距离，如图 6-11（b）所示，标出了（$1\bar{1}1$）的堆垛次序。孪生面Ⓐ左上侧堆垛次序为ⒶCBACBA…，右侧为 ABCABC…，若 ABCABC…为正常排列顺序，那么 AC、CB、BA 等顺序均属于层错。因此，可以认为孪晶内部是连续的堆垛层错面缺陷结构。

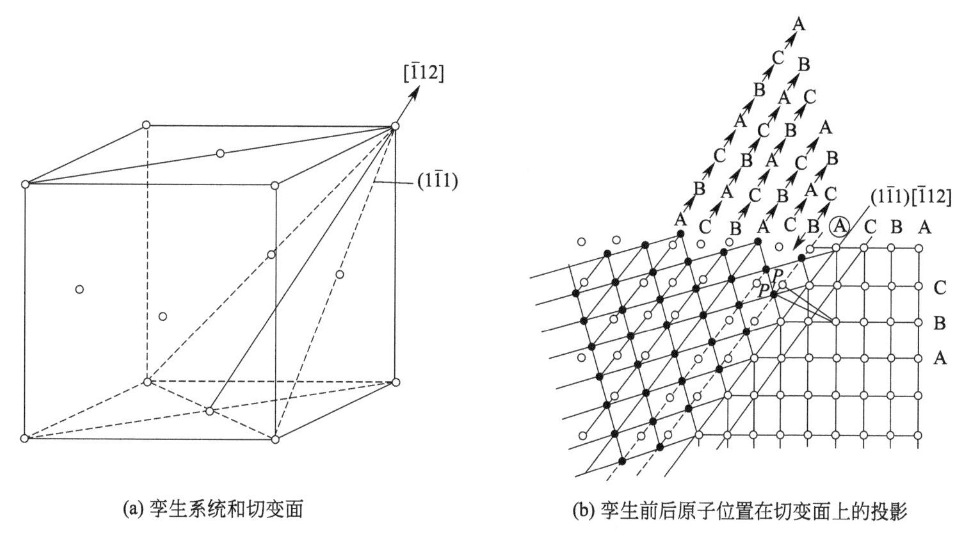

(a) 孪生系统和切变面　　(b) 孪生前后原子位置在切变面上的投影

图 6-11　fcc 晶体孪生时原子的运动

(○—孪生前位置;●—孪生后位置)

中科院金属研究所先进材料研究发展中心钛合金研究部发现，Zr-4 合金中 C14 结构 Laves 析出相中往往包含堆垛层错，并且层错的出现会导致 Laves 相的晶体结构类型发生改变，具体为 C14 结构向 C36 结构的转变。之所以发生这样的转变，是由于 C14 结构与 C36 结构 Laves 相在｛0001｝面堆垛方式的差异，如图 6-12 所示，这一转变是平行于｛0001｝面的同步剪切导致的。

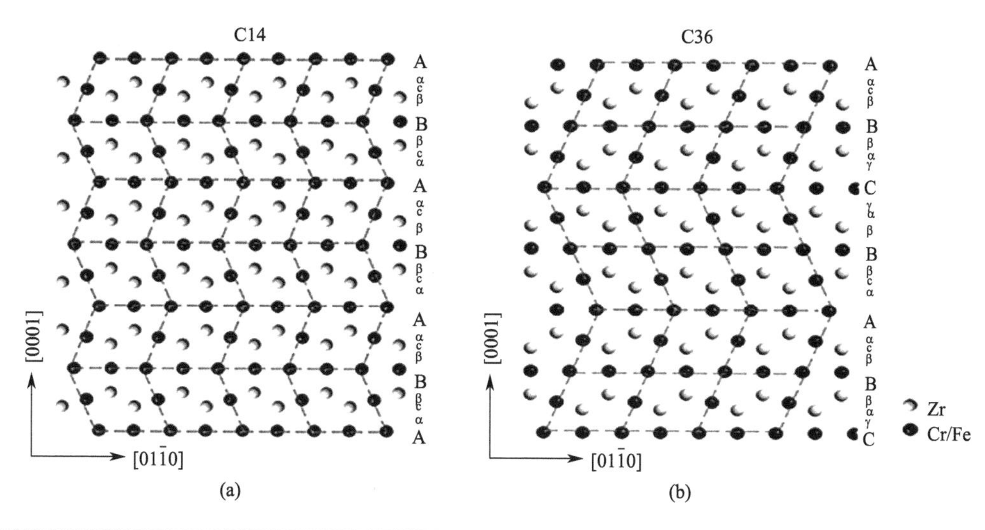

(a)　　(b)

结构类型	空间群	a	b	c	α	β	γ	c/a
C14	P63/mmc(194)	0.5102nm	0.5102nm	0.8273nm	90°	90°	120°	1.622
C36	P63/mmc(194)	0.5100nm	0.5102nm	1.6611nm	90°	90°	120°	3.257

(c)

图 6-12　Zr-4 合金中 C14 结构向 C36 结构的转变

（3）晶界

实际的固体材料大多是多晶体，而不是单一定向排列的单晶体。多晶体中晶粒的交界面称为晶界，晶界属于面缺陷的一种。晶界是数层原子排列错乱的状态，两旁仍是按照晶格规则排列，只不过存在较大的晶格畸变，具有较高的能量，甚至具有非晶态特性。外来的原子和内部的杂质原子往往容易集中在晶界处，使晶界具有复杂的性质，并产生各种影响。

（4）体缺陷

在晶体中，体缺陷在 x、y、z 三方向上的尺寸都可以与晶粒的线度相比拟，包括嵌入体、沉淀相、空洞、气泡等。体缺陷为晶体生长过程中引入的杂质或者某一过量组分形成的固体颗粒，通常其热膨胀系数与基质材料不同，因此，在晶体生长过程中产生一定的内应力，严重影响晶体的性质。

6.2 点缺陷的性质

6.2.1 缺陷运动与统计平衡

在一定的温度下，热缺陷处于不断产生和消失的平衡之中。正常格点的原子在热涨落（热激活）作用下，落入间隙位置，同时产生间隙原子和空位（弗仑克尔缺陷）；邻近表面的原子也可能由于热涨落跳到表面，仅产一个空位（肖特基缺陷）。当热激活能量 ε 高于原子间的能量势垒时，间隙原子在晶体内部间隙之间跳跃，空位亦逐步跳跃；当间隙原子跳跃到空位附近时，会与空位复合，缺陷消失。在实际晶体中，这是产生和消灭空位及间隙原子的一种极重要的运动和复合机制。

基于此运动和复合机制，研究人员提出不同的固体模型来探讨点缺陷浓度。莫特（N. F. Mott）和格尼（R. W. Gurney）采用爱因斯坦的固体模型，研究了晶体的热膨胀及缺陷周围原子振动频率改变对缺陷热平衡的影响；赛格（Swwger）则考虑了体积及频率变化的影响，考察了在恒温恒压下的缺陷数目，但未考虑缺陷间的相互作用对缺陷浓度的影响。我们可以将晶体作为一个热力学系统，假定晶体体积保持不变，缺陷对原子的晶格振动频率无影响，讨论在恒温恒压热平衡状态的点缺陷浓度。假设晶体内部包含 N 个格点，n_1 个空位和 n_2 个间隙原子。当整个系统达到热力学平衡、热缺陷数目保持不变时，热缺陷的数目相对于正常格点处原子的数目是小量，其绝对数量却是巨大的。对于理想晶体，热力学系统的自由能为 F_0，随着热缺陷的增多，晶格的周期性被破坏，系统变得混乱，微观状态数增加，晶体内能 U 以及熵 S 随之改变，此时，晶体的自由能 F 表达如下：

$$F=F_0+\Delta F=F_0+\Delta U-T\Delta S \tag{6-1}$$

当缺陷整体数目不变时，系统的自由能取极小值。

$$\left(\frac{\partial F}{\partial n}\right)_T=0 \tag{6-2}$$

当形成 n_2 个间隙原子，同时形成 n_1 个空位时，晶体的内能变化为：

$$\Delta U=n_1\varepsilon_v+n_2\varepsilon_i \tag{6-3}$$

其中 ε_v 和 ε_i 分别为形成一个空位和一个间隙原子所需的能量。

若在晶体中生成 n 个弗仑克尔缺陷（$n_1=n_2=n$），则晶体的内能变化为 $\Delta U=n\varepsilon_f$，其中 ε_f 为生成一个弗仑克尔缺陷所需的平均能量。由统计物理可知熵的混合量变为：

$$\Delta S=k_B\ln W_1 \tag{6-4}$$

式中，k_B 为玻尔兹曼常数；W_1 为有缺陷后的微观状态数目。若忽略缺陷对其他原子振动状态的影响，则

$$W_1 = W_1' W_1'' \tag{6-5}$$

$$W_1' = \frac{N!}{(N-n)!\ n!}, W_1'' = \frac{N'!}{(N'-n)!\ n!} \tag{6-6}$$

$$\Delta S = k_B \cdot \ln\left[\frac{N!}{(N-n)!\ n!}\frac{N'!}{(N'-n)!\ n!}\right] \tag{6-7}$$

式中，W_1' 为 N 个原子中形成 n 个空位可能的方式数；W_1'' 为 N_1' 个间隙处形成 n 个间隙原子可能的方式数。

由式(6-1)、式(6-3) 和式(6-7) 可得到：

$$\Delta F = n\varepsilon_f - Tk_B \ln\left[\frac{N!N'!}{(N-n)!\ (N'-n)!(n!)^2}\right] \tag{6-8}$$

因此，结合式(6-2)，可求得：

$$\varepsilon_f - Tk_B \cdot [\ln(N-n) + \ln(N'-n) - 2\ln n] = 0 \tag{6-9}$$

其中利用了斯特林公式，对于很大数目的 x，有：

$$\frac{d\ln(x!)}{dx} = \ln x \tag{6-10}$$

进一步可把式(6-9) 整理为：

$$\frac{n^2}{(N-n)(N'-n)} = e^{-\varepsilon_f/k_B T} \tag{6-11}$$

对于整个晶体系统，$N \approx N'$，$n \ll N$，系统平衡时弗仑克尔缺陷的数目为：

$$n \cong N e^{-\varepsilon_f/2k_B T} \tag{6-12}$$

平衡时，假如形成肖特基缺陷 n' 个，其晶格数目就增加 n' 个，肖特基缺陷的数目为：

$$n' \cong N e^{-\varepsilon_v/k_B T} \tag{6-13}$$

可以得到平衡时的缺陷浓度：

$$C = \frac{n}{N} 或 \frac{n'}{N} \tag{6-14}$$

上述讨论同样可用于仅形成间隙原子或者空位的晶体系统，但 ε 值不同。对于金属，ε_v 约为 1eV，ε_i 要高很多，约为 5eV。即形成间隙原子的热激活能要高得多，所以，在常温下，空位浓度比间隙原子浓度要大得多，图 6-13 为空位缺陷增加后的混合熵 ΔS 与 C_v（空位浓度）之间的关系曲线，沿 $C_v = 0.5$ 直线对称。在 $C_v = 0.5$ 时，$\Delta S = (\Delta S)_{max}$；$C_v$ 很小时，曲线斜率很大。在实际中，可以利用此曲线解释高纯度材料在进一步提纯过程中难度系数急剧增加的问题。

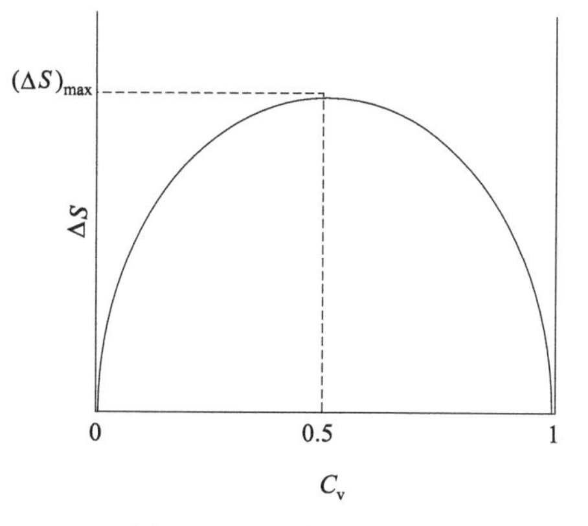

图 6-13　ΔS 与 C_v 曲线

点缺陷浓度会影响晶体的物理性质，如扩散系数、介电常数等，或者通过控制掺杂实现对可见光的选择性吸收，呈现不同色彩，称为色心。点缺陷对金属的力学性能影响较小，主要通过过饱和点缺陷或非平衡点缺陷阻碍位错运动，强化晶体。例如，高温极冷到低温的淬火过程会“冻结”空位，因而，在低温下金属仍保留了高温时的空位浓度，高于低温下的缺

陷平衡值，使金属得到强化。

6.2.2 缺陷的扩散

在实际服役温度下，点缺陷的平衡浓度很低，但却深刻影响着晶体的扩散系数以及离子晶体的导电性。扩散现象的研究也加深了人们对晶体中原子结构和原子微观运动的理解和认识。本节重点讨论缺陷的扩散行为和规律。

(1) 扩散的宏观规律

在自然界中，产生扩散的首要条件是浓度梯度。如果不存在浓度梯度，即使粒子的布朗运动很剧烈，也不可能产生粒子的定向漂移。其次，温度是扩散的外界条件，晶体中的粒子必须获得一定的热激活能才能产生跳跃运动，完成定向运动。因此，在一定的温度下，若晶体中存在某种原子的浓度梯度，则晶体中的原子就会借助于布朗运动进行扩散。利用流体力学中的菲克定律研究扩散的宏观现象，其扩散过程可分为稳态和非稳态两种方式。稳态即在扩散过程中，单位时间内扩散流通量 J（垂直于扩散方向的单位截面积的净原子数）是一恒定值；非稳态即扩散流通量 J 随时间而变化。

稳态扩散即菲克第一定律。假设晶体的扩散原子浓度不大，定义为 C，扩散流通量 J 取决于浓度梯度 ∇C，即

$$J=-D\,\nabla C \tag{6-15}$$

式中，D 为扩散系数（cm^2/s）；等号右边的负号表示扩散原子从浓度高区域向浓度低区域扩散。

非稳态扩散即菲克第二定律。实际分析问题时，我们发现浓度梯度 ∇C 是一变量，即需要取式(6-15) 的散度，建立连续性方程：

$$\frac{\partial C}{\partial t}=-\nabla\cdot J=\nabla\cdot(D\,\nabla C) \tag{6-16}$$

假定沿 x 方向进行一维单向扩散，D 为常数，式(6-16) 可化为：

$$\frac{\partial C}{\partial t}=D\,\frac{\partial^2 C}{\partial x^2}=D\nabla^2 C \tag{6-17}$$

此微分方程的解取决于扩散的边界条件，常用的边界条件有以下两种。

① 扩散元素总量为一常数 Q，单方向扩散，边界条件为：

$$t=0,x=0,C_0=Q;$$
$$t=0,x>0,C_x=0$$

式中，C_0 代表晶体表面处（$x=0$）在扩散开始前（$t=0$）扩散元素的浓度；C_x 表示晶体中距离表面 x 处（$x>0$）在扩散开始前（$t=0$）扩散元素的浓度。

当 $t\rightarrow 0$ 时，扩散元素完全聚集在 $x=0$ 的面上，总量为 Q，即

$$\int_0^\infty C(x)\,\mathrm{d}x=Q \tag{6-18}$$

$$C(x)=\frac{Q}{\sqrt{\pi Dt}}\mathrm{e}^{-\frac{x^2}{4Dt}} \tag{6-19}$$

这时扩散原子的分布符合高斯分布。

② 在 $x=0$ 的截面处保持恒定的扩散浓度，单方向扩散，边界条件为：

$$t\geqslant 0,x=0,C(0,t)=C_0;$$
$$t=0,x>0,C(x,0)=0$$

此时，式(6-17) 的解为：

$$C(x,t)=C_0-\frac{2C_0}{\sqrt{\pi}}\int_0^{x/2\sqrt{Dt}}e^{-\beta^2}d\beta \tag{6-20}$$

式中，$\beta^2=\frac{(x-x')^2}{4Dt}$；$\left[\frac{2}{\sqrt{\pi}}\int_0^{x/2\sqrt{Dt}}e^{-\beta^2}d\beta\right]$ 为余函数误差。x'为输入值，用于返回换算 x 的补余误差函数的值。

(2) 扩散的微观理论

在晶体中，点缺陷的扩散实质上是原子作无规则布朗运动的结果，即原子的扩散。原子的扩散依赖于温度，温度愈高，产生的热激活能愈大，原子产生跳跃的概率愈大，扩散愈强。但由于晶格周期性限制，原子扩散的途径和位移平均值也与晶格周期性有关。晶体中原子扩散有三种方式：①借助空位机制进行扩散；②借助间隙原子机制进行扩散；③以上两种方式同时发生。如果一个正常格点的原子发生跳跃，离开此格点，必须获得一定的热激活能 ε，以脱离晶格对它的束缚，称为势垒，如图 6-14 所示。假设势垒高度为 E，由玻尔兹曼统计分布可知，在温度 T 时，原子拥有能量大于（或等于）E 的概率与 $e^{-\frac{E}{k_BT}}$ 成正比。

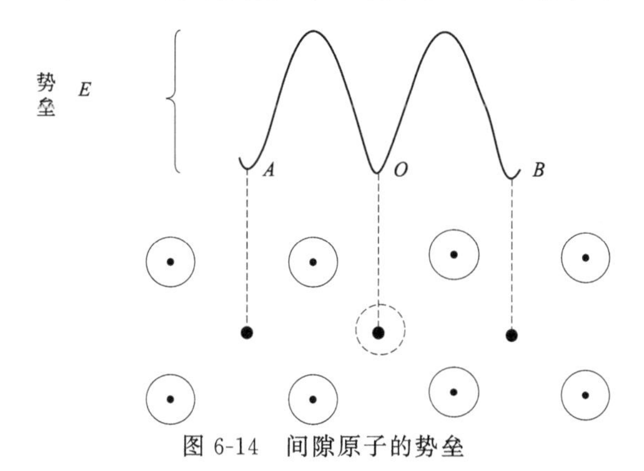

图 6-14　间隙原子的势垒

我们仅讨论前两种简单的扩散方式。下面以简单晶格为例，讨论借助于空位发生扩散的微观机制。如果一个正常格点的原子相邻的格点是空位时，它才能跳跃到空位处，假设此时的势垒高度为 E_1，与空位相邻的原子振动频率为 ν_1，则单位时间内该原子能越过势垒的概率为：

$$P_1=\nu_1 e^{-\frac{E_1}{k_BT}} \tag{6-21}$$

由式(6-21) 可知，与空位相邻的原子跳入空位所需等待的时间为：

$$t_1=\frac{1}{P_1}=\frac{1}{\nu_1}e^{\frac{E_1}{k_BT}} \tag{6-22}$$

此时原子的扩散浓度 $C(x,t)$ 实际上描述了从 $x=0$ 平面出发做布朗运动的原子，经过 t 时间以后，沿 x 方向的统计分布情况。用 $\overline{x^2}$ 表示若干相等的时间间隔 t 内，原子沿 x 方向的位移平方的平均值。

已知相邻格点成为空位的概率为 n_1/N，且格点原子每跳跃一步平均只跳跃了一个晶格常数 a，原子跳跃 t 时间后，平均位移平方 $\overline{x^2}$ 与扩散系数 D_1 之间满足关系：

$$\overline{x^2}=\frac{1}{Q}\int_{-\infty}^{\infty}x^2C(x,t)dx=\frac{n_1}{N}a^2=2D_1t \tag{6-23}$$

由式(6-23) 可求得：

$$D_1=\frac{n_1a^2}{2Nt} \tag{6-24}$$

将式(6-13) 和式(6-22) 代入，可得：

$$D_1=\frac{1}{2}a^2\nu_1\mathrm{e}^{-\frac{\varepsilon_v+E_1}{k_BT}} \tag{6-25}$$

式中，ε_v 为形成一个空位所需的激活能。

同理，如果一个正常格点的原子 A 获得热激活能大于势垒高度跳跃到间隙位置，然后从一个间隙跳到另一个间隙位置（跳跃过程是随机的），直到遇到一个空位 A'时，与空位 A'产生复合，实现空位运动（$A'\to A$）与复合（$A\to A'$），即原子的扩散，如图 6-15 所示。此时，势垒高度为 E_2，并假设跳跃了 l 步。假设此原子振动频率为 ν_2，单位时间内该原子能越过势垒的概率为：

$$P_2=\nu_2\mathrm{e}^{-\frac{E_2}{k_BT}} \tag{6-26}$$

而间隙原子从一个间隙跳入下一个间隙所需等待的时间为：

$$t_2=\frac{1}{P_2}=\frac{1}{\nu_2}\mathrm{e}^{\frac{E_2}{k_BT}} \tag{6-27}$$

此时，间隙原子跳跃的距离为：

$$x^2=x_1^2+(l-1)a^2\approx la^2 \tag{6-28}$$

在式(6-28) 中，我们利用了 l 为大数值，且原子在跳跃过程中每跳跃一步都是相对独立事件，x_1 为原子从晶格格点跳跃到某一个间隙位置发生的位移，x_i 取正负的概率是相同的。

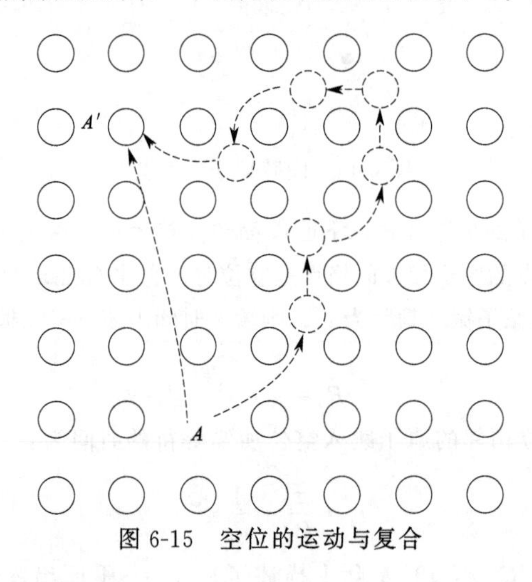

图 6-15 空位的运动与复合

在晶体中，空位的出现概率为 n_1/N，则有：

$$l=\frac{N}{n_1}$$

我们得到间隙原子的扩散系数为：

$$D_2=\frac{1}{2}a^2\nu_2\mathrm{e}^{-\frac{\varepsilon_i+E_2}{k_BT}} \tag{6-29}$$

式中，ε_i 为形成一个间隙原子所需的激活能。

对于纯净的晶体，自身原子的扩散称为自扩散。受晶格周期性的约束，空位扩散较间隙原子扩散更容易进行，$E_1<E_2$，所以，$D_1>D_2$。

晶体中的扩散受许多复杂因素的影响，例如，一种缺陷（杂质原子）依赖于另一种缺陷（空位）的存在，或两个粒子一起跳动的关联事件；晶体中其他缺陷（位错、晶界等）的存在、不同扩散机制同时存在、杂质原子的影响以及热膨胀引起激活能改变等，也都影响着晶体扩散行为，使实际扩散系数与理论扩散系数存在较大的出入，但以上分析对原子的扩散以及缺陷对性能的影响仍具有重要的指导意义。表 6-1 列举了典型的实验数据。值得注意的是，扩散系数 D 主要由温度 T 和热激活能 ε 决定。ε 愈小，扩散系数愈大；温度愈高，扩散系数愈大。

表 6-1　典型的实验数据

材料	扩散元素	$D_0/(cm^2/s)$	$D/(cm^2/s)$	测量温度/℃
Fe (γ-Fe)	Fe C(间隙原子) H(间隙原子) B(间隙原子)	3×10^4 1.67×10^{-2} 1.65×10^{-2}	9×10^{-12} 6.7×10^{-7} 1.9×10^{-4} 6.1×10^{-7}	1000
Cu	Cu Cu Zn	1.1×10^1 5.8×10^{-4}	4.0×10^{-11}	750～950 850 614～884
Ag	Ag Ag(间界扩散)	7.2×10^{-4} 9×10^2		
Ge	Ge Sb Li(间隙原子)	8.7×10 4.0 1.3×10^{-4}	8.0×10^{-15} 2.0×10^{-1} 8.6×10^{-7}	800

注：D_0 为自扩散系数。

（3）杂质原子的扩散

人们通常采用元素掺杂改性固体材料的物理性质，如，导电类型、电阻率、非平衡载流子浓度及寿命等。因此，研究杂质原子的扩散对于材料性能调控具有重要意义，尤其是半导体材料，详见 6.3.3 节。

杂质原子会影响邻近格点，且在晶格中的存在方式也不同。若杂质原子的半径比晶体原子小得多，杂质原子以间隙原子存在，通过在间隙之间的跳跃进行扩散。在跳跃过程中，即使碰到空位并复合，也很容易再次变成间隙原子。因此，根据间隙原子的扩散系数表达式(6-29)，可类比写出间隙杂质原子的扩散系数为：

$$D_2'=\frac{1}{2}a^2\nu_2'e^{-\frac{E_2'}{k_BT}} \tag{6-30}$$

式中，ν_2'为杂质原子处于间隙位置时的原子振动频率；E_2'为势垒高度。

假设 $E_2'\approx E_2$，$\nu_2'\approx\nu_2$，联合式(6-13)、式(6-29) 和式(6-30) 可得：

$$\frac{D_2'}{D_2}=e^{-\varepsilon_i/k_BT}=\frac{N}{n_2} \tag{6-31}$$

在晶体中，$N\gg n_2$，因此，间隙杂质原子扩散系数比晶体自身间隙原子的自扩散系数大得多。表 6-1 列出一些杂质原子在 γ-Fe 中的扩散系数。可以看出，在 1000℃ 的实验温度条件下，杂质原子的扩散系数比自扩散系数高几个数量级。若杂质原子替代正常格点的原子，其扩散系数将与晶体的自扩散系数相近。但是杂质原子的半径和电荷数目与基质原子不同，或多或少会引起晶格畸变，畸变区出现空位的概率增加，即加快了杂质原子的扩散。经过大量的实验分析，替位式杂质原子的扩散系数比晶体自扩散系数大。

6.2.3 离子晶体中的点缺陷扩散

离子晶体导电性的研究是探讨晶格缺陷扩散的重要工具。如卤化碱晶体和卤化银晶体中的导电性机制通常是离子运动，并非电子运动。在纯净的卤化碱晶体中，最常见的晶格空位是肖特基缺陷；而在纯净的卤化银晶体中，最常见的是弗仑克尔缺陷。在不太高的温度下，掺入二价元素的卤化碱晶体会出现晶格空位，其离子电导率正比于二价元素掺杂的量，通过测量与晶体接触的电极上沉积出来的物质，将电荷的输运同质量的输运加以比较，即可确立上述论断。本节重点讨论典型 A^+B^- 离子晶体的点缺陷扩散。

A^+B^- 离子晶体中存在四种点缺陷：A^+ 空位、A^+ 间隙离子、B^- 空位、B^- 间隙离子，如图 6-16 所示，空位和间隙离子均带有电荷。正常格点的离子形成空位，如同该处多了一个相反的电荷。

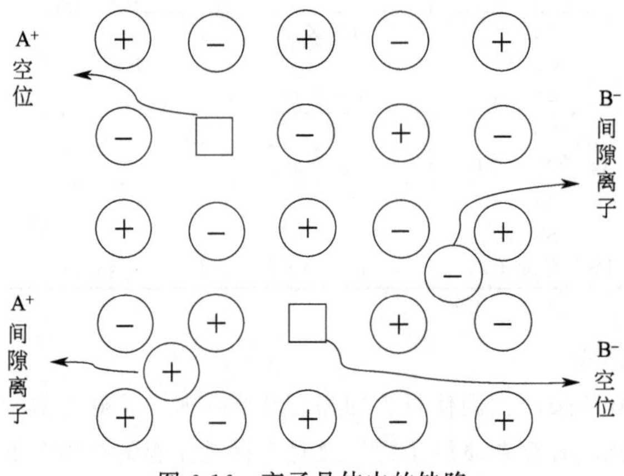

图 6-16 离子晶体中的缺陷

在没有外加电场时，这些点缺陷在晶格中作无规则的布朗运动，各缺陷向不同方向运动的概率符合玻尔兹曼统计规律，因此，不产生宏观电流，如图 6-17 (a) 所示。而当施加外电场 E 时，带电荷的缺陷产生定向运动和宏观电流。其中的 A^+ 空位或 B^- 间隙离子（电荷 $-q$），沿 x 方向的外电场作用势为 $-Eqx$，叠加到原来的离子势能上成为图 6-17 (b) 的形式。跳跃距离为 a 时，在原来势能的基础上左右两侧分别叠加 $-(Eqa)/2$ 和 $(Eqa)/2$。其中 A^+ 间隙离子或 B^- 空位（电荷 $+q$），沿 x 方向的外电场的作用势为 Eqx，跳跃距离 a 在原来势能的基础上左右两侧分别叠加 $(Eqa)/2$ 和 $-(Eqa)/2$。

我们选择其中一种 A^+ 空位缺陷进行分析，它向左和向右跳跃的概率分别为：

$$P_{左}=\nu_1 \mathrm{e}^{-\frac{E_1+\varepsilon_v-Eqa/2}{k_B T}} \tag{6-32}$$

$$P_{右}=\nu_1 \mathrm{e}^{-\frac{E_1+\varepsilon_v+Eqa/2}{k_B T}} \tag{6-33}$$

每秒中向左净跳跃的步数为：

$$P_{净}=P_{左}-P_{右}=2\nu_1 \mathrm{e}^{-\frac{E_1+\varepsilon_v}{k_B T}} \sinh\left(\frac{Eqa}{2k_B T}\right) \tag{6-34}$$

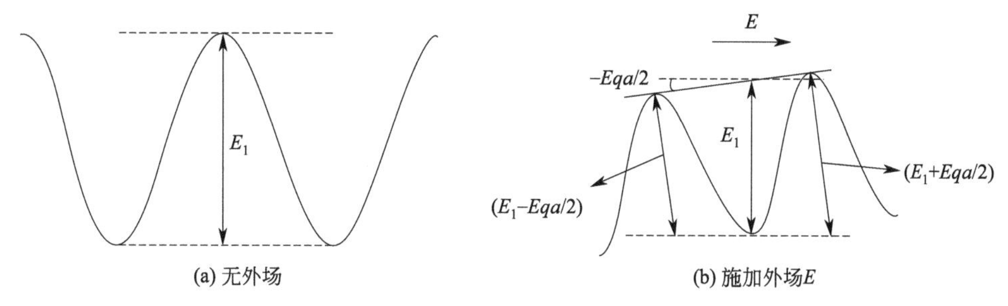

图 6-17 外场作用下离子势能的变化

向左运动的速度为：

$$v_d = aP_{净} = 2a\nu_1 e^{-\frac{E_1+\varepsilon_v}{k_B T}} \sinh\left(\frac{Eqa}{2k_B T}\right) \tag{6-35}$$

考虑到一般的电场强度 $Eqa \approx 10^{-3}$ eV，室温下 $2k_B T \approx 10^{-1}$ eV，因此，在一般的电场强度下，$Eqa \ll 2k_B T$，v_d 可以简化为：

$$v_d = \frac{Eqa}{k_B T}\left(\nu_1 a e^{-\frac{E_1+\varepsilon_v}{k_B T}}\right) \tag{6-36}$$

令离子空位的迁移率 μ 为：

$$\mu = \frac{qa}{k_B T}\left(\nu_1 a e^{-\frac{E_1+\varepsilon_v}{k_B T}}\right) \tag{6-37}$$

考虑到 A^+ 离子在电场作用下产生定向漂移的同时仍然做布朗运动。定向漂移导致晶体内部产生浓度梯度，由此又产生了反向扩散。平衡时由外电场与离子浓度梯度而产生的电流相互抵消。很显然，在电场作用下离子晶体内的正离子空位的扩散受电场定向漂移和布朗运动的双重作用，其扩散系数为无电场状态的 2 倍，即 $D' = 2D_1$。将式(6-37) 和离子空位的扩散系数 D_1 相比较，可以发现，迁移率 μ 和扩散系数 D_1 之间存在以下关系：

$$\mu = \frac{q}{k_B T} D_1 \tag{6-38}$$

上式常称为爱因斯坦关系，给出了扩散粒子（或缺陷）迁移率和扩散系数的关系。忽略扩散粒子间的相互作用，在附加外场情形下，这一关系可从菲克定律出发予以证明。当温度一定时，扩散系数高的材料，迁移率也高。此时，产生的电流密度为：

$$j_1 = C_1 q v_d = C_1 q \mu E \tag{6-39}$$

式中，C_1 为 A^+ 空位离子的浓度。由于电荷异号，正、负电荷缺陷形成的宏观电流都是同方向的，因此，总的宏观电流密度 j 为：

$$j = \sum_{i=1}^{4} C_i q_i v_i = \sum_{i=1}^{4} C_i q_i \mu E \tag{6-40}$$

假设单位体积内缺陷的数目为 n_0，式(6-40) 可近似写为：

$$j = n_0 q \mu E \tag{6-41}$$

令 $\sigma = n_0 q \mu$，则有：

$$j = \sigma E \tag{6-42}$$

上式即为离子晶体的欧姆定律，σ 为电导率。从 6.2 节我们知道，缺陷的数目 n_0 与温度之间存在着指数变化关系，因此，离子晶体的电导率也密切地依赖于温度的变化。

另外，当形成晶格缺陷放出热能时，其生成能对于晶体的比热有额外贡献。互相联系的异号离子空位对则产生电偶极矩，其运动对介电常数和介电损耗有贡献，原因在于介电弛豫受一个晶格空位相对于另一个晶格空位跳跃一个原子位置所需时间的影响；偶极矩在低频下可以变化，但在高频下则不能。例如，在85℃氯化钠的弛豫频率是$1000s^{-1}$。

6.3 局域态

在理想晶格中，电子的状态用布洛赫波函数来描述，波函数扩展于整个晶格，在各个原胞位置电子出现的概率相同，电子在晶格中作共有化运动，这种状态称为扩展态。与此相反，如果原子中的电子受原子核束缚，其波函数越远离中心衰减越快，电子被局限在原子核中心附近一定范围内运动，这种状态称为局域态。产生局域态往往有两种情况：一是无序固体中出现局域态，1958年，Anderson对无序体系的电子态进行了开创性研究；二是晶体中的空位、间隙原子、杂质等点缺陷具有束缚和释放电子的共性，在晶体中形成局域电子态。本节，重点介绍由点缺陷形成的局域态，包括局域的晶格振动模、色心和杂质能级。

6.3.1 局域振动

第3章我们讨论了理想晶体的晶格振动，其本征振动模共存在$3P$支色散关系曲线，每支色散曲线上有N个振动模式(格波)，每个格波描述了晶体中所有原子的一种集体运动，格波在整个晶体中传播，离开晶体谈格波是没有意义的。在传播过程中如果遇到缺陷，振动模式就会发生改变，产生不同于其他位置的局域振动，只是局限在缺陷附近，其振幅随着与缺陷间距离的增大而指数衰减。本节我们重点讨论点缺陷对晶格振动模的影响。

我们先讨论含有点缺陷的一维原子链的振动问题。已知一维单原子链原子质量为M，原子间距为a，其格波解的色散关系为：

$$\omega=2\sqrt{\frac{\beta}{M}}\left|\sin\left(\frac{1}{2}aq\right)\right| \tag{6-43}$$

格波的振动频率取值在$0\sim\left(\omega_m=2\sqrt{\frac{\beta}{M}}\right)$之间，并构成一个频带。假设一个质量为$M'$的杂质原子替代基质原子，假定恢复力常数$\beta$不变，则该缺陷处的振动频率为：

$$\omega'=2\sqrt{\frac{\beta}{M'}}\left|\sin\left(\frac{1}{2}aq\right)\right| \tag{6-44}$$

此时，将产生局域振动模。若$M'<M$，ω'_m比原来格波振动的最高频率ω_m更高，如图6-18（a）所示，在原有的频带之上出现了新的频率，称为高频模。若$M'>M$，ω'_m比原来格波振动的最高频率ω_m要低，在原有频带之中出现一支特征频率，称为共振模。这种频率的振动模在缺陷附近表现出特别强的频率干扰，如图6-18（b）所示。

对于一维双原子链，晶格振动的格波存在声学支和光学支，形成不同的频带，频带之间可能存在带隙，称为频隙。若晶体中存在缺陷，新的振动模式频率可能落入频隙，称之为隙

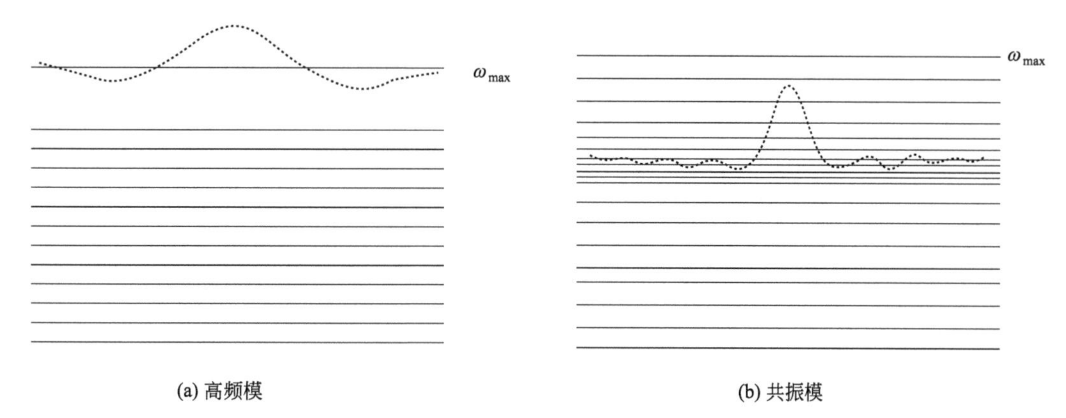

图 6-18　一维原子链晶格振动的局域模

模。隙模的出现仍依赖于缺陷的质量 M'。假设原胞中双原子质量分别为 M_1 和 M_2，且 $M_1>M_2$。若 M'替代 M_1，且 $M'<M_1$ 时，出现隙模；$M'>M_1$ 时，则出现共振模。若 M'替代 M_2，且 $M'>M_2$ 时，出现隙模；$M'<M_2$ 时，则出现高频模。

为了更好地描述局域模在晶格中的扩展程度，我们引入 δ 表示缺陷原子质量与基质原子质量之差，使：

$$\delta=\frac{M-M'}{M} \tag{6-45}$$

则有：

$$\omega'=\frac{\omega_m}{\sqrt{1-\delta}} \tag{6-46}$$

定义 M'原子所在的位置为 $n=0$ 处，那么，第 n 个原子因局域振动产生相对于平衡位置的偏离 u_n 为：

$$u_n=u_0(-1)^n\left(\frac{1-\delta}{1+\delta}\right)^{|n|} \tag{6-47}$$

式中，u_0 为理想晶格中原子在平衡位置时的振幅，δ 为缺陷原子与基质原子的原子质量差。可以看出，相邻原子的振动方向相反，但位移随 $|n|$ 的增加而减小，称为局域振动。也就是说，随 M' 的减小，局域振动频率与理想晶格振动频率边界的距离会增大，在空间的扩展程度却随之减小。

实际晶体中局域振动比上述两种模型都复杂得多。通过多种实验验证，实际晶体局域的或准局域的振动模的频率处于红外光的频率范围，产生红外吸收。例如，N 原子替代 GaP 中的 P 将出现高频模；KCl 中的 Ag 形成共振模；MoS_2 单层中空位产生隙模导致光吸收峰红移；Mn 掺杂 GaSb 晶体，替代 Sb 原子，形成高频模，提升材料对红外/远红外光区的光子响应，如图 6-19 所示。

6.3.2　色心

理想的离子晶体符合定比定律，具有固定的化学计量比，属于绝缘体，与半导体能带结构类似，不同之处是离子晶体的能隙要大得多，通常温度下，不能向导带提供载流子。而实际离子晶体多为非化学计量比的化合物，晶体中正、负离子数目并不存在一个简单的比例关系，使离子晶体中不同种类的原子偏离化学计量比而产生缺陷。晶体中出现过剩电子或过剩电荷（空穴），并被缺陷位置束缚，产生一些特定的分立能级，中心通过电偶跃迁至束缚激发态并吸收特定波长的光子即呈现特定的颜色。如石英晶体经中子辐照后呈现棕色；碱金属

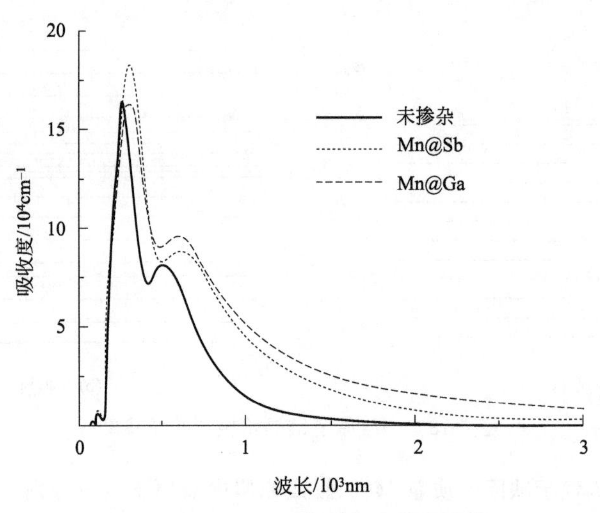

图 6-19　Mn-GaSb 体系的光学吸收谱

卤化物在碱金属蒸汽中加热骤冷后，产生空位缺陷使原来透明的晶体呈现不同颜色：NaCl 晶体从无色透明转变为黄色，KBr 晶体则呈现蓝色，LiF 呈现粉红色等。这种致使晶体着色的空位缺陷称为色心，也称为 F 心（F 来源于德文“Farbe”彩色一词）。

F 心即为一个俘获电子的负离子空位，也称为电子陷阱。类似例子还有，TiO_2 的非化学计量范围大，在不同的氧分压下，可以从 TiO 到 TiO_2 连续变化。当 TiO_2 晶体中存在氧空位时，将带两个单位正电荷，能俘获两个电子，成为 F′色心，吸收一定波长的光，TiO_2 从黄色变为蓝色直至灰黑色，亚氧化钛即为灰黑色。这种存在氧空位的 TiO_2 是一种 n 型半导体，不能应用于介质材料领域。

F 心是卤化碱晶体中最简单的俘获电子中心，如图 6-20（a）所示；如果 F 心的六个最近邻离子之一被不同的碱金属离子替换，即成为 F_A 心，如图 6-20（b）所示；两个相邻的 F

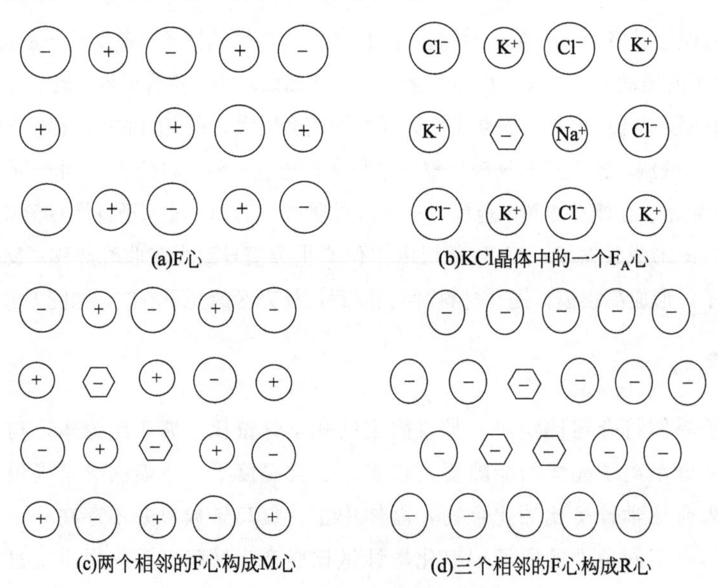

图 6-20　卤化碱晶体中的色心

心构成一个 M 心，如图 6-20（c）所示；三个 F 心形成一个 R 心，如图 6-20（d）所示。除此以外，色心中还包含 V 心和 V_K 心：在氧化物绝缘体中，空穴陷俘一个 O^- 称为 V 心；金属卤化物在卤素蒸汽中加热后骤冷，两个相邻空穴同时陷俘两个 Cl^- 构成 V_K 心，如 KCl 中，V_K 心像一个 Cl_2^-，类似于一个卤族分子的负离子。

6.3.3 杂质能级

在实际应用的半导体材料中，往往会主动引入杂质，破坏周期性排列的原子所产生的周期势场，在禁带中引入允许电子填充的能量状态（能级），对半导体的性质产生决定性的影响。

以硅（Si）中的杂质为例来说明。硅属于化学元素周期表中第Ⅳ主族元素，每个硅原子有 4 个价电子，原子间以共价键的方式结合成晶体，晶体结构为金刚石型，其晶胞为一立方体。杂质原子进入硅以后，以间隙式杂质或替位式杂质方式存在，如图 6-21 所示。通常在硅中掺入Ⅲ、Ⅴ族元素形成 p 型或 n 型半导体，而Ⅲ、Ⅴ族原子大小与被取代的硅原子比较接近，价电子壳层结构也比较接近，因此，它们在硅晶体中都是替位式杂质。

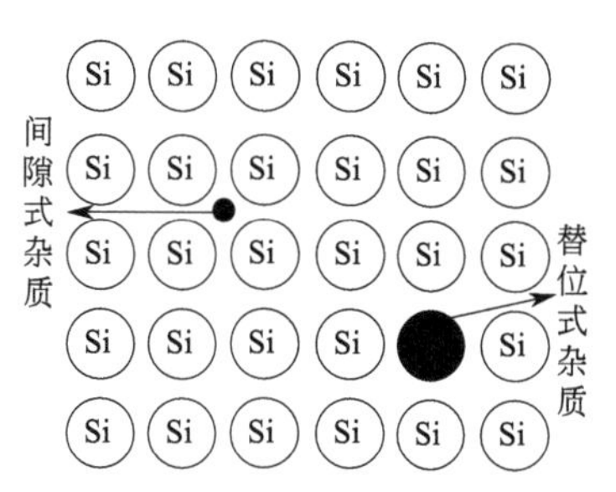

图 6-21　硅中的间隙式杂质和替位式杂质

以硅中掺杂磷（P）为例，掺入 P 后形成施主能级。一个 P 原子有 5 个价电子，其中 4 个价电子与周围 4 个硅形成共价键，还剩余 1 个价电子，同时 P 原子实中也多余了 1 个正电荷 $+q$，可看作是正电中心磷离子（P^+）。此时，磷原子替代硅原子后等效于形成一个正电中心 P^+ 和一个多余的价电子 e。价电子 e 被束缚在 P^+ 周围，但束缚力远小于共价键，在外力作用下价电子 e 可成为导电电子在晶格中自由运动。我们将上述价电子脱离正电中心的束缚而成为导电电子的过程称为杂质电离，所需的能量称为电离能，用 ΔE_D 表示。这种杂质类似于氢原子，常称之为类氢杂质。这时，格点上正电中心所产生的势场为：

$$U(r)=-\frac{e^2}{4\pi\varepsilon r} \tag{6-48}$$

式中，ε 为基质晶格的介电常数。假定基质原子的位置仍保持有序排列，杂质原子随机分布在有序的格点上，其势场用一方势阱来近似描述，势阱的深度可能不同，且随机分布，实质上，是一种成分无序的简化模型，其变化的范围为 W，如图 6-22 所示。价电子 e 在势场 U（r）中运动，类似于在外场作用下的电子运动，适合在紧束缚近似模型的基础上进行研究。

按紧束缚近似方法，在理想晶格中 $W=0$，电子波函数用原子波函数的线性组合表示为：

$$\psi(\vec{r})=\sum_l A_l\varphi_i(\vec{r}-\vec{R_l}) \tag{6-49}$$

式中，$\psi(\vec{r})$ 代表晶体中位置矢量 $\vec{r}$ 代表的空间位置处的电子波函数；$\varphi_i(\vec{r}-\vec{R_l})$ 为正格矢；$\vec{R_l}$ 表示的空间位置处原子的电子轨道；A_l 为其线性组合系数。考虑到周期场中运动的电子的波函数 $\psi(\vec{r})$ 应为布洛赫波函数，要求线性组合系数 A_l 具有如下形式：

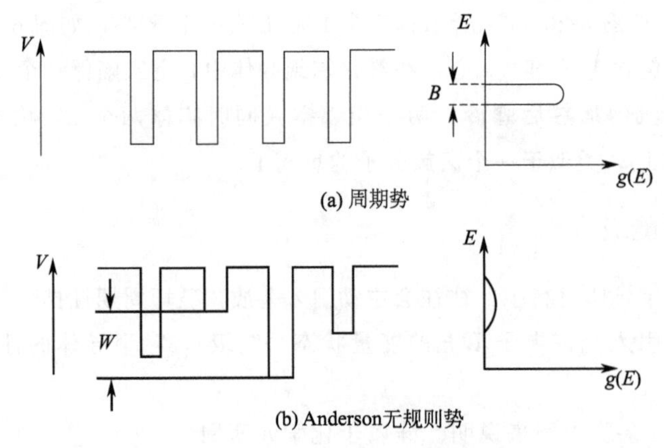

图 6-22　掺杂前后的势场

$$A_l=\frac{1}{\sqrt{N}}e^{i\vec{k}\cdot\vec{R}_l} \tag{6-50}$$

式中，$\vec{k}$ 是波矢，N 是晶体中包含的原胞个数。

当 P 作为替位杂质进行掺杂时，整个体系成为无序状态 $W\neq0$，零级能量 E_l 则与格点的位置有关，体系的无序程度可通过分布宽度 W 与能带宽度 ΔE 的比值 $\eta=W/\Delta E$ 来衡量。此时的 ψ 不再符合 Bloch 函数，将 ψ 代入 $\hat{H}\psi=E\psi$ 中仍可求出定态解，还需要考虑与时间 t 有关的运动时应求解含时间的薛定谔方程。假设 $t=0$ 时在第 n 个格点附近有一个电子，$A_n(0)\neq0$，$l\neq n$，而 $A_l(0)=0$，经过相当长时间（$t\to\infty$）后，出现电子的概率幅 $A_n(\infty)=0$，表示电子已经离开此格点在体系中运动，电子态变为扩展态。相反，如果 $A_n(\infty)\neq0$，表示电子仍在此格点附近，电子态仍为局域态。根据这种局域态的判据，Anderson 证明当 $\eta\geqslant\eta_c$ 时，所有电子态都是局域态。η_c 的具体数值与所用模型及计算方法有关，一般在 1～3 之间。η_c 为一临界值，它的存在表明无序可能导致电子态的局域化。如果 $\eta<\eta_c$，体系中既有局域态也有扩展态，如图 6-23 所示。对于一定能量的电子，其状态只能是扩展态或局域态，不能同时兼有两种状态。因此，存在一个划分扩展态与局域态的能量分界 E_c，随无序程度变化，E_c 的位置也变化。

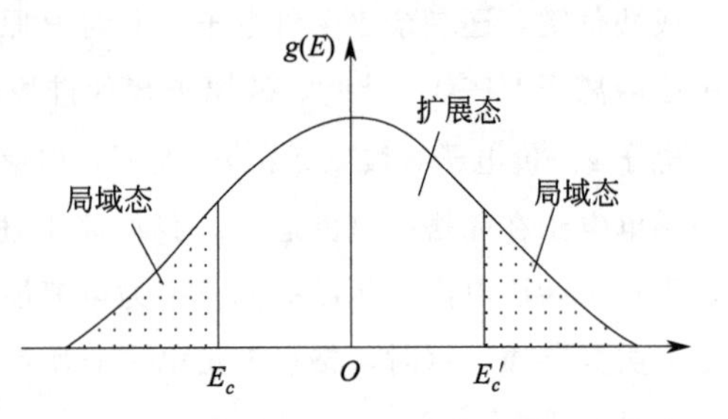

图 6-23　无序体系中的局域态和扩展态分布

硅晶体中掺杂磷元素相当于附加了一个“氢原子”，可以利用氢原子模型和上述理论来估算价电子电离能 ΔE_D 的数值。氢原子中电子的能量 E_n 是：

$$E_n=-\frac{m_o q^4}{2(4\pi\varepsilon_o)^2\hbar^2 n^2} \tag{6-51}$$

式中，$n=1$，2，3，4，…为主量子数；m_o 为电子的惯性质量；ε_o 为真空中的介电常数。当 $n=1$ 时，得到基态能量：

$$E_1=-\frac{m_o q^4}{2(4\pi\varepsilon_o)^2\hbar^2} \tag{6-52}$$

当 $n=\infty$ 时，是氢原子的电离态 $E_{\infty}=0$。氢原子基态电子的电离能为：

$$E_o=E_{\infty}-E_1=\frac{m_o q^4}{2(4\pi\varepsilon_o)^2\hbar^2}=13.6\text{eV} \tag{6-53}$$

E_o 是一个比较大的数值。如果我们考虑电子不是在自由空间运动，而是受晶格周期性势场约束，此时，正、负电荷处于介电常数为 $\epsilon=\varepsilon_o\varepsilon_r$ 的介质中，价电子受正电中心的引力将减弱 ε_r 倍，束缚能量将减弱 ε_r^2 倍，需要使用有效质量 m_n^* 代替电子的惯性质量 m_o，ε_r 为相对介电常数。经过修正后，施主杂质电离能可表示为：

$$\Delta E_D=\frac{m_n^* q^4}{2(4\pi\varepsilon_o\varepsilon_r)^2\hbar^2}=\frac{m_n^*}{m_o}\frac{E_o}{\varepsilon_r^2} \tag{6-54}$$

以上讨论的是 $U(r)<0$ 的情形，导致能带底分离出局限在缺陷附近的局域态。对 $U(r)>0$ 的情形，局域态将从带顶分离出来。如硅晶格中掺入Ⅲ主族元素，将电子改为价带中的空穴，形成受主能级，从带顶分离出来。受主杂质电离能为：

$$\Delta E_A=\frac{m_p^* q^4}{2(4\pi\varepsilon_o\varepsilon_r)^2\hbar^2}=\frac{m_p^*}{m_o}\frac{E_o}{\varepsilon_r^2} \tag{6-55}$$

在半导体硅中，掺入Ⅲ、Ⅴ族杂质在禁带中产生的能级称为浅能级，接近于价带顶和导带底。如果将其他各族元素掺入其中会怎么样呢？大量实验测量结果证明，它们也在硅的禁带中产生能级，图 6-24 列出部分元素掺杂产生的深能级。禁带中线以上的能级注明低于导带底的能量，禁带中线以下的能级注明高于价带顶的能量，施主能级用实心短直线表示，受主用空心短直线表示。无论受主能级还是施主能级，远离价带顶或导带底，称为深能级。对于深能级掺杂需用类氢模型计算杂质的电离能。

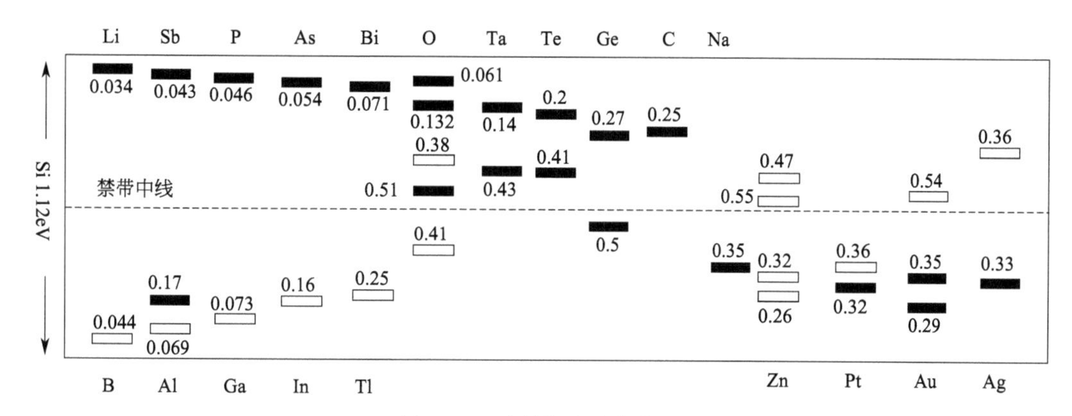

图 6-24　硅晶体中的深能级

参考答案

习题

1. 设晶体只有弗仑克尔缺陷，间隙原子的振动频率、空位附近原子的振动频率与无缺陷时原子的振动频率有什么差异？

2. 在 300K 时，假设把一个 Na 原子从 Na 晶体中移动到表面上所需的能量为 1eV，相邻的原子向空位迁移时必须越过 0.5eV 的势垒，原子的振动频率为 10^{12} Hz，试计算室温时肖特基缺陷的相对浓度是多少，并估算室温下空位的扩散系数。

3. Al 为简单晶格的晶体，原子在间隙位置上的能量比在格点上高出 1eV，试求有千分之一的原子变成弗伦克尔缺陷时的温度。

4. 设 NaCl 中只有肖特基缺陷，在 500℃时用 X 射线衍射法测定 NaCl 的离子间距，由此确定的质量密度计算的分子量为 58.430，而用化学法测定的分子量为 58.454，求在 500℃时缺陷的相对浓度。

5. 若考虑缺陷对最近邻离子振动频率的影响，采用爱因斯坦模型，求高温时离子晶体中成对出现的弗仑克尔缺陷对的数目，设任一离子有 m 个最近邻，与空位相邻的振动频率都相同。

6. KCl 晶体生长时，在 KCl 溶液中加入适量的 $CaCl_2$ 溶液，生长的 KCl 晶体的质量密度比理论值小，是何原因？

7. 在铜中形成一个肖特基缺陷的能量为 1.2eV，形成一个间隙原子所需要的能量为 4eV，试估算温度接近铜的熔点（1300K）时，两种缺陷浓度的数量级差多少？

8. 设面心立方晶体铜的原子量为 W，绝对零度时晶格常数为 a，设热缺陷全为肖特基缺陷，测得铜在温度 T 时的质量密度为 ρ，或测定出膨胀系数为 β，求形成一个肖特基缺陷所需要的能量。

9. 以 As 掺入 Ge 为例，说明什么是施主杂质、施主杂质电离过程和 n 型半导体，并说明是深能级掺杂还是浅能级掺杂。

10. 以 Ga 掺入 Ge 为例，说明什么是受主杂质、受主杂质电离过程和 p 型半导体，并说明是深能级掺杂还是浅能级掺杂。

11. 锑化铟是一种低掺杂 N 型半导体，带隙 $E_g=0.23$eV，介电常数 $\varepsilon=17$，电子有效质量 $m_n^*=0.015m_o$，计算施主电离能。

12. 锐钛矿型 TiO_2 纳米材料具有较好的光催化性能，但在实际应用中也存在量子产率低和光谱响应范围窄等不足。

（1）试与块体材料比较说明纳米 TiO_2 的光催化性能；

（2）从缺陷的角度试着讨论解决不足的方法。

【拓展阅读】

华特·肖特基

（Walter Hermann Schottky，1886—1976）

德国物理学家，PN 结（p-n junction）肖特基二极管的发明人，著名的肖特基势垒二极管（SBD）的发明人。1904 年，肖特基于德国柏林的 Steglitz Gymnasium 毕业，1908 年于柏林大学获得物理学士，1912 年于柏林大学在 Max Planck 与 Heinrich Rubens 合作指导下获得物理博士。1912—1914 年在耶拿大学做博士后研究，1919—1923 年在维尔茨堡大学讲学，1923—1927 年担任

罗斯托克大学理论物理教授。1914—1919年和1927—1958年两度在西门子研究实验室（Siemens Research Laboratories）工作，期间发明了最早的PN结。

肖特基因发现热电子发射的散粒效应（肖特基称它是Schrot Effect），也就是在高真空放电管中自发的电流变化，以及发明帘栅极真空管与接收无线电讯号的超外差方式，于1936年获得伦敦皇家学会休斯奖（Hughes Medal）。为了表彰他在理解许多物理现象上所做的开创性工作，并促成真空管放大器、半导体元件等方面的技术应用所做的贡献，于1964年获得德国技术科学最高荣誉：魏纳奖（Werner-von-Siemens-Ring）。以他的名字来命名纪念的有：德国肖特基学院（Walter Schottky Institute），肖特基奖（Walter H. Schottky Prize）。

冯端
(1923—2020)

江苏苏州人，中国科学院院士、第三世界科学院院士，中国著名物理学家、金属和晶体材料学家、教育家，是中国晶体缺陷研究的先驱者之一，在国际上率先开拓微结构调制的非线性光学晶体新领域。荣获1996年何梁何利科技进步奖和1999年的陈嘉庚数理科学奖。由于其杰出贡献，经国际小行星中心和国际小行星命名委员会批准，中国科学院紫金山天文台将国际编号为187709的小行星命名为“冯端星”。

1942年，冯端考入中央大学物理学专业，1946年，从中央大学毕业并留校任助教。他治学严谨、融会贯通，独立创新、启发学生，不断思考、不断探索，造就培养了许多优秀的科研人员。20世纪50年代，冯端开始从事金属物理学的研究，组织设计并研制成功了我国第一台电子束浮区区熔仪，并于1959年系统研究钼、钨等难溶金属中的位错结构，发展了位错观察技术，澄清了体心立方金属中的位错类型及其组态，主持撰写了我国第一本《金属物理》专著。70年代，他开始研究激光与非线性光学晶体。在发展应力双折射貌相、X射线衍射貌相、电子显微镜观测技术和成像理论的基础上，系统研究了晶体中位错等多种缺陷的类型、分布及起源，提出在晶体生长中避免和控制缺陷的方案，提高了晶体质量和器件性能。80年代，他在钙钛矿结构的锰氧化物中第一次发现了与结构相变伴生的巨磁热效应，为锰氧化物物理学开辟了新的领域；阐明了晶体缺陷在结构相变中的作用，开创了我国晶体缺陷物理学科领域。90年代，他和严东生院士作为首席科学家主持“八五”国家攀登计划项目“纳米材料科学”，有力地推动了中国纳米材料与纳米结构的研究，开创了纳米科学技术领域国家级科研项目之先河。

冯端院士勤勤恳恳地走过长达60余年的执教生涯，钟爱读书，沉迷物理，潜心科研，献身教学。撰写了《金属物理》《材料科学导论——融贯的论述》《凝聚态物理学新论》等在科学界产生重大影响的专著，以及《熵》《漫谈凝聚态物质》等科普书籍，惠及大众。这些著作曾荣获国家科技进步奖等多项奖项。

参 考 文 献

[1] 方俊鑫，陆栋．固体物理学［M］．上海：上海科学技术出版社，2007.
[2] 黄昆，韩汝琦．固体物理学［M］．北京：高等教育出版社，1998.
[3] 蒋平，徐至中．固体物理简明教程［M］．上海：复旦大学出版社，2007.
[4] 阎守胜．固体物理基础［M］．北京：北京大学出版社，2003.
[5] 华中，杨景海．固体物理基础［M］．吉林：吉林大学出版社，2010.
[6] 韦丹．固体物理基础［M］．北京：清华大学出版社，2007.
[7] 王矜奉．固体物理教程［M］．山东：山东大学出版社，2008.
[8] 刘恩科，朱秉升，罗晋生．半导体物理学［M］．北京：电子工业出版社，2012.
[9] 顾少轩．材料结构缺陷与性能［M］．武汉：武汉理工大学出版社，2013.
[10] 潘金生，仝健民．材料科学基础［M］．北京：清华大学出版社，2005.
[11] Charles Kittel. Introduction to Solid State Physics［M］. Singapore：World Scientific Publishing，2007.
[12] Madelung O. Introduction to Solid-State Theory［M］. Berlin：Spring-Verlag，1978.
[13] 张贺翔，杨卫霞，林雪玲，等. Mn 掺杂 GaSb 的电子结构和光学性质［J］．河北大学学报（自然科学版），2021，41（1）：15-22.